变电站监控系统
实用技术

王刚 主编

中国电力出版社
CHINA ELECTRIC POWER PRESS

内 容 提 要

本书从变电站监控系统的发展过程、系统功能结构原理出发，结合相关标准规范以及调试运维案例，对变电站监控系统各个组成部分做了详细介绍，有助于作业人员快速掌握相关业务知识。全书共包括 7 章内容，分别为概述、信息采集与控制、数据通信与传输规约、智能变电站监控系统、变电站监控系统相关设备、调度数据网及电力监控系统网络安全防护和调试与运维。

本书由具有丰富现场经验的专业技术人员编写，可作为电网调度自动化厂站端调试检修人员培训教材，也可作为相关专业人员学习参考。

图书在版编目（CIP）数据

变电站监控系统实用技术/王刚主编 . —北京：中国电力出版社，2020.6（2022.4重印）
ISBN 978 - 7 - 5123 - 4906 - 3

Ⅰ.①变… Ⅱ.①王… Ⅲ.①变电所－智能控制－监控系统－研究 Ⅳ.①TM63

中国版本图书馆 CIP 数据核字（2020）第 024301 号

出版发行：中国电力出版社
地　　址：北京市东城区北京站西街 19 号（邮政编码 100005）
网　　址：http://www.cepp.sgcc.com.cn
责任编辑：邓慧都（010 - 63412636）
责任校对：黄　蓓　朱丽芳
装帧设计：郝晓燕
责任印制：石　雷

印　　刷：三河市百盛印装有限公司
版　　次：2020 年 6 月第一版
印　　次：2022 年 4 月北京第三次印刷
开　　本：787 毫米×1092 毫米　16 开本
印　　张：19.25
字　　数：403 千字
印　　数：1801－2300 册
定　　价：86.00 元

编 委 会

主　编　王　刚

副主编　宋国旺　刘雪飞

编 写 组

组　长　刘雪飞

副组长　郑　晔　王　尚

成　员　纪　鹏　任肖久　郝　迪　甄　庆
　　　　赵亚清　范广民　陈　建　张　健
　　　　张　杰　潘　琦　任　侠　拱志新
　　　　刘海鹏　程艳楠　赵文斯　李大勇
　　　　白　慧　王佰淮　刘月华　何继东

前　言

　　随着国民经济的快速发展，电力系统也取得了飞速进步，对变电站监控系统技术提出愈来愈高的要求，而电子技术、计算机技术、网络技术和通信技术的日新月异又为变电站监控系统技术的发展注入了新的活力。为进一步提高电网调度自动化厂站端调试检修人员技能水平和业务能力，为电网运行提供强有力的技术支撑，我们组织编写了《变电站监控系统实用技术》一书。本书共包括 7 章内容，分别为概述、信息采集与控制、数据通信与传输规约、智能变电站监控系统、变电站监控系统相关设备、调度数据网及电力监控系统网络安全防护和调试与运维。

　　本书由具有丰富现场经验的技术人员编写，书中内容从变电站监控系统的发展过程、系统功能结构原理出发，结合相关标准规范以及调试运维案例，对变电站监控系统各个组成部分做了详细介绍，有助于作业人员快速掌握相关业务知识。可作为电网调度自动化厂站端调试检修人员培训教材，也可作为相关专业人员学习参考。

　　本书在编写过程中参考了大量的电力相关企业内部文献资料，对资料的直接提供者以及文献资料的贡献者，在此一并表示衷心的感谢。

　　虽然编写组在编写过程中尽了最大努力，但由于水平所限，加之成书时间仓促，书中难免存在不妥或疏漏之处，不当之处敬请专家和读者批评指正。

编写组

2020 年 4 月于天津

目　录

1 概　　述

1.1　变电站监控系统发展历程

1.1.1　变电站在电力系统中的地位和作用

我国变电站按照电压等级分类，主要有以下几种：1000/750kV 电压等级的变电站（特高压变电站），500/330kV 的变电站（超高压变电站），220/110/66kV 的变电站（高压变电站），35/20/10kV 及以下电压等级的变电站（中低压变电站）。

变电站在电力系统中具有重要地位和关键作用，是电网中输电和配电的集结点；是电力系统中变换电压、接受和分配电能、控制电力流向和调整电压水平的重要电力设施；是电网能量传递的枢纽；是分布式微网发电系统并入电网的接入点；是电网运行信息的最主要来源；也是电网操作控制的执行地；是智能电网"电力流、信息流、业务流"三流汇集的焦点。所以变电站的运行安全与否，将直接影响到电力系统的安全、稳定运行和供电可靠性。一旦发生事故，轻则可能导致事故线路段供电中断，重则造成大面积停电，影响社会经济运行。

为了监视与处理变电站内电气设备的运行状况，及时处理故障与隐患，长期以来各级电力部门在变电站采取了许多措施，包括装设各种保护装置和各种自动装置，制订各种操作规程和管理规程。但随着电力系统电压等级的不断提高、输电容量的不断扩大，电力设备的安全可靠运行问题也更加突出。一直以来，各研究单位、高等院校、设备制造厂家、电力科研部门为提高变电站的自动化水平，提高变电站的安全、稳定运行能力，不断采用各种新技术、新措施进行新产品的研发和应用。其中，变电站监控系统技术一直是电力系统在理论研究和工程应用中的热点。尤其是在智能电网背景下，要实现对电网更加及时准确地监视，要实现对电气设备更加可靠、柔性地控制，要实现电网运行更加智能化的目标，就必须高度关注变电站自动化水平的提高和变电站的智能化。

1.1.2　分立元件的自动装置阶段

通常把变电站的设备分为一次设备和二次设备。一次设备主要指变压器、母线、电容器、电抗器、断路器和隔离开关、电压互感器、电流互感器、交流和直流电源等；二次设备有自动装置、继电保护、远动装置、测量仪表和中央信号等，为了叙述方便，我们把这些二次设备统称为自动装置。这些一、二次设备都是变电站必不可少的基本组成部分。所谓"老式的变电站"，是为了与近 20 多年来发展起来的已实现自动化的变电站相区别的习惯称呼，也可称为"传统变电站"。这两大类变电站的一次设备（除了新发展的电子式电压/电流互感器外），选型的理论依据、原理、安装方式都非常类似，主要的区别是二次设备的技术水平不同。

为了保证电力系统的正常运行，许多研究单位和设备制造厂家，紧跟各时期的科学技术发展水平，陆续设计生产出各种功能的自动装置。在微机化以前，这些自动装置因功能不同，实现的原理和技术也完全不同。长期以来，在各级电力部门形成了不同的专业（如继电保护、自动化、仪表和远动通信等）和不同的管理部门。20 世纪 60 年代以前，这些装置几乎都是电磁式的；20 世纪 60 年代开始出现了晶体管继电器，可以代替电磁式继电器，也出现了晶体管式无触点的远动设备。晶体管式的自动装置功能与电磁式装置相同但实现的原理不同，晶体管式的继电保护和自动装置与电磁式相比，体积更小重量更轻，但仍是由分立元件和硬件布线电路组成的，主要缺点是抗干扰能力较弱、受温度影响大、可靠性较差。

20 世纪 70 年代，随着集成电路技术的发展，不少研究单位和设备制造厂家开始研究基于集成电路技术的继电保护和远动设备及其他控制装置。这些保护和自动装置的体积比晶体管式的同类装置小，可靠性和抗干扰能力都有所提高。这个阶段的自动化设备的主要特点是：

（1）设备全由硬件组成，即非智能硬件逻辑方式，没有任何软件。

（2）核心硬件是晶体管以及小规模集成电路。

（3）继电保护与电磁式的类似，仍按功能划分为不同的继电器（如过电流继电器、过电压继电器，欠电压继电器、差动继电器等）；远动设备多数只有遥测、遥信功能。

（4）变电站端远动设备与远方控制中心或调度中心之间的通信以电力线载波技术为主。以上为早期的变电站自动化的技术水平和基本情况。

1.1.3　微处理器为核心的智能自动装置阶段

由于微处理器和大规模集成电路技术的迅速发展及其显著的优势，美国、欧洲、日本等许多国家，从 20 世纪 70 年代开始，便迅速将微处理器技术应用到发电厂、变电站和调度自动化等电力系统的许多领域，对变电站自动化起到了很大的促进作用。首先，美国西屋公司于 1972 年发布了研究成功的计算机保护装置样机的原理结构和现场试验结果，促进了各国微机保护研究工作的蓬勃发展。20 世纪 70 年代中后期，日本、美国、加拿大、澳大利亚等国家先后有一些计算机继电保护装置投入试运行。到 20 世纪 70 年代后期，16 位微处理器的出现以及硬件价格的下降，使微机继电保护进入实际应用的技术条件日渐成熟。但由于继电保护对可靠性的特殊要求，各国都首先在一些降压变电站试点应用，如美国电力研究院和西屋公司进行联合研究，在配电变电站推广应用微机保护。在远动技术方面，据 1981 年 5 月在英国召开的第 6 届国际供电会议报道：欧洲多个国家采用新的可编程序的微机型远动装置，布线逻辑的远动装置开始被淘汰，日本也是如此。

我国微处理器在电力系统的应用研究工作，比日本等国晚了将近 10 年。直至 20 世纪 80 年代，微处理器技术和产品开始引入我国，吸引了许多为电力行业服务的科技工作者，都把注意力放在如何将大规模集成电路技术和微处理技术应用于电力系统各个领域上。在电力系统变电站自动化方面，首先将原来由电磁式或晶体管等分立元件组成的远动装置、继电保护装置和其他自动装置，在保持原有功能的基础上，将硬件结构改为由微处理器和大规模集成电路组成。采用了数字式电路，统一数字信号电平，缩小了体积，优越性明显。由微处理器构成的远动装置、保护装置和其他自动装置，利用软件实现数据采集和各自的功能，借助微计算机的运算能力和新的软件算法，提高了测量准确度和控制可靠性，并扩充了一些辅助功能。尤其是微处理器构成的保护装置和其他自动装置，都具有一定故障自诊断能力，在提高自动装置自身的可靠性和缩短维修时间方面具有很重要的意义，这也是以前任何电磁式或晶体管式的装置无法实现的。

这些微机型的远动装置和其他自动装置，虽然提高了变电站的自动化水平和可靠性，但在 20 世纪 80 年代，基本上还处于维持原有的功能和逻辑关系的框架内，只是组成的硬件改为微处理器及其接口电路。由于当时国内实际条件的限制，计算机和大规模集成电路芯片价格昂贵，通信技术受限制，因此该阶段变电站自动化技术的主要特点是：

（1）由于微机型自动装置从设计原则上几乎都是面向全厂或全站而不是面向每个间隔或元件的，因此无论是微机继电保护或微机自动装置、远动装置等，都采用集中组屏方式。

（2）处于变电站端的远动设备与控制中心或调度中心的接收设备之间的通信，采用一对一方式。

（3）除了远动装置具有串行通信接口能与调度中心通信外，多数自动装置和微机保护装置几乎没有对外通信接口，因此在变电站内各微机自动装置各自独立运行，不能互相通信、不能共享资源，实际上形成了发电厂变电站内部的自动化孤岛，仍然不能解决前述有关变电站设计和运行中存在的各种问题，同时也为变电站监控技术发展指明了方向。

1.1.4　国外变电站监控系统的发展

国外变电站监控系统的研究工作始于 20 世纪 70 年代中期，由于变电站在电力系统中的重要性，因此为了保证先进技术的应用不至于影响电力系统的安全运行，几乎所有国家对变电站监控系统的研究和试运行也都是从配电变电站开始。日本在微处理器应用于电力系统方面的研究工作虽然略晚于欧美，但后来居上，于 1975 年由关西电子公司和三菱电气有限公司合作，开始研究用于配电变电站的数字控制系统 SDCS-1，于 1979 年9 月完成样机制作，同年 12 月在那须其竹克里变电站安装并进行现场试验，1980 年开始商品化生产。SDCS-1 是以 13 台微处理机为基础的系统，其结构框图如图 1-1 所示。

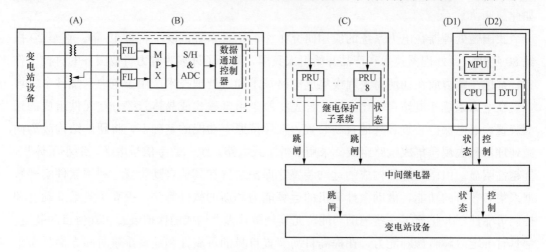

图 1-1 SDCS-1 系统结构框图

FIL—滤波电路；MPX—多路转换器；S/H—采样保持电路；ADC—模数转换器；
PRU—继电保护部件；CPU—中央处理部件；MPU—测量处理部件；DTU—数据传送部件

SDCS-1 具有对一个 77/6.6kV 配电变电站的全部保护和控制功能，该站具有 4 回77kV 输电线、3 台变压器和 36 回 6.6kV 馈线。SDCS-1 按功能分成三个子系统。

继电保护子系统。从高速数据通道获取瞬时值，并把保护的动作状态送到中速数据通道。继电保护子系统有八个保护部件，完成四大部分的保护功能：77kV 母线保护、3台主变压器的保护、6.6kV 母线保护、36 回 6.6kV 馈线保护。

测量子系统。从高速数据通道输入（电压、电流）瞬时值，并把计算后的有效值送到低速数据通道上。测量子系统的功能主要有两个：测量电压电流有效值，有功无功功率以及电能量；监视主变压器负荷。

控制子系统。分别从低速和中速数据通道输入有效值和断路器状态信号。控制子系统的功能包括：备用电源自动投入控制、故障线路探测、6.6kV 馈线自动重合闸、有载调压分接开关控制、排除变压器故障后自动恢复供电、数据传送和远方控制等。

此外，美英法德等发达国家也相继开始将变电站保护和控制集中配置的研究工作（国内将此种系统称为变电站监控系统），并取得不同程度的进展。20 世纪 80 年代初，美国西屋公司和美国电力科学研究院（EPRJ）联合研制出 SPCS 变电站保护和控制集成系统。1984 年，瑞士也首次推出变电站监控系统。

1985 年德国西门子推出第一套变电站自动化系统 LSA678，在德国汉诺威正式投运，至 1994 年已有 300 多套同类型系统在德国本土及欧洲其他国家不同电压等级的变电站投入运行。至 1995 年，该公司在中国陆续中标十几个工程项目，基本上是 110kV 及 66kV 城市变电站（也有用于 220kV 变电站的，如山西运城变电站）。此外，德国 AEG 公司开发的变电站监控系统 ILS，其基本结构类似于西门子公司的 ISA 系统。美国 GE 公司的监控系统也于 20 世纪 90 年代用于俄亥俄州 345kV 变电站。

由此可见，国外研究变电站监控系统始于 20 世纪 70 年代中后期，80 年代发展较快，90 年代技术上有更大的发展，著名的制造厂商颇多。他们研究工作突出的特点是彼此间一开始就十分重视这一领域的技术规范和标准的制定与协调。既避免了各自为政造成不良的后果，而且明显地缩短了从样机制作到成熟产品进入市场的时间，这很值得我们学习和借鉴。在整个自动化系统的研发过程中，国外学术团体在制定技术规范方面发挥了关键作用。

德国电力行业协会（VDEW）为电子制造商协会（EVEI）制定的关于数字式变电站控制系统的推荐草案于 1987 年公布，成为 IEC TC57 在起草保护与控制之间通信标准的参考文本，内容非常丰富。该草案规定变电站的结构为站控级和元件/间隔级，并对系统的硬件、软件、参数化、资料、测试、验收和现场调试都作了详细规定。德国的三大电气公司（SIEMENS、ABB、AEG）基本上是按这一推荐规范设计和开发自己的产品。美国电力科学研究院（EPRI）委托西屋电气公司研究起草的变电站控制与保护项目的系统规范于 1983 年 8 月发表（EL-1813），它涉及基于微处理器的一整套变电站控制与保护的设计与实施，1989 年又对 1983 年发表的报告进行了最终修改与增补，该规范列出了该系统可能的功能清单，反映出当时就已经提出了对变电站监控系统的基本要求。

国际电工委员会第 57 技术委员会（IEC TC57）为了配合变电站监控系统技术的进展，成立了"变电站控制和保护接口"工作组，负责起草该接口的通信标准。该工作组共有 12 个国家（主要集中在北美和欧洲，亚洲有中国，非洲有南非）2000 位成员参加。1994 年 3 月～1995 年 4 月举行了四次讨论会，于 1995 年 2 月向 IEC 秘书处提交了保护通信伙伴标准 IEC 870-5-103，为控制与保护之间的通信提供了一个国际标准。2004 年，国际电工委员会第 57 技术委员会颁布了用于变电站通信网络和系统的国际标准 IEC 61850（简称 IEC 61850 标准）。

1.1.5 我国变电站监控系统的发展过程

我国变电站监控系统的研究工作开始于 20 世纪 80 年代中期，也是从中低压变电站开始的。1987 年由清华大学电机系成功研制第一个符合我国国情的变电站监控系统，在山东威海望岛变电站成功地投入运行。该系统主要由三台微机及其外围接口电路组成，其原理结构如图 1-2 所示。

望岛变电站是一座 35kV 的城市变电站，具有 2 回 35kV 进线，2 回 35kV 出线，2 台主变压器，8 回 10kV 馈电线路和 2 组无功补偿电容器。望岛变电站的监控系统主要由三台微机组成，分成三个子系统，担负了变电站安全监控、微机保护、电压无功控制、

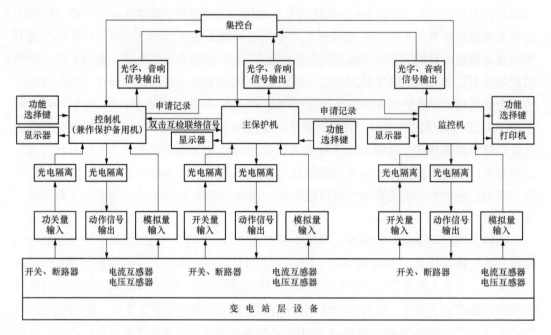

图 1-2 我国第一套变电站微机监测、保护综合控制系统原理结构图

中央信号等全部任务。

安全监控子系统。安全监控子系统由一台微型计算机系统及其外围接口电路组成，完成当地的监控功能。①测量：对全站主要设备（变压器，电容器，全部输配电线路）的电压、电流、有功功率、无功功率、主变压器温度进行采集和处理。②监视：对所采集的电压、电流、主变压器温度等进行越限判断，若有越限则发告警信号。③对全站断路器状态进行监视。④断路器操作：通过监控主机的鼠标键盘和显示器，实现对全站断路器的操作。⑤记录继电保护动作信息，并记录保护动作前的短路电流值。⑥显示：通过显示器显示全站的主接线图和各断路器的实时状态，并以不同画面显示全部巡回检测的量；自动显示保护动作性质和保护动作前后的电流值。⑦报表打印：可定时打印报表，可召唤打印实时检测数据，自动打印越限值和越限时刻，事故记录打印等。

微机保护子系统。微机保护子系统的主要功能包括：2 回 35kV 出线保护、8 回 10kV 馈线保护与自动重合闸和后加速、2 台主变压器保护、2 组电容器保护、单相接地自动选线选相。

电压无功控制子系统。由一台微机组成，可对两台带负荷调压变压器的分接开关和两组无功补偿电容器进行综合自动优化控制。

中央信息系统。由各子系统直接发出报警信号和预告信号，直接触发发光管，显示故障性质和发出故障音响，简化了常规的中央信号系统。

整套系统中担负微机保护功能的计算机和担负电压无功控制的计算机，软硬件配置相同。在正常运行情况下各自完成负责的主要任务，后者同时监视保护机的工作状态，一旦发现保护机故障，则在 4ms 内控制机立刻停止执行电压无功控制程序，转去担负保护机的任务，确保保护子系统的可靠性。该系统于 1987 年成功投入运行，1988 年通过部级技术鉴定。其运行结果表明：微机技术可以全面地、系统地、可靠地应用于变电站的自动化工程中，同时也证明了变电站监控系统对提高变电站的运行管理水平，缩小占地面积，减少值班员工作量，减少维修工作量等方面具有显著的优越性。这也证明了我国完全可以自行研究制造符合国情的变电站监控系统。进入 20 世纪 90 年代，我国投入变电站监控系统研究的单位逐步增加，当时规模比较大的厂家有南京电力自动化设备总厂、南京南瑞自动化公司、北京哈德威四方保护与控制设备有限公司和许昌继电器厂等。

20 世纪 90 年代，变电站监控系统主要应用在 110、66kV 或 35kV 电压等级的变电站中，但在现在看来，当时的主流产品由于其通信功能不够完善，系统结构主要是集中组屏结构；其远动功能由以前的"二遥"（遥测、遥信）发展为"三遥"（遥测、遥信、遥控），少数可以实现"四遥"；与调度中心的通信通道有电力载波、微波等，只有少量采用光纤。

20 世纪末到 21 世纪初，随着大规模集成电路技术、微计算机技术、通信技术，特别是现场总线和网络技术的发展，使监控系统的技术有可能进一步向前发展，表现在以下几方面：

（1）变电站监控系统已广泛采用分层分布式的系统结构；

（2）设计理念上，由原来的面向全变电站发展为面向间隔；

（3）继电保护和测量、控制功能逐步集成，习惯上称之为保护测量综合装置（简称综保装置或测保装置或多合一装置）；

（4）远动功能由"三遥"逐步发展为"四遥"；

（5）与调度中心的通信规约逐步标准化、规范化，通信协议与国际标准接轨；

（6）现场总线技术和网络通信技术广泛应用于变电站监控系统中；

（7）变电站与调度中心间采用光纤通信，从本质上提高了传输速率和通信的可靠性；

（8）变电站监控系统逐步推广应用于高压和超高压变电站；

（9）变电站监控系统技术逐步向全数字化智能化发展。

变电站监控系统的研究、生产和应用之所以会引起这么多科技工作者、设备制造厂家和电力部门的重视，监控系统本身技术的发展也极其迅速，其根本原因在于变电站监控系统，能够全面提高变电站的运行可靠性和管理水平。另外，近几年来复杂可编程逻辑器件（complex programmable logic device，CPLD）、现场可编程门阵列（ field programmable gate array，FPGA）等大规模集成电路技术和数字信号处理器（digital signal processor，DSP）以及高性能、低功耗处理器（advanced RISC machines，ARM）技术的迅猛发展，给变电站自动化技术水平的提高注入了新的活力；现场总线技术、网络技术以及通信技术的迅速发展和应用，促使变电站监控系统技术向纵深发展。

1.2 变电站监控系统与无人值班

1.2.1 国外变电站无人值班的发展简况

国际上西欧、北美、日本等发达地区和国家的绝大多数变电站都实行无人值班。与此同时，也有一批无人值班或少人值班的大中小型水电站。例如：1980 年意大利 ENEL 公司的 474 个水电站中，无人值班达 408 个；法国 EDF 公司 450 个水电站中，有 403 个无人值班。巴黎 1985 年建立新一代的计算机自动管理系统代替 1974 年的旧系统，所有 225/20kV 变电站都由调度中心集中控制。调度室可掌握所有 225/20kV 变电站及 20kV 主网络运行状况，当电网发生事故时，调度中心可以直接进行必要的处理，使受停电影响的用户迅速恢复供电。德国变电站无人值班的自动化程度高，供电可靠性高，年平均每户的停电时间不超过 20min，日本 20 世纪 80 年代已有 90％以上的变电站实现了自动化控制，单位发电容量的运行人员数量显著减少。

在 20 世纪 70 年代以前，这些无人值班的变电站、绝大多数依靠"布线逻辑"的远动装置和"自动恢复"装置，例如瑞典国家电力局规定每个变电站都必须装设一台"自动恢复装置"，当故障停电后恢复运行时，按一定顺序自动投入变电站的各种设备，以缩短停电时间。到 20 世纪 70 年代以后，由于微处理器的出现及其迅速发展，可由微处理机组成功能更强的远动装置，促使无人值班管理方式更普遍地应用于各种电压等级的变电站。由此可见，远动技术奠定了无人值班的基础，反过来，无人值班的需求又推动变电站自动化的发展，这种相辅相成的现象，一直影响着变电站自动化技术的发展，也促进了无人值班变电站可靠性和技术水平的提高。

1.2.2 国内变电站无人值班的发展

对变电站来说，有人值班和无人值班是两种不同的管理模式，在这方面它与变电站一、二次设备技术水平发展没有直接因果关系。早在 20 世纪四五十年代无人值班已经在我国一些大城市实行，如上海、广州、天津等，对一些不是很重要的 35kV 变电站实行无人值班，平时把变电站的门锁起来，一旦出现故障保护跳闸停电，则用户会用电话或其他方式要求供电局去检修，恢复供电。供电局在确认停电事故后，便派检修人员去查找并修复故障，恢复供电。这种无人值班变电站的一、二次设备与有人值班变电站完全一样，没有任何信息送往调度室。其一二次设备的运行工况如何，只能由检修人员到现场后才能知道，因此这类无人值班只适合于重要性不高的低电压等级变电站。

到了 20 世纪 60 年代，由于远动技术的发展，在变电站开始应用遥测、遥信技术，从而进入了远方监视的无人值班阶段。这时调度人员在调度中心就可以了解到无人值班变电站的运行工况，这比起无"四遥"功能的无人值班变电站已前进了一大步。但这个阶段的遥测、遥信功能还是很有限的，如遥信只传送事故总信号和一些开关位置信号，值班员通过事故总信号知道变电站发生故障，可及早派人到变电站或线路寻找故障和进行检修，这对及早恢复供电是很有好处的。相对无"四遥"功能的无人值班变电站是一大进步，但如果要对开关进行操作，还必须运维人员到变电站现场才行。

20世纪80年代末以来，在引进学习和消化国外先进技术的基础上，我国微机化技术和自动化技术在变电站中的应用得到了快速发展。微机型的远动装置（remote terminal unit，RTU）的功能和性能有了很大提高，具有遥测、遥信和遥控功能，有少数还具有遥调功能，这使无人值班技术又上了一个台阶。特别是变电站监控系统的不断研究开发和投入运行，对提高变电站的自动化水平和遥控的可靠性起到很大作用，也促进了调度自动化和电网调度管理水平的提高。作为电网调度自动化系统重要功能的"四遥"，受到供电部门越来越普遍的重视。许多供电局已把实施变电站"四遥"和无人值班列入计划，并已在一些变电站成功地实现无人值班。

国家电力调度通信中心发布了调自〔1994〕2号文件《关于在地区电网中实施变电站遥控和无人值班的意见》。该文件明确指出实行变电站遥控和无人值班是可行的，是电网调度管理的发展方向，并明确指出各单位要积极稳妥地开展此项工作，要根据当地的实际情况，因地制宜，统筹安排，综合考虑，做好规划，逐步实施；根据需要有些地区可考虑新建变电站一步到位，即按无人站设计建设尤其是地区变电站，文中还提出实施变电站遥控和无人值班需具备的五个条件，对当时开展无人值班的工作起了积极的指导作用，使各地各单位对无人值班有了统一和明确的认识。

为了促进电网的技术改造和管理制度的改革，20世纪90年代中期电力部还开展了电力企业达标创一流工作，对保证供电质量、降低网损和逐步实现无人值班提出了明确要求。这为电力企业的技术进步谋划了前景和提供依据，激发了科技工作者和企业的技术人员研究、应用新技术的积极性，发挥了调度自动化系统的实际功能和作用，改革了生产管理制度，成功地实现了一批35～220kV变电站的无人值班。变电站无人值班和变电站监控技术的发展是我国电网技术进步的重要标志。

1.2.3　变电站实现无人值班的目的和意义

变电站推广无人值班是地区电网一项具有深远影响的技术变革和管理制度的变革；是供电部门减少人员、提高劳动生产率、提高经济效益，提高供电可靠性和供电质量的重要技术保证措施；是我国电力工业缩小与国外先进技术差距的途径。变电站实现无人值班的目的和意义主要有以下四方面。

（1）适应国民经济发展形势的需要。生产力的发展是推动社会进步的动力，我国的电力工业经历了六、七十年的发展，至今无论是装机容量或发电量都处于世界电力工业的前列，但人均水平和自动化水平与发达国家还存在差距。随着多年来工农业生产的持续发展和人民生活水平的快速提高，老旧变电站要进行技术改造或扩建，新建变电站大量投入建设，这是保障社会生产持续发展的需要。在人口密集的城市中可占用的土地少、出线困难、造价高等，是当前很多规划设计人员面临的现实而迫切需要考虑的问题。解决的措施主要有：①把变电站转入地下；②一次设备采用组合电器，减少一次设备的占地面积；③采用微机化继电保护和自动装置，缩小二次设备的体积和占地面积；④建设无人值班变电站，节省生活用房，这是缩小占地面积的最有力措施。

不仅人口密集、经济发达的地区需要发展无人值班变电站，人口密度小、经济不甚发达的边远地区，也很有发展无人值班的必要，例如：青海海南州电力公司地处牧区，居民稀少，变电站偏远且分散，与调度所的平均距离超过 100km，交通不方便，运行人员生活条件相当艰苦，有的变电站方圆十几公里没有人烟。因此该公司在 20 世纪 90 年代就结合调度自动化在变电站实施"无人值班、有人值守"的模式。

（2）提高运行的可靠性。变电站的安全运行和可靠供电不仅是对有人值班变电站管理的基本要求，也是对无人值班变电站管理追求的基本目标。早期变电站值班员的工作可分为两大部分：①运行监视、抄表记录、开关操作、事件记录；②设备巡视、事故处理、设备维护、操作不具备远方操作功能的隔离开关。前者，现在可以由调度中心或集控站的调度员通过"三遥"或"四遥"功能实现，而后者由巡检中心（或操作队）到现场实施。每个电力公司可集中对调度中心的调度员和运维中心的技术人员分别进行培训，提高他们的技术水平，在设备可靠的前提下，能大大降低人员的工作量和误操作概率。另外随着现代科学技术的发展，变电站监控系统水平的不断提高，"四遥"设备更可靠，功能更完善，因此实现无人值班更安全、更可靠。调度员直接操作设备，可大幅加快事故处理或正常负荷转移的速度。

（3）提高经济效益和劳动生产率。任何生产管理方式或制度的变革和科学技术的进步都应以提高经济效益为基本目标。变电站实现无人值班的目的之一便是为了提高经济效益，包括安全效益和基本建设效益。变电站实现无人值班，减少现场值班人员，提高了劳动生产率，减少了人员开支和生活设施投资，减少了企业各种后勤保障负担。

（4）降低变电站建设成本。对于新建的变电站，如果从变电站选址设计和施工开始，就按无人值班模式建设，由于布局紧凑，控制室小或不设控制室，不设生活用房和设施，占地面积小，缩短施工周期，有效地降低了建设成本。

1.2.4　现代无人值班变电站需具备的条件

建设现代无人值班变电站是一项涉及电网一、二次设备和调度自动化系统及生产技术和管理制度改革等多方面的系统工程，根据已实施无人值班变电站的经验，现代无人值班变电站需具备下列条件。

变电站的主接线要尽量简化。变电站的电气主接线应根据在电力系统中的地位、规模、设备特点及负荷性质等条件确定，在满足供电可靠、运行方便的前提下力求简单实用。

主设备运行稳定可靠。变电站中的变压器、断路器、继电保护、直流系统等，都是缺一不可的主要设备。这些设备任一发生故障，都会给电力系统运行造成损害。所以从无人值班变电站的设计开始，就要根据该变电站在系统中的地位、所带负荷的重要性等因素，选择合适可靠的主设备，精心安装调试，投运后要加强维护，发现缺陷及时处理，避免引发事故。

可靠的通信通道。选择先进的通信方式，改善通道质量，提高遥测、遥信和遥控的可靠性，是无人值班变电站的基础工作。通常用于电网调度自动化系统的通信技术可分两大类，即通信媒体（介质）技术和数据传输技术。通信介质有多种，如双绞线、同轴电缆、电力载波、公用市话、公用广播系统、地面无线电通信、卫星无线电通信和光纤通信等。这些通信介质各有其优缺点和局限性。其中，光纤通信具有通信容量大、衰耗小，不受外界电磁场干扰，保密性好，传输距离远等优点，是电力系统专用通信网首选的通信媒介。

先进可靠的调度控制主站。无人值班变电站受控于调度控制中心，变电站的可控性和整体自动化功能的发挥，除变电站本身和通信系统的完善程度外，一个可靠高效的调度中心或控制中心（或称集控站）是系统稳定可靠运行的关键。

适合的运行管理和操作维护制度。变电站实行无人值班，必须有相应的管理制度与之对应，以保证无人值班变电站设备的运行可靠性。对设备的维护、管理不能放松，而应更有计划、更有针对性。

加强安全防范设施。无人值班变电站一旦发生火灾，后果不堪设想。对于新建变电站，应该从变电站整体设计、土建、电气设备的选择和安装布置考虑防火。变电站的自动灭火系统，应从灭火效果、系统应用经验和灭火物质的供应渠道综合考虑。对重点变电站，要因地制宜，可采用自动报警系统等技术措施解决变电站的防火问题。另外在管理措施上，要做到站内不准存放易燃、易爆的化学危险物品。在防盗方面也要注意采取措施，要清除站内多余的有色金属、器材、仪表等。严格各类人员进入无人值班站的审核、批准、登记手续。重要的变电站，可安装红外线防盗系统等。

建立完善的遥视监控系统。对于比较重要的无人值班变电站，不仅要有遥测、遥信、遥控、遥调等"四遥"功能，还需增加遥视功能，也可称之为"第五遥"，主要用于安全防范、环境监视和自然灾害处置等。遥视系统使得远方的调控中心或集控站，可以直接观察到变电站室内外设备的运行情况以及现场环境状况，监测电力设备发热程度，及时发现和处理事故，有助于提高电力系统的安全性和可靠性，并可以提供事后分析事故所需的有关图像资料，还具有防火、防盗等功能。因此，越来越多的电力公司把遥视系统作为变电站自动化管理的新手段。目前大多数变电站都已建成光纤通信网络，这也为基于网络的遥视系统的建设提供了有利的条件。变电站遥视监控系统为无人值班变电站的安全可靠运行提供了有力的保障。

1.3　变电站监控系统组成结构

IEC TC57 把变电站自动化系统的功能在逻辑上划分为过程层、间隔层和站控层三层结构。完成自动化系统功能的智能电子设备分布在上述的三个逻辑功能层上。这些设备完成的功能、工作原理及其硬件结构同集成电路技术、计算机技术和通信技术的发展水平密切相关。随着自动化技术的不断发展，系统的体系结构不断发生变化，系统性能、功能和可靠性等也不断提高，其结构形式有集中式、分层（级）分布式系统集中组屏结构模式、分散式与集中组屏结合以及分布分散式的变电站自动化系统结构模式等。

1.3.1　集中式的监控系统

集中式的自动化系统的功能，在逻辑上仍可划分成过程层、间隔层和站控层三层结构，其主要特征是工作在间隔层和站控层的智能电子设备（微机保护装置、自动装置和数据采集、监控装置等），它们的设计原则不是面向一个间隔，而是面向整个变电站，即集中式的结构模式。不仅表现在自动化系统的有关设备安装的物理位置上的集中，也体现在这些智能电子设备所承担的功能上的相对集中。

在集中式结构的监控系统中，采用不同档次的微计算机（微机系统、单片机或单板机系统等）扩展其外围接口电路，集中采集变电站的有关模拟量、开关量和脉冲量等信息，集中进行计算分析与处理，分别完成微机监控、微机保护、自动控制、电能计量等变电站自动化系统的有关功能。集中式结构并非指由一台计算机完成保护、自动控制和监控等全部功能。它们的保护和监控是彼此独立的，各自有着一套数据采集、数据处理系统，它们之间只通过简单的通信连接。大多数集中式结构的自动化系统的微机保护、自动控制、电能计量、当地监控以及与调度通信等功能也是由不同的微型计算机完成的，只是每台微型计算机承担的任务相对多些。例如：监控机要承担变电站全部的模拟量和开关量的数据采集、数据处理、开关操作、人机联系等多项任务；担负微机保护的计算机，可能一台微机要负担几回中低压线路的保护等。日本关西电子公司和三菱电气公司研究的第一套监控系统 SDCS-1 和 1987 年清华大学研制并成功投运的我国第一套监控系统 TH-1 型均属集中式结构。显然这种结构模式与当时的微机技术和通信技术以及计算机价格昂贵的实际情况密切相关。

集中式结构的变电站自动化系统，根据变电站的规模，配置相应功能的微机保护装置和监控主机及数据采集系统，它们安装在变电站的主控制室内。主变压器和各进出线及站内所有电气设备的运行参数，由电流互感器和电压互感器经电缆传送到主控室的保护装置、自动装置和监控主机。断路器分合闸位置信息也从现场经电缆传至主控室。而继电保护动作信息则通过串行接口送给监控主机。监控主机完成运行参数和运行状态的显示、控制和制表打印，并可通过通信控制器实现与调度（或控制）中心的通信功能。

集中式监控系统的主要优点包括：①能完成变电站监控系统的实时数据采集、监控、保护、实时显示变电站主接线和制表打印、事件顺序记录以及与上位机通信等功能；②集中式结构紧凑、体积小，可大幅减少占地面积；③造价低，实用性好，适合于小型中低压变电站。

集中式结构的变电站自动化系统的主要缺点包括：①每台微型计算机的功能比较集中，如果一台计算机出故障影响范围较大，就必须采用双机并联运行的结构，以提高系统可靠性；②组态不灵活不利于扩展，对不同主接线、不同规模的变电站，软硬件都必须修改，不利于批量生产；③集中式结构软件复杂，运行维护修改工作量大；④集中式保护与长期以来常规变电站采用的一对一的老式保护相比，不直观、不符合运行和维护人员长期以来的习惯。由于集中式结构存在上述不足，因此随着微机和通信技术的发展，各研究单位和设备制造厂家新研制的自动化系统的结构，开始向分层分布式的结构模式发展。

1.3.2　分层分布式系统集中组屏的结构模式

随着微机技术和通信技术的发展，尤其是 20 世纪 80 年代后期，单片机引入我国，且其性价比越来越高，这给自动化系统的研究工作注入了新的活力，研制者开始将微机保护单元和数据采集单元按一次间隔进行设计；到 20 世纪 90 年代中期，研究监控系统的单位越来越多，逐步形成百花齐放的局面，出现了多种不同的结构形式，但实质上都属于分层（级）分布式的结构模式。

分层分布式自动化系统的功能，在逻辑上仍可分为过程层、间隔层和站控层三层结构。其最大特点体现在"功能的分布化"上，即对智能电子设备的设计理念由以前在集中式自动化系统中的面向变电站转变为面向间隔（一回线路、一组电容器组、一台变压器或一组发电机变压器组等）。

自动化系统中的间隔层设备，有继电保护、测量、控制、电能计量等。以最为重要的保护装置为例，每台微机保护装置的功能配置和软硬件结构上都采用面向间隔的原则，即一台保护装置只负责一个间隔的保护。这些保护装置在 20 世纪 90 年代中后期，往往由 8 位、16 位或 32 位单片机组成，也可采用单 CPU 或多 CPU 结构，按被保护对象和保护功能的不同，可划分为变压器保护、电容器保护、线路保护和站用变压器保护装置等。对电压等级为 110kV 以下的一次设备运行状态的测量和监视，一般不设置独立数据采集单元（测控装置）而由保护装置一并完成；对电压等级为 110kV 及以上的一次设备和主变压器的运行状态监视和测量，采用保护和监控测量分开布置的方式，由单独的数据采集单元（测控装置）或 RTU 完成。

分层（级）分布式系统集中组屏的结构模式，实质上是把这些面向间隔设计的站控层和间隔层的智能电子设备，按功能组装成多个屏（柜），如主变压器保护屏（柜）、线路保护屏（柜）、数据采集屏等。这些屏（柜）一般都集中安装在主控室中，其典型的系统结构框图如图 1-3 所示。图中各保护屏通过保护管理机将保护有关的信息送往监控主机;而与测量有关的数据和信息通过数据采集管理机集中后送往监控主机。之所以设置保护管理机和数据采集管理机,是与 20 世纪 90 年代的通信技术水平相适应的,当时监控主机与间隔层的设备间的通信多采用串行通信(后来有的发展为现场总线通信),为减轻监控主机的通信负担,因此采用分层管理的模式。对于一些规模较小的中低压变电站,可以不设保护管理机和数据采集管理机,而只设一台监控主机或者一台管理机(或称前置机),再配备一台监控主机(或称后台机)。总之,需要根据变电站的规模和重要程度以及用户的投资水平灵活配置。

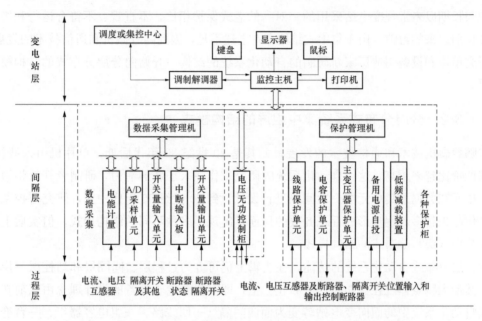

图 1-3　分层(级)分布式系统集中组屏的自动化系统结构框图

分层分布式自动化系统集中组屏的结构模式特点:

间隔层的智能电子设备(也称功能单元)采用集中组屏。为了提高监控系统的可靠性,系统采用按功能划分的分布式多 CPU 系统。处于间隔层的功能单元(即 IED)有主变压器保护,各电压等级的线路保护、电容器保护和备用电源自动投入控制以及数据采集和电能计量单元等。这些功能单元分别安装于各个保护柜和监控测量柜上。由于各保护单元采用面向间隔的设计原则,软件相对简单、调试维护方便、组态灵活,系统整体可靠性较高。

内部管理采用分层(级)管理的模式,即各保护功能单元由保护管理机直接管理,而监控用的模拟量和开关量输入/开关量输出单元由数据采集管理机负责管理。在 20 世纪 90 年代这些保护管理机和数据采集管理机是通过串行总线 RS-485 或 RS-422 与各功能单元的装置建立通信关系的,它们的传输介质一般采用双绞线。RS-485 串行总线的通信距离和传输速度受限制,这也是 90 年代中后期的自动化系统多采用分布式系统集中组屏的结构模式的原因之一。正常运行时，保护管理机监视各保护单元的工作状态，一旦发现某一单元工作不正常，立即报告监控主机，再由监控主机报告调度中心。若某保护单元有保护动作信息，通过保护管理机将信息送往监控主机再送往调度中心。调度中心或监控主机也可通过保护管理机下达修改保护定值和投退保护功能的命令。数据采集管理机则将各数据采集单元所采集的数据和断路器状态送给监控主机并传送至调度中心，并可接收调度中心或监控主机下达的命令。保护管理机和数据采集管理机可和间隔层的装置一起安装在相应的保护柜或数据采集柜上，或安装于保护柜或数据采集柜附近。显然管理机的主要作用是缩短了与间隔层的所有智能电子设备的通信距离；另一个作用是协助监控主机对间隔层各功能单元进行分级管理，减轻监控主机的负担。

变电站层的智能电子设备。变电站层的主要设备是监控主机及其他工程师机或通信机及相关的设备等。监控主机是变电站层的核心环节，一般由工业控制机系统或可靠性较高的微型计算机系统组成。监控主机的主要作用是通过内部通信网络和保护管理机及数据采集管理机通信，获得所采集的模拟量和开关量以及继电保护有关信息，进行数据处理，完成监控、显示、报表打印、断路器操作和人机联系等功能。对于设置有通信机的系统，由远动机专门负责与调度通信。变电站层的配置和规模，可根据变电站的电压等级及其在系统中的地位而灵活配置。例如：对于规模较大的 220kV 及以上电压等级的变电站，为提高自动化系统的可靠性，监控主机可配置双机系统；同时配置远动机，专门负责与调度的通信，提高通信的可靠性和及时性；还可设有工程师机，负责系统软件管理等；在间隔层还可设置故障录波器等。总之，变电站层的设备可根据变电站的需求灵活配置。

继电保护相对独立，有利于提高保护的可靠性。在分级分布式自动化系统中，每个继电保护单元软硬件是面向间隔设计的，保护单元的测量、逻辑判断和保护启动及出口都由保护装置独立实现，不依赖通信网络，保护单元供电电源独立配置。保护装置通过通信网络与保护管理机传输的只是保护动作信息或记录的数据。保护定值的查看和修改，可以在各保护单元独立实现，也可通过通信网络由监控主机或远方调度实现。由于各功能单元软硬件独立设置，任一单元故障只影响局部功能不影响全局，系统可靠性高。

模块化结构，组态灵活方便。可根据变电站的规模，选择及配置所需要的功能模块，调试维护方便。分级分布式系统集中组屏结构的自动化系统，全部屏（柜）安装在保护室内，与一次设备隔离工作环境较好，电磁干扰相对较弱，便于维护和管理。此外该结构所需电缆相对较多，增加了项目投资和安装工作量。

1.3.3 分散式与集中组屏相结合的自动化系统的结构模式

随着单片机技术和通信技术的发展，特别是现场总线和局部网络技术的应用，以及变电站自动化技术的不断提高，对于 6～35kV 的配电线路，可以将这个一体化的保护测量控制单元分散安装在各个开关柜中，然后由监控主机通过光纤或通信电缆连接，对它们进行管理和交换信息，习惯上称这种装置为综保装置。这就是分散式的结构。至于高压线路保护装置和变压器保护装置，仍可采用集中组屏并安装在控制室内。

这种将配电线路的保护和测控单元分散安装在开关柜内，而高压线路保护和主变压器保护装置等采用集中组屏的系统结构，称为分散与集中组屏相结合的结构，如图1-4所示。

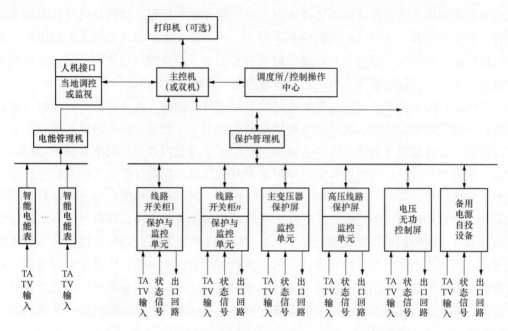

图1-4 分散与集中组屏相结合的变电站自动化系统结构

分散式与集中组屏相结合的自动化系统结构特点是：馈线保护采用分散式结构，就地安装，节约控制电缆，通过现场总线与保护管理机交换信息；高压线路保护和变压器保护采用集中组屏结构，保护屏安装在控制室或保护室中，同样通过现场总线与保护管理机通信，使这些重要的保护装置处于比较好的工作环境，有利于提高系统可靠性；其他自动装置，如备用电源自动投入控制装置等采用集中组屏结构，安装于控制室或保护室中。

这种分散与集中组屏相结合的自动化系统结构模式有突出的优点，中低压部分采用分散式结构，节约了电缆；高压部分采用集中组屏结构，保证了高压继电保护的可靠性。因此这种结构模式的自动化系统至今仍广泛应用于各类高压变电站，尤其是110kV及以上电压等级的变电站。

1.3.4 分布分散式变电站自动化系统结构模式

在超高压和特高压变电站中，若把高压和超高压有关的保护和测控装置分别集中组屏，然后集中安置于中央控制室中，由于可靠性和抗电磁干扰能力以及工作环境等方面都比较合理，但集中的控制中心一般不可能与所有的超高压设备都能距离较近，因此从一次设备到屏（柜）安装的控制中心仍需要比较长的连接电缆，增加了投资。为此在超高压和特高压变电站中变电站自动化系统采用比较切合实际的分布分散式结构。图 1-5 为变电站分布分散式自动化系统的典型结构框图。

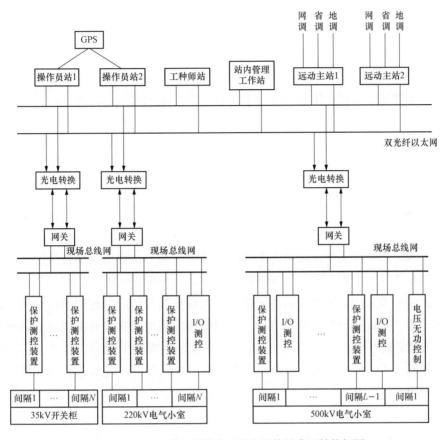

图 1-5　变电站分布分散式自动化系统的典型结构框图

分布分散式自动化系统结构特点为：

对于变电站中的 35kV（或 10kV）侧的保护测控装置，一般都安装于与各间隔对应的开关柜中。而 220kV 和 500kV 的各种继电保护装置、测控装置和其他自动控制装置等，采用集中组屏，按电压等级分散布置。由于 220kV 及以上高压和超高压输电线路和主变压器在电力系统中的重要地位，为保证其安全、可靠运行，要求必须配备两套不同原理的保护装置。因此它们的保护配置比较复杂，为保证保护装置动作的可靠性和快速性，保护装置一般只完成保护功能，对高压输电线路和主变压器的运行参数的测量和监控由独立的测控装置承担。这些高压和超高压输电线路和主变压器的主后备保护以及测控装置按各间隔所需配置组屏，然后将这些屏（柜）安装于按一次设备电压等级划分的就近电气小室中。这些电气小室配备温度调节设备，保证继电保护装置有良好的工作环境，同时也具有一定电磁屏蔽作用，还能缩短保护、测控等二次设备与一次设备间的距离，可以节约大量的连接电缆。

间隔层的保护测控装置可能采用不同厂家的设备，它们所采用的规约不完全相同，因此要先经网关（规约转换器）将各种不相同部分的规约转换为监控系统所认可的统一规约。由于保护测控装置分散安装于小室内，考虑到五类八芯双绞线的以太网传输距离有限以及抗电子干扰能力差的缺点，所以一般采用光纤作为保护小室到主控室的通信介质。

变电站站控层系统是一个双以太网的计算机监控与远动通信系统，包括操作员工作站、工程师工作站、管理工作站以及与上级调控中心通信的远动主站，这些工作站都安装于主控室内。①操作员工作站是运行人员对全站设备进行安全监视和执行控制操作的主要设备，主要完成实时图形显示、报警、事件顺序记录，各种报表显示，系统自诊断信息的显示，报表打印，操作员权限的登录，管理控制操作，有关保护定值的管理、显示和打印等。②管理工作站主要完成变电站日常管理、设备管理、资料管理等任务。③远动工作站主要完成变电站与地调、省调、网调远动通信功能。④工程师工作站主要用于数据库、画面、报表和控制流程的系统维护。

变电站通信网络是变电站自动化系统的关键组成部分，它的性能直接影响变电站自动化系统的整体性能。为提高通信网络的可靠性和抗电磁干扰能力，间隔层各设备的通信网络，近年来多采用现场总线通信网络，尤其是中低压侧的站控层通信网络，通信规约多采用 60870 - 103 或 MODBUS 规约。不同电压等级的二次设备组成相应的现场总线网，然后经规约转换和光电转换，通过双光纤以太网与站控层的各工作站通信。随着通信技术和传感技术的迅速发展，以及电力部门对二次设备间的互操作性和互换性的迫切要求，不少生产设备制造厂家致力于开发符合 IEC 61850 标准的产品，因此促进了变电站通信网络由现场总线向以太网方向发展。

分布分散式结构的变电站监控系统有以下突出优点：①变电站主控室的面积显著缩小。由于变电站配电线路的保护和测控单元分散安装于各开关柜内，而高压、超高压输电线路和主变压器保护以及测控单元都分别按一次设备的电压等级就近安装于一次设备附近的电气小室内。主控制室内安装的各微机工作站通过光纤以太网与各电气小室的间隔层二次设备通信获取所需信息，省去常规的控制屏和中央信号屏等，因此使主控室面积大幅缩小。②现场施工和调试工程量显著减少。由于安装在开关柜的保护和测控单元在开关柜出厂前已由设备制造厂家安装和调试好，现场需敷设的电缆数量明显减少，因此可显著缩短现场施工的工期和调试的时间。③分布分散式结构可靠性高，组态灵活，检修方便。由于各采集装置靠近一次设备安装，减轻了电流互感器和电压互感器的负担，且与变电站层的各工作站之间通过局域网或现场总线相连，抗电磁干扰能力强。④二次设备与一次设备就近安装，节省了大量连接电缆，减少了总体投资。

1.4　变电站监控系统发展方向

1.4.1　智能变电站

随着通信技术和一次设备智能化的不断发展，以及 IEC 61850 标准通信协议在我国的逐步推广应用，变电站自动化系统的结构也将发生重大的变革，变电站自动化系统将得到进一步的完善和提升，进入智能变电站阶段。

智能变电站是智能电网运行与控制的关键。作为衔接智能电网发、输、变、配、用电和调度等环节的关键，智能变电站是智能电网中变换电压、接受和分配电能、控制电力流向和调节电压的重要环节，是智能电网"电力流、信息流、业务流"三流汇集的焦点，对建设坚强智能电网具有极为重要的作用。更广义地说，智能化是自动化的高级阶段。

智能变电站是智能电网的重要组成部分。目前变电站自动化技术水平和所能实现的自动化程度以及系统结构是与传感器技术、大规模集成电路技术、通信技术和电力电子技术以及控制理论等密切相关的。在变电站监控系统中的继电保护装置和各种自动装置都是微处理器及其外围电路组成的，所处理的也都是数字信号，以数字方式交换信息。因此应该说"自动化"是更基本的、更具有持续发展的概念，自动化的程度是随着科学技术的发展而不断深入和不断提高的。

智能变电站应具备以下条件：①要有智能化的一、二次设备。一次设备方面，关键是电子式互感器的应用和断路器智能接口技术的应用。②系统结构要按照 IEC 61850 标准构建站控层、间隔层、过程层三层结构。③各层次的智能电子设备 IED 必须采用 IEC 61850 标准定义的数据建模和通信服务协议，满足互操作性要求。④采用高速工业以太网通信。⑤必须具有智能化的高级应用软件。

智能变电站的技术特点是：采用先进、可靠、集成、低碳、环保的智能设备，以全站信息数字化，通信平台网络化，信息共享标准化为基本要求，自动完成信息采集、测量、控制、保护、计量和监测等基本功能，并可根据需要支持电网实时自动控制、智能调节、在线分析决策、协同互动等高级功能。因此，建设智能变电站是多学科多专业共同努力的系统工程，是一项艰巨的任务，也是可持续发展的方向。作为其核心的自动化系统，其内涵技术是不断发展的。

智能变电站自动化由一体化监控系统和输变电设备状态监测、辅助设备、时钟同步、计量等共同构成。一体化监控系统纵向贯通调度、生产等主站系统，横向联通变电站内各自动化设备，是智能变电站自动化的核心部分；直接采集站内电网运行信息和二次设备运行状态信息，通过标准化接口与输变电设备状态监测、辅助应用、计量等进行信息交互，实现变电站全景数据采集、处理、监视、控制、运行管理等。

1.4.2 新一代智能变电站

1. 新一代智能站的特征

早期智能变电站主要采用供应商主导的分专业设计模式，难以实现变电站的整体最优化目标。设计理念和设计方法受制于设备技术水平，配置、布置和控制等设计方案仍有进一步提升空间。此外，二次系统配置独立分散、信息共享度低、对调控一体化支持力度不够，无法完全满足电网运维管理体系的转变要求。

新一代智能站继承现有智能变电站设计、建设及运行等所取得的成果和经验，并在此基础上进一步整合提升变电站的功能需求。以"系统高度集成、结构布局合理、装备先进适用、经济节能环保、支撑调控一体"为目标、按照"整体设计、统一标准、先进实用"的原则，以功能需求为导向对智能化变电站提出了新要求，实现从分专业设计向整体集成设计的转变。通过优化主接线和总平面布局，提高变电站整体设计水平，确保先进的设计理念实施到位，实现了一次设备智能化向智能一次设备的转变，分散独立系统向一体化系统的转变，强化高级功能应用，全面提升了运行可靠性。在一次设备方面采用了隔离断路器、标准预制舱、10kV 充气式开关柜和智能化集合式电容器组等新设备。在二次设备方面采用了层次化保护系统及多功能测控装置等新技术，应用了目前国内最先进的变电技术，最大限度压缩土地使用面积，缩短现场建设周期，进一步降低了变电站的建设成本，实现了"占地少、造价省、可靠性高、建设效率高"的建设目标。

2. 设计原则

智能电网是电网技术发展的必然趋势。智能变电站作为智能电网建设的重要环节之一，是电网最重要的基础，是运行参量采集点、管控执行点和未来智能电网的支撑点，其发展建设的水平将直接影响到我国智能电网建设的总体高度。建设具有信息化、自动化、互动化的坚强智能电网对变电站的发展提出了更高要求。

具有波动性、间歇性的清洁能源的接入，在给电网运行带来不确定性的同时也提出了更加灵活可控的多元化服务需求。此外，新一代智能变电站应更好地支撑调度运行业务一体化需要，实现变电站设备监控的统一管理；通过信息流优化整合与调度系统全景数据共享，提升决策控制能力、提高运行效率构建专业检修体系；通过在线监测并利用设备状态可视化技术，为检修管理提供优化和决策依据，提高设备利用效率和设备管理水平。

新一代智能变电站以"结构布局合理、系统高度集成、技术装备先进、经济节能环保、支撑调控一体"为技术特征，遵循"功能集约、信息集成、设备智能、设计优化"的建设原则，以高度可靠的智能设备为基础，以协调互动的测控技术为支撑，以高效便捷的运维模式为保障，实现全站信息数字化、通信平台网络化、信息共享标准化、应用功能互动化，满足高可靠性、高智能化、易施工、便扩展、轻维护的建设、运行与检修的要求，全面支撑调控一体，推动电网发展方式转变。

结构布局合理是指以合理的电气主接线设计为原则，以电网结构和变电站功能为基础，实现电网网架与主接线形式的协调设计，优化电气总平面布置方案，采用集成化设备节约占地面积与建筑面积。

系统高度集成是指推进优化集成，以信息数字化、功能互动化为基础，通过设备集成与功能集成，提升智能设备的功能一体化水平，有效提高设备的集成度和可靠性。提升变电站与调度、检修中心之间的信息互动化水平，实现全景数据共享，提升电网运行调控决策能力，提高设备利用效率，优化检修模式。

技术装备先进是指加快关键设备研制与应用，通过传感器、嵌入式处理器和数字化通信技术对变电站高压设备进行实时监控，提高变电站设备的可观测、可控制和自动化水平。通过信息流多源信息分层与交互技术，构建高级变电站自动化系统，实现站内、站间、站与用户、电源和调度之间的协同互动。

经济节能环保是指采用低碳、环保、节能型新材料，开展建筑、暖通空调和消防系统节能设计，强化全寿命周期设计理念，实现基于状态监测的设备全寿命周期优化管理。

一次设备智能化向智能一次设备转化。采用新结构与新工艺，实现一次设备之间、一次设备和智能组件间的深度融合，提升设备可靠性、可用性，实现设备功能智能化、安装模块化、运检标准化。

分散独立运行向协同优化控制转变。整合系统功能、优化信息资源，满足发电、用电等各方面变化要求，实现空间维度、时间维度的正常运行及电网紧急情况的协调控制，提升决策控制能力、提高运行效率，全面提升大运行、大检修管理方式转变的支撑能力。

安装设计向整体设计转变。改变供应商主导的分专业设计模式，通过优化整体设计，明确功能需求引导关键技术研究与关键设备研制，全程动态优化提高变电站整体设计水平。

3. 关键技术

新一代智能变电站在现有智能变电站的基础上，更加突出实用性和先进性，更加注重创新理念，强化一、二次设备的深度融合、系统的优化集成和新能源的接入，更加注重关键技术的突破和关键设备性能的提升，注重变电站设计的通用化，努力提高设备和系统的可靠性，提高变电站内建筑和一、二次设备的使用寿命。降低全寿命工程造价，更加注重施工工艺标准化和运行维护高效化，在实施环节中实现工厂化制造、现场组装，缩短变电站建设工期，全面提升变电站建设效率和效益。

（1）变压器智能化技术：进一步提升变压器的智能化水平，实现一、二次最佳融合，通过对变压器运行优化控制与负荷调节控制，提升变压器自身优化能力，支持电网优化运行。研究应用新型节能技术优化冷却方式、采用新型介质等，降低变压器本体损耗。

（2）新型断路器控制技术：研究新型断路器，改善分、合闸特性，延长设备使用寿命。实现断路器选相控制、分合闸相角控制功能，降低断路器操作时产生的不安全暂态过程。研究气体绝缘介质组合电器和真空断路器，有效达到环保要求。

（3）高压开关设备与智能组件整合技术：通过模块化的测量、控制、保护、监测、计量传感器部件和统一化的电源、信号标准接口。研究高压开关设备与智能组件整合技术，采用内置插接方式与一次设备集成，实现一次智能设备的测量数字化、控制网络化、状态可视化、功能一体化和信息互动化。

（4）智能柱式断路器整合技术：开展集成断路器、隔离开关、接地开关、传感器等设备的柱式组合电器设备研究，实现一次设备体积小型化，有效降低设备造价。

（5）电子式互感器深化应用技术：开展光学电子式互感器深化研究，使电子互感器在电磁干扰、异常温度、过电压、过电流等条件下稳定可靠运行，实现闭环自动校正。对影响电子式互感器稳定性和可靠性的关键技术难点进行攻关，形成系列化成熟产品，提高信息数字化、可靠性水平，减少资源消耗。

（6）智能变电站自动化系统网络技术：开展智能变电站数据采集模式和网络实时性、可靠性和安全性的研究，制定快速千兆网络技术、网络化精确时间同步技术、流量控制技术、数据安全技术在智能变电站中的应用方案，提出自动化系统网络优化配置方案。

（7）智能变电站信息集成技术：开展变电站各二次子系统信息处理要求和信息流向研究，整合各独立系统信息，对外提供标准化和规范化的基础数据和分析结果。对变电站各系统之间的数据描述、数据格式、编码规则做出统一的规划，建立和规划变电站的业务模型、业务过程模型和数据模型，提高数据模型和业务流程的标准化程度。研究变电站与各主站系统信息传输技术，实现变电站信息的纵向贯通与横向联通。

（8）智能变电站分布式能源接入技术：开展分布式能源测控保护技术、信息建模技术、分布式预测和控制技术，满足分布式能源接入的需要。支撑新能源与站控系统、调度系统的协同互动，提升新能源利用效率。

（9）辅助系统应用技术：开展视频监控技术在智能变电站中的应用，实现全站所有设备及功能的可视化展示，为运行维护提供方便。推进新能源接入、高性能智能巡检机器人、高性能电力滤波装置和无功补偿装置、地热、冰蓄冷系统等节能环保技术的研究与应用。

1.4.3　智慧变电站

2019 年初，国家电网公司提出了建设泛在电力物联网的战略目标。泛在电力物联网由感知层、网络层、平台层和应用层组成，感知层是泛在电力物联网的基础，变电站数据是感知层的主要数据源头之一，对电网调度运行、设备监控和运维监视发挥着不可或缺的作用。但当前变电站数据缺乏顶层设计，数据采集的全面性、合理性、准确性、可靠性和便捷性等存在不足，不能完全满足电网运行监视、特性分析、设备监控和运维监视等的需求，也不能完全适应泛在电力物联网的要求。

1. 数据采集现状

目前，变电站采集的数据包括一次设备、二次设备、辅控设备等三大类数据。

（1）一次设备数据。一次设备数据是指反映一次设备运行状态的电气量和非电气量数据，采集自变压器、线路、断路器、隔离开关、母线、并联电容/电抗器、串联电容（串补）/电抗、可控串补、SVC/SVG、调相机、套管、避雷器等设备。电气量数据有稳态监控数据、动态相量数据、暂态录波数据、电能计量数据、电能质量在线监测数据等，非电气量数据有输变电在线监测数据、工业视频等。

（2）二次设备数据。二次设备数据是指反映二次设备和各类应用功能状态的数据，采集自继电保护装置、安全自动装置、自动化设备、数据网设备、通信设备等。二次设备数据包括设备的运行状态数据、动作判断采集数据、定值（策略）参数、网络安全信息、装置记录文件和设备台账数据。省级以上调度机构已建设继电保护装置在线监测系统，接入了所辖继电保护设备及安全自动化装置的各类数据；部分省级调度机构建设了自动化设备在线监测系统，接入了网关机、测控装置、相量测量装置（PMU）、同步时钟、电能计量装置等的各类数据；各级调度机构均建设了数据网管和通信网管系统，接入了交换机、路由器、SDH 设备等设备的各类数据；地级以上调度机构已建设电力监控系统网络安全管理平台，接入了部分变电站内服务器、工作站、交换机、网络设备等的网络安全状态数据。

（3）辅控设备数据。辅控设备数据是指反映变电站运行环境状态的数据，采集自消防系统、安防系统、在线监测系统、环境监测系统、SF_6 监测系统、智能锁控系统、照明监视系统、工业视频系统、机器人系统等。辅控设备数据包括上述各类系统的运行状态及其业务数据。

2. 存在的主要问题

当前变电站数据缺乏顶层设计，数据采集的全面性、合理性、准确性、可靠性和便捷性存在不足，不能完全满足电网运行监视、特性分析、设备监控和运维监视等的需求，也不能完全适应泛在电力物联网的要求，主要体现在以下几个方面。

（1）数据采集全面性方面。

1）一次设备电气量采集不全面。①随着直流输电的快速发展、新能源发电并网容量的快速增长，电网电力电子化特征凸显，电网特性由工频主导转变为宽频特性，SCADA/PMU 数据以工频采集为主，无法全面分析常规直流换相失败、柔直引起的中高频振荡、新能源引起的次/超同步振荡等现象，不能完全满足电力电子化电网运行监视和特性分析的需要。②部分变电（换流）站主变压器分接头档位、间隔事故总信号、换相失败、直流再起动等数据未采集，影响一键顺控、智能告警和在线分析等功能。③动态数据覆盖面不足以支撑全网动态分析。同步相量数据具有统一时标、分辨率高等优点，目前同步相量装置未完全覆盖 220kV 及以上主网，限制了基于同步相量测量数据的主网状态估计、在线安全分析等应用。

2）外部环境信息采集不全面。变电站（汇集站）经纬度、温湿度、风力、光照、雷击等数据对于母线负荷预测、新能源发电预测、在线分析预想故障设置等具有重要作用；

同时变电站可以作为数据中转站，转发输电走廊雷击、山火、视频等数据。目前，上述外部环境信息采集亟待加强。

3）二次设备数据采集不全面。保护、安控、低频低压减载等三道防线设备，网关机、测控装置、PMU、同步时钟等自动化设备，路由器、交换机等数据网设备，SDH设备、光端机等通信设备的安全可靠运行对电网安全具有重要作用。目前，二次设备本身运行状态、定值及策略、网络安全信息等数据采集不全面，不能完全满足主站全面掌握二次系统运行态势的需要。

4）辅控设备数据采集不全面。缺少消防系统固定灭火装置的运行状态、安防系统电子围栏、红外对射、双鉴探测器的运行状态、智能锁控的运行状态等数据，不利于运维班全面掌握辅控设备的运行工况。

（2）数据采集合理性方面。

1）主子站数据交互方式不尽合理。目前，变电站大量数据通过各类通信协议实时/在线传输至调度主站或运检主站（典型的 500kV 变电站约有 3 万数据点），这些数据中仅有部分数据用于实时监视。应充分借鉴物联网"边缘计算"的思路，对于非实时监视类数据，存储于变电站端，变电站端提供数据服务接口，供主站"按需调用"，大幅度减轻网络负载及主站数据处理和存储压力。

2）变电站数据就地挖掘利用的深度不够。目前变电站数据绝大部分"原封不动"传输至主站，部分数据存在冗余，尤其是故障后向主站突发大量数据，导致关键信息"淹没"，不利于运行人员及时分析判断故障情况。变电站就地数据整合处理能力不足，坏数据辨识、故障判断、智能告警等功能主要由主站完成，既影响这些功能本身的准确性和及时性，也对主站造成较大的数据存储和处理压力。应充分借鉴物联网"边缘计算"的思路，增强变电站就地数据整合处理能力，向主站提供整合处理后的信息含量较高的"熟数据"。

3）变电站辅控设备数据采集技术标准不统一。变电站辅助设备厂家众多，设备外部接口、通信协议、性能指标等不兼容现象较为严重，导致辅控设备数据统一采集和上送困难。

（3）数据采集准确性方面。

1）部分遥测数据精度不满足要求。部分变电站现场采集使用 0.5 级 TA，不满足 0.2 级测量精度的要求。部分老旧测控装置遥测变化死区值不能修改或步长不满足技术标准要求，导致遥测数据精度不足。

2）潮流断面数据同步性不足。SCADA 电气量数据缺乏统一时标，导致主站潮流断面数据中不同电网、不同变电站、甚至不同母线/线路的实时数据之间存在一定不同步性，影响在线分析的准确性。

3）部分变电站未严格按规程要求开展装置精度定期校验。如某次电网异步运行试验期间，发现若干电厂相量测量（PMU）装置内部 FFT 算法参数设置不当，导致频率偏离工频时出现 PMU 曲线"伪振荡"现象，误导试验分析和判断。

（4）数据采集可靠性方面。

1）动态相量数据中断现象仍然较为突出。动态相量数据量大，相量采集装置（PMU）及相量集中器（PDC）负荷重，且一般为单配置，因 PMU 及 PDC 设备故障引起的动态相量数据中断现象仍然较为突出。

2）工业视频可用性存在不足。工业视频对于电网运行和设备运维的重要性日益显现，现有的工业视频系统位于非生产控制区，可用性不能完全满足突发事故指挥处置的需求，建设和运维管理模式需进一步优化调整。

（5）数据采集便捷性方面。

1）受变电站数据网带宽限制，文件类数据召唤速度较慢。目前变电站数据网带宽普遍为 2Mb/s，变电站与主站间的数据交互主要有实时数据传输和文件召唤两类。实时数据传输带宽需求不大，一般不超过 200Kb/s（按照典型 500kV 站估算）。文件类数据包括故障录波文件、同步相量文件、定值文件、远程浏览文件等，数据量较大。以同步相量文件为例，典型 500kV 站每分钟数据量大约 4MB。假设召唤某个故障发生前后 5min 的相量文件，为保证较好的人机交互体验，假定要求在 10s 内完成，仅考虑一个远方用户调用的情况下，网络带宽需求至少为 16Mb/s。如果考虑到多用户并发，带宽需求更高。

2）受面向过程的点对点线性通信协议限制，变电站数据接入主站的调试工作量较大。当前，变电站与主站之间的通信协议广泛采用面向过程的点对点线性通信协议（如 104 协议），数据自描述能力、服务能力和按需定制能力较差，需要逐点核对，调试验证工作量大，且易出错，亟待研发和应用面向对象和服务的通信协议。

3. 数据优化方向

（1）提升数据全面性。对变电站各类一次设备、二次设备和辅控设备，根据电网调度运行、设备监控和运维全面监视的需求。一次设备方面重点增加宽频测量、高精度暂态时域录波等数据采集，并实现 220kV 及以上变电站 PMU 全覆盖；二次设备方面，重点增加三道防线设备运行状态及定值（策略）参数、各类二次设备网络安全状态、软件版本等数据采集；辅控设备方面，重点增加外部环境、消防、安防、锁控、视频等数据采集。在此基础上，计划进一步整合、修编现有的相关企标、行标和国标，形成"科学合理、集约融合、实用实效、全面支撑"的变电站数据采集统一规范，作为保障变电站数据采集全面性的技术依据，同时也为泛在电力物联网感知层建设提供参考。

（2）提升数据合理性。充分借鉴物联网"边缘计算"的理念，增强变电站就地数据整合处理能力，在站端实现坏数据辨识、故障判断、智能告警等功能，减少变电站上送主站的无效数据；对于非实时监视类数据，不再上送主站，存储于变电站端，变电站端提供数据服务接口，供主站"按需调用"；统一变电站辅控设备数据采集的外部接口、通信协议和性能指标要求，实现辅控设备数据的统一采集和上送。通过这些措施，将变电站上送主站数据精简 50% 以上，大幅度减轻网络负载及主站数据处理和存储压力，同时提升坏数据辨识、故障判断、智能告警等功能的准确性和及时性。

（3）提升数据准确性。全面排查精度不满足要求的 TA/TV 和老旧测控装置，对于不满足 0.2 级测量精度要求的 TA/TV，遥测变化死区值不能修改或步长不满足要求的老旧测控装置，应进行整改。研究变电站数据断面冻结、周期传送与变化传送相结合的数据上送机制，提升主站潮流断面数据的同步性，进而提升在线分析、安全校核的准确性；严格按规程要求开展各类变电站测量装置的精度定期校验工作，及时发现装置硬件及内部测量算法存在的问题。

（4）提升数据可靠性。继续推广应用"四统一"测控装置、PMU 装置及同步时钟，提升变电站测量设备本身的可靠性；加快推进相量测量装置（PMU）及数据集中器（PDC）双配置、冗余后备测控、集群测控等新技术的应用，提高冗余备用水平，进一步提升稳态数据和动态相量数据的可靠性；协调互联网部，进一步优化调整统一视频平台的建设和运维管理模式，提升工业视频的可靠性，为突发事故指挥处置提供有效支撑。

（5）提升数据便捷性。结合泛在电力物联网网络层建设，研究变电站数据接入网带宽提升至 10Mbit/s 以上的可行性方案，为主子站数据高效交互提供通道基础条件；研发并应用面向对象和服务的泛在数据通信协议，增强数据自描述能力、服务能力和按需定制能力，大幅度减少新站接入调试工作量，实现模型驱动的主子站高效数据交互和功能协同。

此外，应还可以充分利用物联网传感器新技术，开发标准化、智能化、集成化、小型化的智慧变电站感知终端，实现变电站一次设备全频段电气量、高精度时域波形、内部非电气量，二次设备运行状态、定值（策略）参数、网络安全状态，及变电站温湿度、风力、光照、雷击、视频等外部环境的高效综合采集，为泛在电力物联网提供全方位高价值基础数据。

2 信息采集与控制

2.1 信息采集范围

变电站监控系统要采集的实时信息类型多、数量大，这些信息划分为两类：一类是电网调度控制有关的信息，包括变电站常规的远动信息和上级监控或调度中心对变电站实现监控提出的附加信息。这些信息在变电站测量采集后，由变电站监控系统向上级监控或调度中心传送。另一类信息是为实现变电站监控所使用的信息，由测控单元或自动装置测得这些信息，用于变电站当地监视和控制。

2.1.1 变电站监控系统的遥信信息

在变电站监控系统中，变电站端的状态量信息主要包括传统概念的遥信信息和变电站监控系统设备运行状态信息等。在变电站监控系统中，不仅要采集表征电网当前拓扑的开关位置等遥信信息，还要将反映测量、保护、监控等系统工作状态的信息进行采集、监视。

遥信信息用来传送断路器、隔离开关的位置状态，传送继电保护、自动装置的动作状态，以及系统、设备等运行状态信号。如变电站端事故总信号，发电机组开、停状态信号，以及远动终端、通道设备的运行和故障等信号。这些位置状态、动作状态和运行状态都只取两种状态值。如开关位置只取"合"或"分"，设备状态只取"运行"或"停止"。因此，可用一位二进制数即码字中的 1 个码元就可以传送一个遥信对象的状态。

变电站监控系统采集的遥信信息主要包括：

（1）电网运行稳态数据：变电站事故总信号；馈线、联络线、母联（分段）、变压器各侧断路器位置；电容器、电抗器、站用变压器断路器位置；母线、馈线、联络线、主变压器隔离开关位置、接地开关位置、母线接地开关位置；主变压器分接头位置，中性点接地开关位置等。

（2）设备运行信息：一次设备运行信息；断路器储能电机工作状态等；二次设备运行工况信息，软压板投退信号，自检、闭锁、对时状态、通信状态监视和告警信号，保护动作信号，测控装置控制操作闭锁状态信号，网络通信设备运行状态及异常告警信号，二次设备健康状态诊断结果及异常预警信号等。

（3）辅助设备状态量信息：电源、安防、消防、视频、门禁和环境监测等装置，提供的交直流电源各进出线断路器位置，设备工况、异常及失电告警信号，安防、消防、门禁告警信号，环境监测异常告警信号。

2.1.2 变电站监控系统的遥测信息

根据变电站监控系统变电站控制的基本原理，变电站要实现变电站监控化，变电站必须掌握变电站的运行状况，首先要测量出表征变电站监控系统运行以及设备工作状态的信息。

变电站监控系统采集的量测信息包括模拟量、开关量、脉冲量以及设备状态量等。变电站电压等级不同，其在电网的作用不同，所需采集的信息也不完全相同，对于数量众多的无人值守变电站而言，需要向上级监控或调度中心传送更多的变电运行信息和设备状态信息，考虑到变电站监控系统对变电运行管理方式的兼容性，在变电站监控系统中，应测量并采集变电运行设备状态和系统自身运行状态等较完整的信息。

变电站监控系统采集的遥测信息主要包括：

（1）电网运行稳态数据：系统频率；馈线、联络线、母联（分段）、变压器各侧电流、电压、有功功率、无功功率、功率因数；母线电压、零序电压、频率；3/2断路器接线方式的电流；电能量数据［主变压器各侧有功/无功电量、联络线和线路有功/无功电量、旁路断路器有功/无功电量、馈线有功/无功电量、并联补偿电容器电抗器无功电量、站（所）用变压器有功/无功电量］；统计计算数据。

（2）设备运行信息：变压器油箱油面温度、绕阻温度、绕组变形量、油位、铁芯接地电流、局部放电数据等；变压器油色谱各气体含量等；GIS、断路器的 SF_6 气体密度（压力）、局部放电数据等；断路器行程时间特性、分合闸线圈电流波形；避雷器泄漏电流、阻性电流、动作次数等；二次设备运行工况；保护装置保护定值、当前定值区号等。

（3）辅助设备状态量信息：电源、安防、消防、视频、门禁和环境监测等装置，提供的直流电源母线电压、充电机输入电压/电流、负荷电流；逆变电源交直流输入电压和交流输出电压；环境温、湿度；开关室气体传感器氧气或 SF_6 浓度信息。

2.2 遥信信息采集和处理

2.2.1 遥信量的采集

遥信信息通常由电力设备的辅助触点提供，辅助触点的开合直接反映出该设备的工作状态，提供给测控装置的辅助触点大多为无源触点（空触点，断路器和隔离开关提供这类触点），这种触点无论是在"开"状态还是"合"状态下，触点两端均无电位差。另一类辅助触点则是有源接点（一些保护信号触点），有源触点在"开"状态时两端有一个直流电压，是由系统蓄电池提供的 110V 或 220V 直流电压。

图 2-1 所示为两类触点信号的例子。图 2-1（a）是一种断路器动作机构原理图：当合闸线圈 YC 通电时，断路器闭合辅助触点 QF 断开；当跳闸线圈 YT 通电时，断路器断开辅助触点 QF 闭合。QF 为动断触点直接提供给测控装置，是无源触点。通常情况下，二次设备需要提供相应的空触点给测控装置，但有时无空触点提供输出时需要使用保护回路中的有源触点。图 2-1（b）是一部分断路器事故跳闸音响回路。断路器在合闸位置时，控制开关 SA 投入合后位置，则 SA 的①—③、㉓—㉑两对触点闭合，串接在该回路中的断路器辅助触点 QF 在断开位置。若无人为操作，控制开关 SA 位置不变；若此时断路器跳闸，则 QF 闭合，接通回路的正负电源，使信号继电器 1KSM 动作，其触点闭合后接通音响报警回路。若在此回路中引出断路器辅助触点位置，则该信号是有源的。

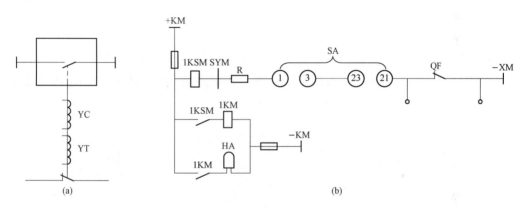

图 2-1 遥信对象

（a）无源出点；（b）有源触电

不论无源触点还是有源触点，它们都来自强电系统，直接进入测控装置将会干扰甚至损坏采集板件，因此必须加入信号隔离措施。通常采用继电器或光耦合器作为遥信采集的隔离器件，如图 2-2 所示。图 2-2（a）所示电路采用继电器隔离，当断路器在断开时，其辅触点 QF 闭合使继电器 K 动作，其动合触点 K 闭合，输出的遥信信息（YX）为低电平"0"状态；当断路器闭合时，其辅助触点 QF 断开，继电器 K 释放输出的遥信信息（YX）为高电平"1"状态。同样，在图 2-2（b）所示电路中采用的光耦合器隔离也有相似的工作过程：当断路器断开时，QF 闭合使发光二极管发光，光敏三极管导通，集电极输出低电平"0"状态；当断路器闭合时，QF 断开使发光二极管中无电流通过，光敏三极管截止，集电极输出高电平"1"状态。

目前在采集遥信对象状态方面，也有双触点遥信采集方法。由于双触点遥信就是一个遥信量由两个状态信号表示，一个来自断路器的合闸触点，另一个来自断路器的跳闸触点。因此双触点遥信需用二进制代码的两位来表示："10"和"01"为有效代码，分别

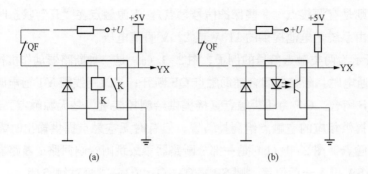

图 2-2　遥信信息的隔离措施

（a）继电器隔离；（b）光耦合隔离

表示合闸与跳闸；"11"和"00"为无效代码。这种处理方法可以提高遥信信源的可靠性和准确性。

2.2.2　遥信采集的实际电路

断路器位置状态、继电保护动作信号以及事故总信号，最终都可以转化为辅助触点或信号继电器触点的位置信号，所以只要将触点位置信号采集进来就完成了遥信信息的采集。图 2-3 所示是遥信信息采集的输入电路。

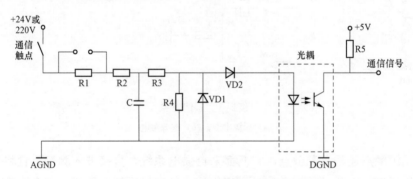

图 2-3　遥信信号输入电路

为了防止干扰，目前常用光电耦合器实现内外电路的电气隔离。在图 2-3 中，遥信触点串接在输入电路中，T 型 RC 网络构成低通滤波器，用来滤掉遥信回路的高频干扰；电阻还有限流作用，使进入发光二极管的电流限制在毫安级；两个二极管起保护光耦合的作用。此外，电容 C 的选择要全面考虑，如果 C 的容量太大则时间常数大，反应遥信变化的速度慢；C 的容量太小，则不易滤除干扰信号，从而产生误遥信。

现以采集断路器状态来说明输入电路的工作原理：设断路器处于分闸状态，其辅助触点闭合，＋220V 经过 RC 网络后输入到光耦，光耦中发光二极管发光，光敏三极管导通，遥信输出端输出低电平"0"，从而完成了遥信信息的采集。上述关系如表 2-1所示。

表 2 - 1　　　　　　　　　　　　断路器状态信息代码表

断路器状态	辅助触点状态	光耦状态	遥信码
合闸	断开	截止	1
分闸	闭合	导通	0

2.2.3　遥信输入的几种形式

（1）采用定时扫描方式的遥信输入。在变电站监控系统中，采用定时扫描的方式读入遥信状态信息，如图 2-4 所示。这个输入电路由三个部分组成：①遥信信息采集电路；②多路选择开关；③并行接口电路 8255A。其中遥信信息采集电路已作过讨论。

多路选择开关采用 74150，是 16 选 1 数据选择器，实现多路输入切换输出功能，74150 有 16 个数字量输入端（DI0～DI15），1 个数字量输出端 DO，有 4 个地址选择输入端（A、B、C、D），

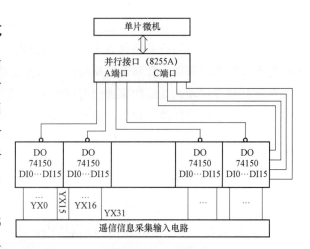

图 2 - 4　遥信信息定时扫查输入电路

当 4 位地址输入后，与地址相对应的输入数据反相后由输出端 DO 输出。74150 的输入输出关系如表 2 - 2 所示。

表 2 - 2　　　　　　　　　　　　74150 的输入输出关系表

DO=	DI0	DI1	DI2	DI3	DI4	DI5	DI6	DI7	DI8	DI9	DI10	DI11	DI12	DI13	DI14	DI15
A	0	1	0	1	0	1	0	1	0	1	0	1	0	1	0	1
B	0	0	1	1	0	0	1	1	0	0	1	1	0	0	1	1
C	0	0	0	0	1	1	1	1	0	0	0	0	1	1	1	1
D	0	0	0	0	0	0	0	0	1	1	1	1	1	1	1	1

8225A 用作遥信输入电路与 CPU 的接口。设置 8225A 工作方式为基本输入输出方式，端口 A 为输入方式，端口 B 和端口 C 均为输出方式。

端口 C 的低 4 位 PC0～PC3 与每个 74150 的地址输入端 A、B、C、D 相连，PC0～PC3 向 74150 输出选择地址；端口 A 的 PA0～PA7 分别与 0 号～7 号的 74150 输出端相连，用 PA0～PA7 输入遥信信息，通过数据总线输入 CPU。

在扫描开始时，PC0～PC3 输出 0000B，8 个 74150 分别将各自的数字输入端（DI）送入 8255A 的 A 口，CPU 可读 8 个遥信信息，选择地址加 1，又可输入 8 个遥信信息。当 PC0～PC3 从 0000B 变化到 1111B 时，128 个遥信全部输入一遍，即实现对遥信码的

一次扫描。

遥信定时扫描工作在实时时钟中断服务程序中进行，每 1ms 执行扫描一次。每当发现有遥信变位，就更新遥信数据区，按规定插入传送遥信信息。同时记录遥信变位时间，以便完成事件顺序记录信息的发送。

（2）循环扫描输入遥信。按定时扫描输入遥信，只要定时间隔合适完全能满足分辨率要求，扫描间隙处理器还可以完成其他工作。目前投运的变电站监控系统，一般由智能子模块完成遥信状态的采集和处理工作，处理器有更多的时间以循环的方式对遥信状态进行更短周期的采集，有利于提高站内遥信变位的分辨率。

循环扫描方式输入遥信的原理仍可用图 2-5 说明。当地址选择开关从 0000～1111 变化一周将 128 个遥信扫描一遍后，不再间隔一定的时间，而是立即重复上述对 128 个遥信的采集输入过程，这样每个遥信的实际扫描周期将小于原定时的时间间隔。

2.2.4　遥信变位的鉴别和处理

遥信扫描输入时，CPU 通过 8255A 的 C 口顺序输出多路数字开关地址 0000B～1111B，顺序地将 8 个遥信状态（8 位现状码）读入，并与存放遥信的数据区 YXDATA 内相对应的 8 个遥信状态（8 位原状码）相比较（异或）运行，得到一个字节的遥信变位信息码。如果现状码与原状码相同，则异或得到的变位信息码为零；如果变位信息码不为零，则说明有遥信变位，例如：

原状码　　　　　10011111
现状码　　　　　10010110
变位信息码　　　00001001
码位序号　　　　76543210

该例子说明位 0 和位 3 对应的遥信发生了变位。当确认有遥信变位后，必须进行相关的处理，其中包括：

（1）建立遥信变位标志。这个标志的作用为：①当地的告警显示；②CDT 方式的输入传送；POLLING 方式下激活第一类信息标志；③遥信信息刷新程序。

（2）建立变位遥信字队列。在变电站中，一个遥信变位可能引起几个遥信的变位，这些遥信变位均应按序向上级传送。因此必须建立一个队列先行登记。假设有 128 个遥信信息，可由四个遥信字传送，其编号为 YX（0）、YX（1）、YX（2）和 YX（3），子站工作状态在 YX（4）中传送，则可登记建立一个 6 字节的遥信信息插入传送登记队列 YXQUE，其首字节存放登记字数量，然后为遥信字变位遥信所在字序号，如图 2-5 所示。

每当有遥信变位或子站状态变化进入变位队列登记时，首先检查 YXQUE 单元的内容，当（YXQUE）＝0 时，则呈未登记状态，将 YXQUE 单元内容加 1 单元；当（YXQUE）≠0 或 5 时，则先检查本次变位的遥信所在字或子站工作状态字是否已经登记，若已登记则不再登记；若未登记，则登记本次遥信字编号或子站工作状态字编号，并将 YXQUE 单元内容加 1。

每当一个遥信字或者子站工作状态字连续插入三遍（CDT方式）结束时，将 YXQUE 单元内容减 1，并删除 YXQUE+1单元内容。若（YXQUE）≠0，则将后续编号并行向前移一个单元，并对 YXQUE+1 单元所指遥信字或者子站工作状态字插入传送。

图 2-5　遥信变位插入
传送字队列

（3）SOE 登记。事件顺序记录 SOE（Sequence of Event）表达变电站发生事件时相关信息，有三个要素即：事件性质、开关序号、事件发生时间。

2.2.5　遥信信号采集中的误遥信及改进措施

遥信信号的采集原理很简单，但在实际运行中常会产生不真实的遥信变位信号（误遥信），影响运行人员的监视控制。

所谓误遥信可以分成两类：第一类误遥信是一个真实的遥信变位后紧接着几个假遥信变位，最终遥信稳定到真实变位后的状态；第二类是某些遥信信号不定时地出现抖动。

第一类误遥信信号如图 2-6 所示。当遥信信号变位时，由于继电器或断路器等设备辅助触点不能一次性闭合，变位过程中的抖动信号经光耦合变成连续的几个信号。

第二类误遥信如图 2-7 所示。某个遥信回路中存在电磁干扰，其尖峰干扰脉冲可能成为误遥信。

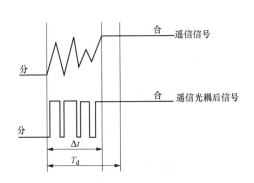

图 2-6　遥信继电器闭合时触电抖动的遥信信号

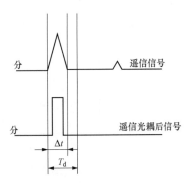

图 2-7　电磁干扰或震动造成的假遥信信号

上述两种误遥信可分别通过软件和硬件相结合的方法进行改进。为避免第二类干扰，可在遥信源输入回路基础上提高电源电压（如用 220V 电源代替 24V 电源），同时加入适当的电阻限流。采取该措施后，尖脉冲幅值一般很难达到 180V，可有效地克服因电磁干扰干扰严重的误遥信。

对于第一类误遥信，则可采用"延时重测"的方法加以改进。当发现某遥信变位时，首先将它的变位和变位发生的时刻记录下来，经一段延时后，再次判别该遥信位状态，如果变位真实发生则保留记录，否则忽略记录。这种方法应首先确定每个遥信所对应的变位时限值，处理器开销较大，所以尽管第二类误遥信也以通过"延时重测"加以改进，但通常还是在硬件上采取有效改进措施，只有很大的尖脉冲才由"延时重测"加以避免。

2.2.6 事故总遥信及实现方式

变电站任一断路器发生事故跳闸将启动事故总信号，用以区别正常操作与事故跳闸，对调度员监视电网运行情况十分重要。一般事故总信号的采集满足如下要求。

在事故总信号采集方面：优先采用断路器"合后触点"串"三相跳位触点"的方式，反映断路器非正常分闸；当无法采用前述方式实现时，可采用保护动作触点合成方式，反映事故后断路器跳闸。

具体采集要求：

（1）某间隔断路器合后触点串跳位触点的方式原则上在操作箱上实现，以硬触点开关量输入测控装置，对应遥信名为"间隔事故总"，接线见图2-8所示。

（2）保护动作触点合成方式：至少包括：线路保护、断路器保护、短引线保护、母线差动及失灵保护、高压电抗器保护、主变压器（联变）电气量与非电量保护、线路过电压保护等的动作及重合闸硬触点信号，接入断路器就地安装的三相不一致保护动作的硬触点信号、不接入操作箱出口跳闸信号触点信号。采用保护动作触点合成方式时，事故总信号无法反映断路器偷跳或无保护动作下的断路器跳闸，此时现场运行人员应严格按照调度规程执行事故汇报制度。

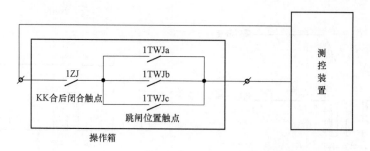

图2-8 "合后触点串跳位触点"原则示意图

2.3 遥测信息采集和处理

变电站内各种测量仪表及其相关回路，能够指示或记录一次设备的运行参数，以便运行人员掌握一次设备运行情况。它是分析电能质量、计算经济指标、了解系统潮流和主设备运行工况的主要依据。

2.3.1 电流互感器二次回路

（1）电流互感器的级别及配置。对保护用电流互感器，准确级是以该级的额定准确限额一次电流下的最大允许综合误差的百分数来标称，其后随字母"P"（含义为保护）。所谓额定准确限额一次电流，是指电流互感器能满足综合误差要求的最大一次电流；综合误差是指非线性条件使励磁电流和二次电流中出现了高次谐波，而不能以简单的相量相位差与幅值误差来表示，它代表了实际电流互感器与理想电流互感器之间的差别。IEC（国际电工委员会）推荐标准的准确限额值系数值分别有 5、10，15，20 与 30，即额定准确限额一次电流与额定一次电流之比，也常称额定一次电流倍数。

1）保护用电流互感器的标准准确级分为 5P 与 10P。其额定准确限额一次电流系数（额定一次电流倍数）紧接准确级后标出，如 5P10、10P20 等。如 10P20 表示该电流互感器在 20 倍额定一次电流下的（额定准确限额一次电流下的）综合误差不大于 10%。

2）测量用电流互感器的标准准确级有：0.1、0.2、0.5、1 等。在二次负荷欧姆值为额定负荷值的 100% 时，其额定频率下的电流误差分别不超过 0.1%、0.2%、0.5%、1%。

3）特殊使用要求的电流互感器的准确级有 0.2S 和 0.5S。其最大的区别是在小负荷时，0.2S（0.5S）级比 0.2（0.5）级有更高的测量精度；主要是用于负荷变动范围比较大，有些时候几乎空负荷的场合。

另外，D 级电流互感器表示非标准准确等级。

电流互感器二次回路一般配置给继电保护、测量、计量、故障录波等二次回路，以双母线接线的 220kV 出线电流互感器配置为例，典型配置如图 2-9 所示。

（2）电流互感器的极性判别原理。制造厂家在电流互感器一次侧绕组的两端，分别用 L1、L2 标出始端和末端，二次侧绕组两端分别用 K1、K2（或 S1、S2）标出始端和末端，始端 L1 和 K1、末端 L2 和 K2 为同极性端，用"＊"表示。保护及测量用电流互感器习惯规定一次电流 i_1 由"＊"端流入电流互感器为它的假定正方向，二次电流 i_2 则以由"＊"端流出电流互感器为它的假定正方向，即按所谓减极性原则标示。一次和二次电流 i_1 和 i_2 的假定正方向相反，忽略励磁电流后，其合成磁势等于一次和二次绕组安匝之差，且等于零，即 $i_1 w_1 - i_2 w_2 = 0$，$i_2 = \frac{1}{nLFI} i_1$ 可见 i_1 和 i_2 两相量是同相位。

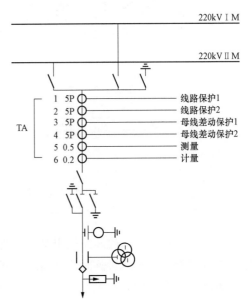

图 2-9　220kV 出线电流互感器配置

（3）电流互感器二次回路常见的接线方式有如下几种。

1）单相式接线如图 2-10（a）所示，这种接线主要用于变压器中性点和 6～10kV 电缆线路的零序电流互感器，只反映单相或零序电流。

2）两相星形接线如图 2-10（b）所示，这种接线主要用于 6～10kV 小电流接地系统的测量和保护回路接线，可以测量三相电流、有功功率、无功功率、电能等，反映相间故障电流，不能完全反应接地故障。

3）三相星形接线如图 2-10（c）所示，这种接线用于 110～500kV 直接接地系统的测量和保护回路接线，可以测量三相电流、有功功率、无功功率、电能等，反映相间及接地故障电流。

4）三角形接线如图 2-10（d）所示，这种接线主要用于 Yd 接线变压器差动保护回路，测量表计电流回路一般不采用。接入继电器的电流为两相电流互感器电流之差，故继电器回路无零序电流分量，并且流入继电器的电流为相电流的 $\sqrt{3}$ 倍。

5）和电流接线，如图 2-10（e）所示。这种接线用于 3/2 断路器接线、角形接线、桥形接线的测量和保护回路。

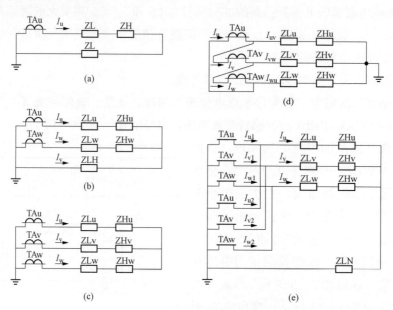

图 2-10　电流互感器二次回路的各种接线方式

（a）单相式接线；（b）两相星形接线；（c）三相星形接线；（d）三角形接线；（e）和电流接线

（4）电流互感器二次回路使用要求。电流互感器二次额定电流有 1A 和 5A 两种，使用中应注意检查 TA 二次侧额定电流与保护、测控装置的工作额定电流相匹配。保护设备必须使用 P 级二次绕组准确等级，测量及计量设备应使用 0.2 或 0.2S 级二次绕组准确等级。保护设备二次绕组配置上不应存在保护死区。保护用电流互感器二次绕组使用中应测量二次绕组负荷并根据最大短路电流计算满足额定负荷要求。保护设备要求由单独的电流互感器二次绕组供电，尽可能不与其他保护共用电流互感器的二次绕组，不同电流互感器二次绕组不得有电气上的连接。存在和电流接线的保护设备退出运行时应先短接后再打开运行中的电流互感器二次绕组与保护设备的连接，对被试电流互感器进行试验前应打开试验电流互感器的二次回路（特别是内桥接线下的主变压器差动保护）。不存在电气连接的电流互感器二次绕组应在端子箱处直接接地，运行中电流互感器二次接地点不得解开，电流互感器二次绕组除了要求可靠接地外还要求中性线不能多点接地，这是为了防止单相接地故障时中性点多点接地，可能导致零序电流分流造成零序保护拒动。电流互感器二次回路开路时，会造成互感器励磁电流剧增导致电流互感器损毁，所以电流互感器二次回路严禁使用导线缠绕的方式连接，运行中电流互感器其二次回路严禁开路。

2.3.2 电压互感器二次回路

1. 电压互感器二次回路接线方式

在三相电力系统中，需要测量的电压通常有线电压、相对地电压和发生接地故障时的零序电压，因此电压互感器的一、二次侧有不同的接线方式，如图 2-11 所示。

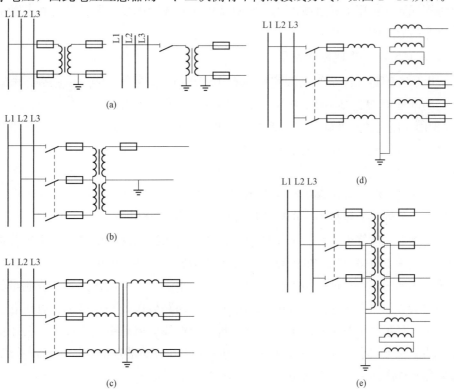

图 2-11　电压互感器的接线方式

（a）一台单相电压互感器接线；（b）Vv 接线；（c）Yy0 接线；

（d）三相五柱式电压互感器接线 Y0y0d；（e）三台单相三绕组电压互感器 Y0y0d 接线

（1）单相电压互感器接线，如图 2 - 13（a）所示。这种接线可测量某一相间电压（35kV 及以下中性点非直接接地系统）或相对地电压（110kV 及以上中性点直接接地系统）。

（2）两台单相电压互感器接成 Vv 形接线，如图 2 - 13（b）所示。这种接线可用于测量三个线电压（220kV 中性点不接地或经消弧线圈接地系统），不能测量相电压。

（3）一台三相三柱式电压互感器接成 Yy0 形接线，如图 2 - 13（c）所示。这种接线也只能用来测量线电压，不允许用来测量相对地电压。原因是它的一侧绕组中性点不能引出，否则会在电网发生单相接地、产生零序电压时，因零序磁通不能在三个铁芯柱中形成闭合回路，而造成铁芯过热甚至烧毁电压互感器。

（4）一台三相五柱式电压互感器接成 Y0y0d 形开口接线，如图 2 - 13（d）所示。这种接线可用于测量线电压和相电压，还可用作绝缘监检，广泛用于非直接接地系统。其辅助二次绕组接成开口三角形，当发生单相接地时，将输出 100V 电压（正常时几乎为零），启动绝缘监察装置发出警报。因为这种结构电压互感器的铁芯两侧边柱可构成零序磁通的闭合回路，故不会出现烧毁电压互感器的情况。

（5）三台单相三绕组电压互感器接成同样的 Y0y0d 形开口接线，如图 2 - 13（e）所示。这种接线同样可用于测量线电压、相对地电压和零序电压。因其铁芯相互独立，也不存在零序磁通无闭合回路的问题。

2. 电压互感器二次回路使用要求

（1）电压互感器二次绕组的额定电压有 100V、$100/\sqrt{3}$V、100/3V 三种；测量用电压互感器的准确等级包括 0.2、0.5、1、3 级四种，误差分别为 0、2%、0.5%、1%、3%。保护用电压互感器准确等级包括 3P 级和 6P 级，误差分别为 3%、6%。电压互感器二次绕组极性一般均为相对地正极性。

电压互感器二次绕组都一点接地主要是出于安全上的考虑。当一次、二次侧绕组间的绝缘被高压击穿时，一次侧的高压会窜到二次侧，有了二次侧的接地，能确保人员和设备的安全。另外，通过接地，可以给绝缘监视装置提供相电压。

电压互感器二次绕组一般为公用回路，在变电所内接地网并不是一个等电位面，在不同点间会出现电位差。当大的接地电流注入接地网时，各点的电位差增大。如果一个电压回路在不同的地点接地，地电位差将不可避免地进入这个电回路，造成测量的不准确，严重时会导致保护误动。所以电压互感器二次回路应保证一点接地。电压互感器二次保护绕组、计量绕组及零序绕组（开口三角）中性线应单独引入主控室在公用屏处一点接地。为了保证安全，除了中性点一点接地外，电压互感器还应就地装设击穿保险器，击穿保险器动作电压为 1000V 不击穿，2500V 击穿。

电压互感器本身的阻抗很小，一旦二次侧发生短路，电流将急剧增长而烧毁线圈。为此，电压互感器的一、二次侧接有熔断器或空气断路器，以免造成人身和设备事故。但是电压互感器的零序绕组（开口三角）回路上不得装设熔断器或空气断路器，原因一是为了防止正常运行时零序电压就为 0V，无法从测量手段上监测到熔断器的好坏；二是故障时零序电压绕组因为熔断器熔断而造成保护不正确动作。运行中要防止电压互感器的反充电现象（电压互感器二次侧向不带电的母线充电称为反充电），因电压互感器变比较大，即使互感器一次开路，二次侧反映的阻抗依然很小，反充电的电流很大，会造成运行中的电压互感器二次侧熔断器熔断，大电流还会造成电压切换装置损坏使保护装置失压，并有可能导致人员触电等危险。

（2）电压互感器的二次切换回路包括：①互为备用的母线电压互感器之间的切换。②在双母线系统中一次回路所在的母线变更时，二次设备的电压回路也应进行相应的切换。③主变压器后备保护或线路保护在旁代时需要进行旁路电压切换。

1）电压互感器二次同路包括交流电压切换回路和直流切换控制同路，其中直流切换控制回路包括互感器的投退控制回路和并列切换回路。

正常时两组电压互感器各自分列运行，每一组电压互感器的二次交流电压回路的投退靠互感器一次侧隔离开关位置触点接入投退控制回路来自动实现。

当某一组电压互感器检修或异常需要退出时，此时为了不影响保护等二次设备的正常运行需要将一次系统进行并列，在一次系统并列后由互为备用的电压互感器同时提供两段母线的二次电压，再退出异常或需要检修的电压互感器。由于正常时两组电压互感器各自分列运行，一次并列后也需要在二次上对电压互感器的二次回路进行并列操作，这就是并列切换回路。

2）电压互感器二次回路的直流切换控制回路继电器均需要采用双位置继电器。所谓双位置继电器，即继电器有两个工作线圈，其中一个为动作线圈，一个为复归线圈，两个线圈相互作用控制继电器的工作状态。当继电器动作线圈得电后，继电器动作触点变位，此时即使继电器动作线圈失电继电器工作状态，也不返回原来的工作状态，触点不会发生变位，只有在继电器复归线圈得电后，继电器触点状态才会又一次发生变化复归到初始状态，双位置继电器两个线圈同时得电或同时失电的情况下继电器触点不发生改变。

由于电压互感器的二次回路较多（保护电压三相、计量电压三相、零序电压和信号等），所需的切换继电器触点较多，直流切换控制回路继电器使用多个继电器串联的方式提供多对触点以供使用。

2.3.3 遥测量的采集和处理

遥测量可分为模拟量、数字量和脉冲量三种。模拟量主要指电网重要测点的 P、Q、U、I 等运行参数，如一次系统中母线电压、支路（输电线和变压器）电流、支路有功和无功功率等。

目前，交流采样技术已在变电站监控系统中广泛应用，所谓交流采样技术，就是通过对互感器二次回路中的交流电压信号和交流电流信号直接采样。根据一组采样值，通过对其模数变换将其变换为数字量，再对数字量进行计算，从而获得电压、电流、功率、电能等电气量值。在变电站中，使用交流采样技术，有利于测量精度的提高。

1. 采样及采样频率的确定

对一个信号采样就是测取该信号的瞬时值，它可由一个采样器来完成，如图 2 - 12 所示。

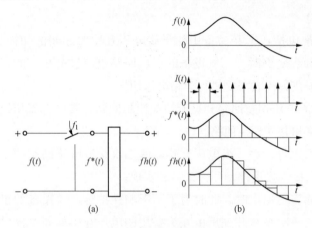

图 2 - 12　信号的采样与保持
(a) 采样/保持器；(b) 信号波形

采样器按定时或不定时的方式将开关瞬时接通，使输入采样器的连续信号 $f(t)$ 转变为离散信号，$f^*(t)$ 输出，设采样开关按周期 T。瞬间接通，则采样得到的离散信号为

$$f^n(t) = \begin{cases} f(nT_s) & \text{当 } t = nT_s \\ 0 & \text{当 } t \neq nt_s \end{cases}$$

在交流采样技术中，只用一个单独的采样器是无法工作的，因为采样所得信号要经过 A/D 变换成数字量，而 A/D 变换需要一定的时间才能完成，并要求变换过程中被变换量保持不变。所以采样器必须有一个保持器配合工作，如图 2 - 12 所示。在两次采样的间隔时间，保持器输出信号 $fh(t)$ 保持不变。对于需要同时采样的那些电量，应配备各自的采样保持器。采样将一段时间的连续信号变为离散的信号，改变了信号的外在形式，这通常是为了使之易于处理或借助于更好的工具对其进行处理。因此，信号经过采样后不应改变原有的本质特性。或者说，根据采样得到的 $f^*(t)$，可以复现 $f(t)$ 的所有本质信息。从直观上看，采样周期越短，即采样频率越高，$f^*(t)$ 越接近 $f(t)$。香农定理可叙述为：为了对连续信号 $f(t)$ 进行不失真的采样，采样频率 ω_s。应不低于，$f(t)$ 所包含最高频率 ω_{max} 的两倍，即 $\omega > 2\omega_{max}$。

采样定理是选择采样频率的理论依据。实际应用中，采样频率总要选得比已知被采样信号最高频率高两倍以上。例如采样工频交流信号，采样频率一般为工频频率的 8～10 倍甚至更高，使信号中 3～5 次谐波分量能在采样信号中反映出来。

2. 交流采样的硬件

在变电站监控系统中，交流采样装置由单片微机为核心的硬件构成。它由中间电流互感器、中间电压互感器、多路模拟开关、采样保持器、A/D 转换器、单片微机以及频率跟踪等电路组成，如图 2 - 13 所示。

交流采样信号取自二次回路。对于线电压信号其额定值是 100V，对于相电压信号其额定值是 57.7V，对于电流信号其额定值是 5A。这些二次信号首先经中间电压互感器 TVm、中间电流互感器 TAm 等变换成数伏的交流电压信号。多路模拟开关的功能是根据输入的地址信号，选择其中的一路作为输出信号。

采样/保持器是在逻辑电平的控制下，处于"采样"或"保持"两种状态的电路器件。在采样状态下，输出跟随输入的变化而变化；在保持状态下，输出等于输入保持状态时输入的瞬时值。采样/保持器的电路原理如图 2-14（a）所示，它由一个电子模拟开关 AS 和保持电容 C_n 以及阻抗变换器 I、II 组成。开关 AS 受逻辑电平控制。当逻辑电平为采样电平时，AS 闭合，电路处于"采样"状态，经过很短时间（捕捉时间）C_n 迅速充电或放电到输入电压 U，随后，电容电压跟随 U 变化，故整个采样时间应大于捕捉时间。显然，捕捉时间越短意味着 C_n 容量值越小。当逻辑电平为保持电平时，AS 断开，电路处于"保持"状态，将保持 AS 断开时的电压，从维持电压

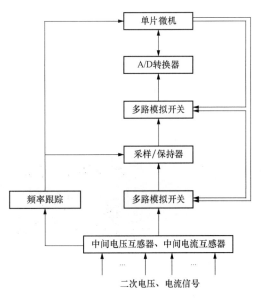

图 2-13 交流采样硬件电路构图

考虑，C_n。容量越大越好，因此，为使采样保持器采样时间短，保持性能好，C_n 的容量要选择合适，质量要好。当 C_b 选定后，为了缩短捕捉时间，要求采样回路的时间常数小，故采取了阻抗变换器 I，其输出阻抗极小；为使保持性能好，保持回路时间常数要大，故采用了阻抗变换器 II，它有极高的输入阻抗。由上述分析可知，实际的采样器虽然采样时间做得很小，但不能为零。图 2-14（b）所示给出了实际采样/保持器的工作波形。

A/D 转换器是将输入模拟信号转换为数字量。其主要特性体现在下列几个方面。

（1）量化误差与分辨率。A/D 转换器的分辨率采用两种方式表示，其一是输出数字量二进制的位数，例如 12 位 A/D 转换器的分辨率是 12 位；另一种是百分数表示，例如 10 位 A/D 转换器的分辨率（百分数）为 $\frac{1}{2^{10}} \times 100\%$ $=0.1\%$。由此可见，A/D 转换器的二进制位

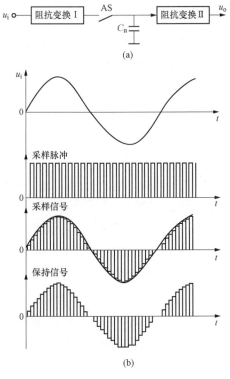

图 2-14 交流信号的采样与保持
（a）电路原理；（b）工作波形

数越多，其分辨率越高。

量化误差是由于有限数字对模拟量进行离散取值引起的误差。从理论上讲，A/D 转换器的量化误差是一个单位分辨率，即±1/2LSB。分辨率越高，每个单位数字所代表的模拟值越小，量化误差就越小。因此，量化误差与分辨率在本质上是一致的。

（2）转换精度。A/D 转换器的转换精度是描述实际 A/D 转换器与理想 A/D 转换器之间的转换误差的，故转换精度中不包括量化误差。转换精度用最小有效位 LSB 表示，也有用相对误差表示的。若 8 位 A/D 转换器的精度为±1LSB，则其相对误差为：$\frac{1}{2^8} \times 100\% = 0.4\%$。

当同时考虑了量化误差后，其最大偏差可以从图 2-15 中求得，图中 Δ 为数字量 D 的最小有效位当量，对于 8 位 A/D 转换器 $\Delta=0.003\,9U_\mathrm{m}$。图 2-15 表示，对于精度为±1LSB 的 8 位 A/D 转换器，当输入模拟量在 D 的标称当量值 Δ（±0.005 86U_m）范围内时，都可能产生相同的数字量输出。

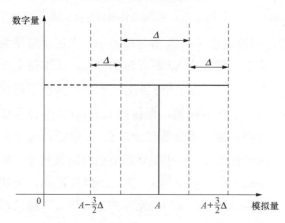

图 2-15　精度为 1LSB 的 A/D 转换动态特性

（3）转换时间。A/D 转换器转换时间是指完成一次 A/D 转换所需时间。转换原理相同，分辨率不同转换时间也不同，对于常见的逐位比较式 A/D 转换器，转换时间 t_A 一般为几十至上百微秒。转换时钟可以外输入，也可以通过外接 RC 电路产生，当转换时钟取典型频率 $f_\mathrm{clk}=640\mathrm{Hz}$ 的方波信号时，$t_\mathrm{A}\approx100\mu s$；ADC574 是 12 位 A/D 转换器，转换时钟由内部产生，其 $t_\mathrm{A}\approx125\mu s$；高速 12 位 A/D 转换器 AD578J 的转换时间不大于 $6\mu s$。

（4）多条线路转换采样。一台测控装置可能有 2 组以上的模拟量需要采集，考虑到交流电气操作量作为一个模拟量不可能发生突变，故可采用轮换的方式对每组模拟量通道采样。设需对 N 条通道进行采样，在某一周期内，只对某一线路进行采样，通过 N 个周期实现对 N 条线路各采样一次，用所采样信号计算电压、电流、有功功率、无功功率和电能量，并将其作为 N 个周期的平均值输出或保存。

（5）交流采样的同时性。按照功率的定义，一条线路上交流电压、电流的采样应同时测取，为此，对于按相电压、相电流测取功率的，至少需要 6 个采样/保持器；对于按线电压、线电流测量功率的，则至少需要 4 个采样/保持器，所以在采样/保持器后面应安排一个多路模拟开关，依次选择一路信号输入 A/D 转换器。

（6）交流采样的等间隔性。交流采样的算法是按连续信号几等分间隔离散化而得，因此交流采样必须在一个周期内等间隔完成。然而交流信号的频率是随时变化的，不能按照事先固定的频率去采样电压电流信号，而是应根据当前信号频率确定采样间隔，这就要求实现当前频率的跟踪测量。图 2-16 是频率跟踪和采样信号形成电路及相关波形。

将交流信号输入过零比较器，其输出量是与交流信号同频率的方波信号，将该方波作为锁相电路的一个输入信号，锁相电路输出信号经 N 分频后与输入方波相比较，适当地选择电路元件参数，可将输出信号锁定。即锁相电路输出信号以 N 倍的频率跟踪输入信号的变化，将这个输出信号经单稳态电路变换得到一定占空比的脉冲信号，作为采样/保持器的采样/保持控制信号，可实现一周期内 N 次等间隔采样。

（7）基于 V/f 转换的模拟量输入电路。

由于逼近式 A/D 变换过程中 CPU 要使采样保持、多路转换开关及 A/D 变换器三个芯片之间协调好，因此接口电路必然复杂，而且 A/D 芯片结构较复杂、成本较高。所以有些微机设备采用电压/频率变换技术进行 A/D 变换。

电压/频率变换技术（VFC）的原理是将输入的电压模拟量 U_{in} 线性地变换为数字脉冲式的频率，使产生的脉冲频率正比于输入电压的大小，然后在固定的时间内用计数器对脉冲数目进行计数供处理器读入，其原理框图如图 2-17 所示。图 2-17 中 VFC 可采用

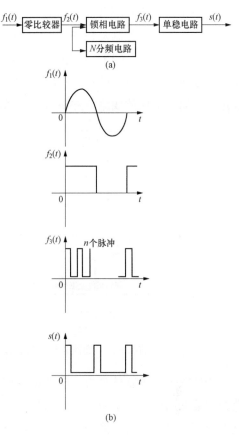

图 2-16　频率跟踪及采样/保持电路原理
(a) 电路原理框图；(b) 频率跟踪及采样保持信号波形

AD654 芯片，计数器可采用 8031 或内部计数器，也可采用可编程的集成电路计数器 8253。处理器每隔一个采样时间间隔读取计数器的脉冲计数值后，并根据比例关系算出输入电压 U_{in} 对应的数字量，从而完成了模/数转换。VFC 型的 A/D 变换方式及与 CPU 的接口要比 A/D 变换方式简单得多，CPU 几乎不需对 VFC 芯片进行控制。

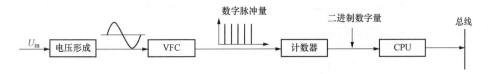

图 2-17　VFC 型 A/D 变换原理框图

2.3.4 交流采样的软件实现

与交流采样软件相关的软件主要包括两个部分：一是交流信号的采样控制软件；二是交流采样数据的处理软件，如图 2-18 所示。

交流信号采样控制是在 A/D 中断服务程序中完成的。每当选定的一路信号经 A/D 转换器转换结束后，CPU 响应中断，读入转换结果，接着将同时采样的同一线路另外一路信号选通，启动 A/D 转换，并恢复现场返回。当一条线路本周期采样全部结束时，就确定下一周期采样的线路，并将其地址送多路开关。如图 2-19 所示。

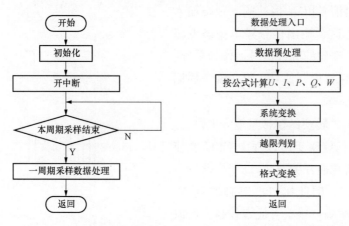

图 2-18 交流采样软件框图　　图 2-19 A/D 中断服务程序

采样数据处理软件是将采样数据经格式变换、计算等处理转换成适合于远传和当地监控的数据结构。其中包括：①数据的预处理；②将数据按公式进行电气量计算；③标度变换；④将电气量转换为远动规约传送格式；⑤将电气量进行二/十进制转换等。其数据处理流程框图如图 2-20 所示。

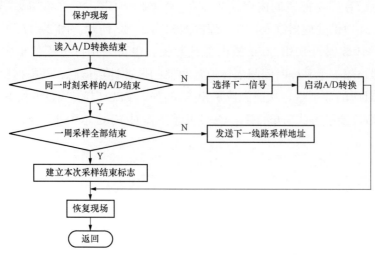

图 2-20 交流采样数据处理流程框图

对所测取的模拟信号，均存在一个允许的变化范围，在存储器中存放着它们的上限和下限值，每次计算得到的 U、I、P、Q，均需将它们与上限、下限比较，以确定其越限与否，一旦越限，将给出标志，以作进一步处理提示。格式变换有两种基本形式：一是将电气量转换成向上级监控传送的数据格式（一般用二进制代码，随规约的不同而不同）；另一种是将电气量转换成适合当地监视和记录的十进制格式。

2.3.5 数据预处理

通过电量变送器或传感器采集、A/D 转换后的数据为原始数据，这些数据要提供给调度运行人员使用，还需要作一系列的处理。数据预处理主要指数据滤波，用于滤除干扰及高频分量。系数变换涉及的因素较多，主要包括：①TV、TA 变比系数；②A/D 转换器位数；③采样频率等因素。

1. 滤波

由于发电机、变压器及各种非线性负荷的作用，电力系统中除了基波之外，还存在着各次谐波，这给准确地测量交流系统的各个运行参数带来了困难。

针对谐波与各种干扰的存在，在交流被测量进入测量装置时设置了模拟式滤波器，以滤除较高次的谐波。在交流被测量经交流一周期 N 次采样并通过 A/D 转换后，得到 N 个二进制数序列，可以通过一定的计算滤除不需要的谐波量，并计算出希望得到的交流量幅值和有效值。根据滤波形式可分为模拟式滤波和数字滤波。

（1）模拟式滤波：输入到遥测量采集系统的模拟直流电压来自各类变送器和传感器，有用的信号中常混杂有各种频率的干扰信号。在遥测量采集的输入端通常加入 RC 低通滤波器，用以抑制某些干扰信号。模拟式滤波器在设计时出于制造成本和体积上的考虑，往往采用简单的 RC 电路进行滤波。若希望滤除较低次谐波，根据对 RC 电路幅频特性的分析，将对基波有一定的衰减，造成有用信息的损失和测量精度的降低。模拟式滤波器的作用是滤掉输入信号中的干扰（包括较高次谐波），保留有用信号，相对提高输入信号的信噪比。

（2）数字滤波：数字滤波就是在计算机中用一定的计算方法对输入信号的量化数据进行数学处理，减少干扰在有用信号中的比重，提高信号的真实性。这是一种软件方法，对滤波算法的选择、滤波系数的调整都有极大的灵活性，因此在遥测量的处理上广泛采用。数字滤波器将输入模拟信号 $x(f)$ 经过采样保持（S/H）和模/数转换（A/D）变成数字信号后，进行数字处理去掉信号中的无用成分，然后再经过数/模转换得到模拟输出 $y(l)$。当然对于某些数字滤波器不需要把结果再转换成模拟量输出了。通过数字滤波的程序处理，可以削弱干扰和噪声的影响。数字滤波可分为递归型滤波和非递归型滤波两种。

2. 标度变换

在测量装置中，通常用一个 A/D 转换器对多路输入的直流模拟电压分时地进行模拟量到数字量的转换。由于采用一个 A/D 转换器，因此各个输入量必须经过一系列的转换（如互感器、变送器、传感器），变换成统一量程的直流模拟电压。A/D 转换结果的数字量只代表其输入模拟量的电压大小，而不能代表遥测量的实际值。要想求得实际值就必须进行标度变换。

电力系统中的各种参数有不同的量纲和数值变换范围，如电压测量值单位为 V 或 kV，电流的测量值单位为 A 或 kA 等。一次检测仪表的变化范围也不同，如电压互感器输出为 0～100V，电流为 0～5A 等，所有这些信号又都经过各种形式的变换器转化为 A/D 转换器所能接受的信号范围，如 0～5V，经 A/D 转换成数字量，然后再由计算机进行数据处理和运算。经 A/D 变换成的数字量已成为一种标幺值形态，无法表明该遥测量的大小。为了显示、打印、报警及向调度传送，又必须把这些数字量转换成具有不同量纲的数值，以便于操作人员进行监视与管理，这就是标度变换。

远动中的遥测量经电压（电流）互感器和中间变换器变换为幅值 0～±5V 的电压。以 12 位模/数转换为例，转换结果是 12 位，其中最高位是符号位，其余 11 位为数值。这是个定点数，若约定将小数点定在最低位的后面，则数值部分为整数。当被测值与满量程相等时，转换结果为全 1 码，11111111111B＝2047。

例如被测电流的满量程为 1500A，经变换后的满量程结果为 2047。当电流在 0～1500A 范围内变化时，模/数转换的输出在 0～2047 之间变动，两者呈线性比例关系，比例系数为 K，称为标度变换系数。设遥测量的实际值为 S，模/数转换后的值为 D，则 $K=S/D$。由于 S 和 D 呈线性比例关系，故可以以满量程的对应关系来求出标度变换系数 K。对于 12 位模/数转换器，D＝2047，则 $K=S/2047$。

例如幅值为 1500A 的电流，可得

$K=1500/2047=0.732\ 779\ 677=0.1011101110001011B$

各个遥测量都有对应的标度变换系数 K，均以确定的形式存储在遥测系数区中，待需要时读取。标度变换系数 K 在遥测系数区中以两个字节存放，其格式如图 2 - 21（a）所示。

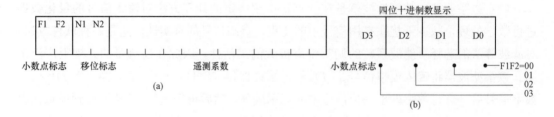

图 2 - 21　遥测系数与小数点标志
（a）遥测系数、小数点标志及移位标志；（b）小数点标志

在经过模/数转换得到某个遥测量的 11 位二进制数后，需乘上系数得到有量纲的实际值。考虑到应保证在乘法运算时的精度，标度变换系数 K 应具有 11 位的有效位。但

在某些场合，根据 $K=S/D$ 所得的 K 系数并不具有 11 位有效位，因此需要预先对 K 进行处理。

例如某电流的幅值满量程为 150A，则

$K=150/2047=0.073\ 277\ 967\ 7=0.00010010110B$

这一系数的有效位仅有 8 位，当模/数转换的结果与之相乘后，有效位数减少了。为了保证有效位数，可以将被测量预放大，例如上例放大 10 倍，在十进制数显示时相应将小数点向左移 1 位，即可显示原值。如果将上述 150A 的满量程值放大 10 倍后成为 1500A，系数 K 即有 11 位有效位数。在 1500 转换成二进制数后，与 K 相乘，并在二一十进制转换后将小数点向左移一位，即为 150.0A 的表达。

遥测量一般用四位十进制 D3D2D1D0 显示。用小数点标志 F1F2 来设定小数点位置，其内容由通信双方约定。例如小数点设在最低位 D0 之前，把 FIF2 置为 01。

以显示的物理量单位（kV、kA、kVA 等）与小数点标志设置相配合，可以使系数 K 为 0.1～0.999 999 9…。但在 K 小于 0.5 时，对应小数点位置的二进制仍会出现有效位数不足 11 位的情况。例如满量程值为 300A 的电流

$K=300/2047=0.146\ 555\ 935=0.00100101100B$

实际有效位为 9 位不能满足要求，而且 300 不能扩大 10 倍，因为将使 $K>1$ 而不符合要求。解决方法是在转换 K 时计算到小数点后 13 位，然后将 K 左移 2 位成为 0.100 101100 00B 作为标度变换系数的遥测系数部分，并在 N 移位标志上设置相应值。在乘系数运算后再将乘积右移相应位数，使数值还原。

标度变换系数中的 N 移位标志部分的设置方法可以是 N1N2＝00，系数未位移；N1N2＝01，系数左移了 1 位；N1N2＝10.系数左移了 2 位；N1N2＝11，系数左移了 3 位。

综上所述标度变换系数共由三部分组成。当一个遥测量经 A/D 变换后，相应从遥测系数区取出相应标度变换系数与之相乘，再把乘积右移 N 位。若需显示，则在二—十进制转换后，根据 F1F2 标上小数点完成标度变换。

2.3.6　死区计算

测量装置中遥测量的采集工作不间断地循环进行着，并需要将遥测数据上送至站内后台和调控中心。这些遥测量并不是每时每刻都在大幅度变化，而大多数遥测量在某一时间内的变化是缓慢的。如果要将这微小的变化不停地送往调控中心，会增加各个环节的负担，同时无益于调控运行人员对电网的监视控制。

首先，大量的数据在通道上传输，增加通道负担；其次，主站前置机要不断地接收数据并作相应的处理，一直处于高负荷的工作状态；再者前置机处理后的数据需及时传送给 SCADA 主机，SCADA 主机再将这些数据存入实时数据库、刷新画面数据、用于实时计算。当数据有任何变化时，都要进行这些数据交换和处理工作，主站处理机的工作

负担很重。对调控运行人员而言，遥测量的微小变化，对掌握系统的运行状态并无太多的帮助，而不断跳动的尾数还会影响运行人员的观察。

如果在遥测量处理中加入死区计算，则可有效地解决上述问题。死区计算是对连续变化的模拟量规定一个较小的变化范围。当模拟量的变化量在这个规定的范围内时，认为该模拟量没有变化，此期间模拟量的值用原值表示，这个规定的范围称为死区。当模拟量连续变化超出死区时，则以此时刻的模拟量值代替旧值。

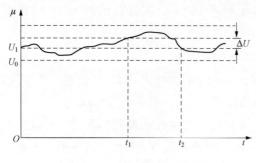

图 2-22 死区计算示意

并以此值为中心再设死区。因此，死区计算实际上是降低模拟量变化"灵敏度"的一种方法，图 2-22 所示死区计算示意。t_0 时刻的值为 U_0 设死区为 $2\Delta U$，当 $|U-U_0|<\Delta U$ 认为 U 值未变，在 $t_0 \sim t_1$ 时间内，U 值为 U_0；当 t_1 时刻，$|U_1-U_0|>\Delta U$，则以此刻的值 U_1 代替 u 的原值 U_0，再以 U_1 为中心再设死区，到 t_2 时刻值越死区，用此时刻的值 U_0 代替 U。从图 2-24 中可以看出，在 $t_0 \sim t_2$ 这段时间内，模拟量的数值是不断变化的，但采用死区计算后，可用两个值 U_0 和 U_1 来表征这一变化过程。在死区计算中，死区的大小选定应当合理，若取值过小则变化灵敏度过高，不能减轻处理负担；若取值过大，则易疏漏掉一些重要的变化信息。

2.3.7 主变压器挡位和油温

1. 温度测量

在变电站监控系统中需要采集变压器油温、绕组温度，一般采用热电阻作为测量元件，热敏电阻是利用半导体的电阻值随温度变化而显著变化的原理来测量温度的，它的测温范围在 $-50 \sim 300℃$ 之间。目前应用较广的热电阻材料是铂和铜，也有适用于低温测量的铟、锰和碳等材料的热电阻。

2. 铂电阻测量温度的特性

铂电阻的物理、化学特性比较稳定，在工业生产中常作为测量元件。铂的电阻与温度的关系如下。

在 $0 \sim 630.74℃$ 之间为 $R_t = R_0(1+At+Bt^2)$

在 $-190 \sim 0℃$ 之间为 $R_t = R_0[1+At+Bt^2+C(t-100)t^3]$

式中　R_t——温度为 t 时的电阻值；

　　　R_0——温度为 $0℃$ 时的电阻值；

　　　t——任意的温度值；

A、B、C——分度系数，$A=3.940 \times 10^{-3}/℃^2$，$B=-5.84 \times 10^{-7}/℃^2$，$C=-5.84 \times 10^{-7}/℃^3$。

由此可知，要确定电阻值 R_t 与温度之间的关系，还必须先确定 R_0 的数值，R_0 不

同 R_t 与 t 之间的关系也将变化。工业上将对应于 $R_0=50\Omega$ 和 100Ω 的 R_t-t 的关系制成表格，称其为热电阻分度表，供使用者查阅。Pt100 的电阻温度对应表见表 2-3 所示。

表 2-3　Pt100 的电阻温度对应表

电阻（Ω）	100.00	103.90	107.79	111.67	115.54	119.40	123.24	127.08	130.90	134.71	138.51
温度（℃）	0	10	20	30	40	50	60	70	80	90	100

3. 铜电阻测量温度的特性

铂电阻虽然性能优良但价格较贵，在测量精度不高且温度较低的场合，铜电阻得到广泛的应用。在 $-50\sim150℃$ 的温度范围内，铜电阻的阻值与温度呈线性关系，可计算为

$$R_t-R_0(1+at)$$

R_t——温度为 t 时的电阻值；

R_0——温度为 0℃时的电阻值；

a——铜电阻温度系数，$a=4.25\times10^{-3}\sim4.28\times10^3/℃$

铜电阻的主要缺点是电阻率低、电阻体积较大、热惯性较大、与铂电阻类似，R_t 与 t 的关系依赖 R_0，R_0 有 50Ω 和 100Ω 两种，也制成相应的分度表供查阅。Cu50 的电阻温度对应表见表 2-4。

表 2-4　Cu50 的电阻温度对应表

电阻（Ω）	50.00	52.14	54.29	56.43	58.57	60.70	62.84	64.98	67.12	69.26	71.40
温度（℃）	0	10	20	30	40	50	60	70	80	90	100

4. 用热电阻测量温度

热电阻作为温度测量元件，它将温度高低转变为电阻大小，变电站监控系统通过测量热电阻值的大小计算温度数据。在实际的温度测量中，常使用电桥作为热电阻的测量电路，用仪表在就地显示温度的高低。

电桥热电阻测温常用电路如图 2-23 所示。R_1、R_2、R_3 是固定电阻，R_4 是电位器。r_1、r_2、r_3 是导线电阻。

R_t 通过 r_1、r_2、r_3 与电桥相连接，r_1、r_2 阻值相等，但温度变化时 r_1、r_2 的变化量相同，由于 r_1、r_2 分别接在不同的桥臂上，不会产生测量误差，r_3 在电源回路，对测量的影响很小。当调整 R_a 至 $R_a+R_t=R_4$ 时，电桥平衡，则温度 t 的

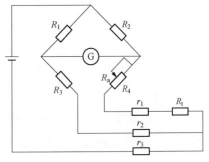

图 2-23　电桥热电阻测温常用电路

变化而使 R_t 的变化能直接由电桥检流计测得。以上所述的测温方法主要适用于就地测量显示,当温度信号要进远传时,需要采用与温度变送器相配合的测量方式,如图 2-24 所示。

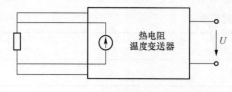

图 2-24 变压器油温的变送原理

温度变送器的恒流源输出恒定电流,在热电阻上形成电压信号,该电压信号与热电阻阻值成正比,测得该电压信号即可获得温度值。在温度变送器内,将测量的电压信号转变为对应的直流电压或电流输出,将温度变送器的输出信号接到测控单元直流采样板,实现温度信号的测量远传。

5. 变压器挡位测量

在变电站中对主变压器挡位的采集有以下三种方法:①挡位抽头信号直接接入测控的遥信采集回路进行档位采集;②挡位抽头信号经过 BCD 编码器转换成 BCD 码后接入到测控装置的遥信采集回路进行采集,变电站监控系统服务器将 BCD 码转换成挡位值后在后台显示;③挡位抽头信号或挡位 BCD 码信号接入到挡位变送器转换成直流模拟量,测控装置采集直流模拟量信号,并转换成相应挡位值后在后台显示。目前,变电站监控系统中大多采用第二种方法采集主变压器挡位,向主站传送时由远动装置进行 BCD 码到遥测值的转换。

挡位变送器基本工作原理如图 2-25 所示。

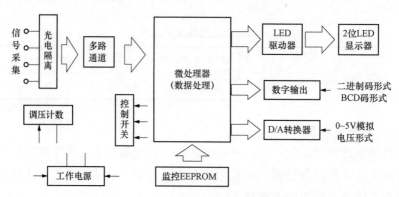

图 2-25 挡位变送器工作原理

采用挡位变送器,经直流模拟量采集挡位的实现方法通常有 2 种方法。

方法 1:如图 2-26 所示将变压器挡位位置信号直接接到变送器,由变送器转换成直流信号输出。

方法 2:如图 2-27 所示将变压器挡位位置信号通过 BCD 码编码器转换成 BCD 码再接到挡位变送器,由变送器转换成直流信号输出。

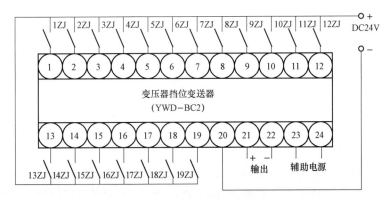

图 2-26 挡位直接输出

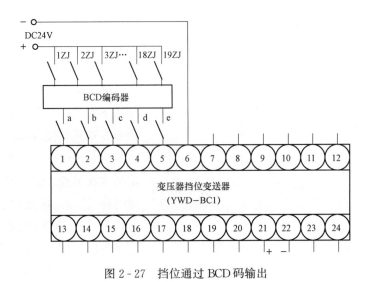

图 2-27 挡位通过 BCD 码输出

2.4 遥控量与遥调

在电力系统中，所谓遥控就是调控中心发出命令，控制远方发电厂或变电站内的断路器、隔离开关等设备的分合或有载调压的分接头的升降操作。为了防止合环或并列操作时，引起系统的不稳定运行，需要在断路器合闸时进行同期检查，确保合闸瞬间断路器两侧电压差、角度差、频率差不超过允许范围。调控端的远方控制主要是为了保证电力系统安全、可靠、经济运行，如调节系统频率的自动发电控制（AGC）、调节各变电站母线电压的电压无功控制（AVC）、调节电力系统运行经济性的经济调度控制（EDC）等。根据受控设备的不同，远程控制可分为遥控和遥调。

2.4.1 遥控命令及其传输

遥控命令是由变电站监控系统的当地后台监控主机发送给相应间隔的测控装置，也可以是调控中心发送给变电站监控系统的远动装置，并进一步转发到相应间隔的测控装置，实现对某一断路器或隔离开关的远方分合。后台或主站下发的与遥控相关的命令有3种：遥控选择命令，遥控选择命令用来说明本次遥控所要选择的遥控对象，以及对该对象实施的操作性质；遥控执行命令，遥控执行命令用来说明前面下达的对遥控对象的指定操作可以立即执行；遥控撤销命令，遥控撤销命令用来说明对前已下达的遥控选择命令予以撤销。此外，遥控返校信息是遥控命令接收端向遥控命令发送端说明接收方是否正确接收遥控选择命令，以及选择命令是否可以正确执行。

遥控是电网运行的重要控制手段，遥控命令执行的结果直接改变电网的拓扑结构，改变电源或负荷的连接状态，直接影响电网的安全运行、电能质量指标以及经济运行。因此在遥控过程中采用信息重复、信息返校等措施保证遥控过程的正确性。

遥控命令的信息传输过程如图 2-28 所示。在形成返校信息的过程中，遥控接收端不仅要校验接收信息的正确性，还要检查选择对象和遥控性质的正确性和合理性，以及核对对象继电器和执行继电器是否能正确动作，综合上述多项检查得出遥控返校信息。

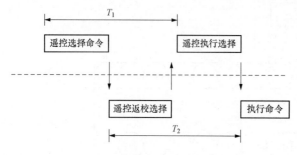

图 2-28 遥控命令的信息传输过程

遥控命令是根据当前电网的运行状态下发的，具有很强的时效性，在命令发送端和接收端均可设置超时时间，一旦超时未接收到相应的信息则取消本次遥控。例如发送端可设置超时时限 T_{1max}，从发出遥控选择命令起，经 T_{1max} 尚未收到返校信息，则取消本次遥控；对接收端来说，可设置超时时限 T_{2max}，从发出返校信息起，经 T_{2max} 尚未收到执行或撤销命令，也可主动撤销本次遥控。

2.4.2 遥控控制回路

控制回路按照工作电压等级的不同，可分为强电控制和弱电控制两种类型，强电控制电压一般为直流 220V 或 110V，弱电控制电压一般为直流 48V 或 24V。由于 48V 和 24V 不能满足断路器跳合闸线圈动力需求，因此弱电控制是通过控制中间继电器扩展动作后接通强电操作回路，实现对断路器的控制，断路器分合闸操作电源仍为 220V 或 110V。以某型号测控装置断路器分合闸控制回路为例进行说明，如图 2-29 所示。

1. 同期手合的条件

21KSH 打在"就地"位置，21QP 压板连接"同期手合"，软件设置同期合闸定值。

同期手合的操作过程：

测控装置实时监测了 21QP 压板的状态和 21KK 的状态，如果 21QP 压板在同期手合状态，并且检测到人工通过 21KK 执行合闸操作，在进行检同期条件判断，若满足同期

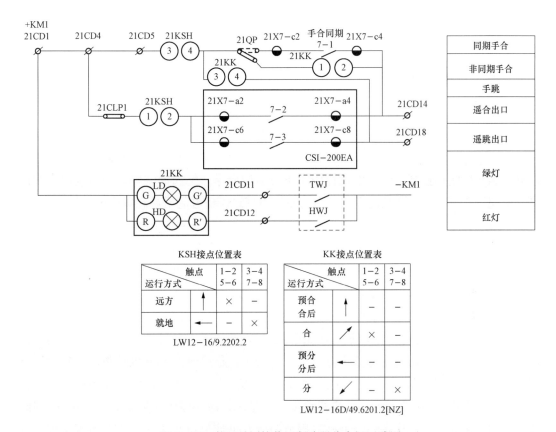

图 2-29　某型号测控装置断路器分合闸回路图

合闸的条件，则通过"7-1"继电器输出合闸信号，执行合闸操作。

2. 遥控合闸的条件

21CPL1 压板连上，21KSH 打在"远方"位置，软件设置同期合闸定值和同期合闸要求。

测控装置收到遥控命令，根据要求进行检同期条件判断，若满足同期合闸的条件，则通过"7-2"继电器输出合闸信号，执行合闸操作。

断路器分闸可通过遥控分闸和就地分闸两种方式实现。

3. 控制回路的基本要求

（1）控制回路应能进行手动分合闸和由继电保护与自动装置实现自动分合闸。并且当分合闸操作完成后，应能自动切断跳合闸脉冲电流。

（2）控制回路应有防止断路器多次合闸的"跳跃"闭锁功能。

（3）控制回路应能指示断路器的合闸与分闸状态。

（4）控制回路自动分闸或合闸应有明显的信号。

（5）控制回路应能监视熔断器的工作状态及分合闸回路的完整性。

（6）控制回路应能反映断路器操动机构的状态，在操作动力消失或不足时，应闭锁断路器的动作，并发信号。

（7）控制回路应简单可靠，采用的设备和电缆尽量少。

2.4.3 遥调控制命令输出

保证供电的电能质量是电力系统运行的一项重要任务，负荷的波动直接影响着系统频率和母线电压，因此电力系统中必须装设调节装置对频率和电压进行控制。遥调主要用于电厂励磁自动调节装置以及频率和有功功率的自动调节装置。这些调节装置可以手动操作和当地闭环控制，也可由调控中心下发遥调命令，经远动装置处理后输出遥调信息，实现远程调节。遥调功能有助于电力系统更好地保证电能质量和实现经济运行。

调节装置不同，其调节方式也不相同。概括说来有模拟整定值调节方式和正增值/负增值脉冲调节方式两种方式。下面以晶闸管自动励磁调节装置为例来说明这两种方式。图 2-30 所示为晶闸管自动磁调节装置中整流输出控制的原理框图。U 为发电机端电压经电压互感器和电压变送器后量，U_{set} 为远动装置输出的遥调直流模拟电压量。两者比较后得偏差值 ΔU，经综合放大得到控制电压 U_k，U_k 使移相控制部分的输出脉冲电压 U_g 前后移动，U_g 的变化使晶闸管整流桥中晶闸管的控制角（触发脉冲至相应换相点间的电角度）的大小改变，从而改变整流桥输出电压的大小，最终改变发电机励磁，达到对端电压的控制。假设测量电压 U 大于整定压 U_{set}。则 ΔU 为正，经综合放大移相控制后的脉冲电压 U_g 后移，控制角增大，整流桥输出电压下降，减小发电机励磁，使端电压下降，反之亦然。由此可见，这是一个负反馈调节装置，可使发电机端电压维持在整定值 U_{set} 的水平上运行。这里的遥调是通过调节整定电压 U_{set} 来实现端电压的闭环调节。在开环运行时，可用正增值/负增值脉冲方式实现遥调。若欲使端电压升高，可由远动装置输出一正增值脉冲的遥调信号，该信号使脉冲电压 U_g 前移，晶闸管的控制角减小，整流桥输出电压升高，发电机励磁增大，最终使端电压升高。同样，若欲使端电压下降，则遥调输出负增值脉冲，该脉冲使晶闸管的控制角增大，励磁减小，发电机端电压下降。变电站端遥调输出的直流电压、电流模拟量，通常是由数/模转换器加电压放大、电流放大来实现的。数/模转换器件种类众多，但工作原理大致相同。

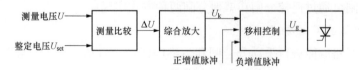

图 2-30 晶闸管整流输出控制原理框图

随着大规模集成电路技术的飞速发展，涌现出处理速度更快、计算能力更强、可靠性更高、各种接口集成更多的微处理器，取代了常规的模拟式电子设备，数字式自动电压调节器、数字式电液调速器已在电力系统中得到应用。远动装置通过与数字式调节装置通信，将遥调命令传递给数字式调节装置实现遥调操作。

2.5 同 期 功 能

在变电站监控系统中，取消了常规的非同期检查继电器和同期装置，而使用间隔层测控单元的同期功能来实现断路器的同期合闸。

测控装置是一种采集控制终端，主要功能是采集系统遥测遥信数据，执行控制命令。同期功能仅是其中合闸控制输出操作的一个模块，所以该功能只在测控装置接到合闸（远方或就地）命令后，根据需要处于激活状态，并且在合闸命令有效期内，根据装置当时的运行工况（系统运行工况和装置自身的定值设置）选用不同的合闸判据，执行相应的控制。测控单元能自动根据断路器两侧的电压，判断是否满足同期合闸条件，实现捕捉同期合闸，还能实现单侧无压合闸和两侧无压合闸操作。

2.5.1 同期算法

测控装置的同期算法，常用的有两类：①采用电压差和相位差分离，分别进行算术相减的算法，即标量差法；②采用电压相量相减的算法，即矢量差法。大多数都采用前者，下面作简单介绍。

1. 标量差法

标量差法就是将电压差和相位差分离，即用电压有效值直接进行算术相减，获得电压 ΔU；用相角直接相减，获得相位差的算法。用算式表示为

$$\Delta U = |U_{\text{line}}| - |U_{\text{bus}}|$$

$$\Delta \delta = \varphi_{\text{line}} - \varphi_{\text{bus}}$$

式中：$|U_{\text{bus}}|$、$|U_{\text{line}}|$ 指母线及线路电压有效值，并以 $|U_{\text{bus}}|$ 为基准值 1.0；φ_{bus}、φ_{line} 指两侧电压相角。

按照此算法，如果取电压差定值 $\Delta U = 20\% |U_{\text{bus}}|$，相位差定值 $\Delta \delta = 20°$，则准同期区域为一个扇形区。

2. 矢量差法

矢量差法就是将电压相量相减获得电压差 ΔU 的算法，具体算法为

$$\Delta \delta = |U_{\text{line}} - U_{\text{bus}}|$$

显然，此算法的同期区域是以参考向量 U_{bus} 为中心、以电压差 ΔU 为半径的圆。当同期相位差定值 $\Delta \delta = 20°$，可以计算出同期电压差条件，即

$$\Delta U = |U_{\text{bus}}| \sin 20° = 34.2\% |U_{\text{bus}}|$$

那么，同时满足相位差和电压差条件的区域就在图 2-31 所示的圆圈区内，圆圈为电压差条件的临界点，

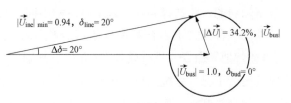

图 2-31　矢量差法（$\Delta \delta = 20°$时）的同期区域

其中的两个切线点为电压差和相位差条件的临界点。

当设定同期电压差定值 $\Delta U = 20\% U_N$ 时，可以计算出同期相位差条件为

$$\Delta\delta = \arcsin 0.20 = 11.54°$$

那么，同时满足相位差和电压差条件的区域就在图 2-32 所示的圆圈区内，圆圈为电压差条件的临界点，其中的两个切线点为电压差和相位差条件的临界点。

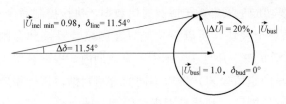

图 2-32 矢量差法（$|\Delta U| = 20\% |U_{bus}|$ 时）的同期区域

两种算法的参数整定基本一致，只是矢量算法的压差定值与相角差定值有关联，一个确定后另一个随之确定。如果电压差和相角差都整定，则实际的同期圆为两者中半径较小的那一个。可见两种算法相比，在同样的条件下，矢量算法比标量算法精确，但矢量算法的定值测试远较标量算法困难。

2.5.2 同期功能的实现

变电站同期并列点一般选择在：3/2 断路器接线的断路器、系统联络线断路器、母线分段母联及旁路断路器。测控装置需接入并列点两侧的电压进行同期合闸条件判断。

在采用 3/2 断路器接线的一次系统中，并列点最多有 4 组电压，同期电压的取法是以"近区电压优先"为原则，通过外部回路的切换将电压引入测控装置，也可以将完整串的四组电压全部接入测控单元，由测控单元来选择用于同期判断的两组电压。

在采用双母线接线的一次系统中，线路侧电压直接接入测控专职，母线电压的接入有两种方式。一种是两个母线电压通过公用电压小母线均接入测控单元，同时接入母线隔离开关的辅触点，由测控单元根据母线隔离开关的状态自动实现同期电压选择。另一种是两个母线电压通过外部回路的切换（如 220kV 保护操作箱等）将电压引入测控单元。

若因并列点两侧电压接线方式不同，造成同期电压固有幅值差或相角差，一般由测控装置通过软件进行初始幅值补偿和相角补偿，不再采用转角变压器或幅值变压器的硬件补偿方式。

配备计算机监控系统的变电站，断路器分合闸控制由测控装置实现，并具有同期投入和解除功能。在选择同期方式上有两种不同的模式：

在第一种模式下，合闸命令不区分检无压合闸与检同期合闸，测控装置接到合闸（远方或就地）命令，进行就地/远方权限判别后，在合闸选择命令有效期内，根据装置当时的运行工况（系统运行工况和装置自身的定值设置）自动根据并列点两侧的电压选用不同的合闸判据，实现同期合闸、单侧无压合闸或两侧无压合闸，在满足判据后发出合闸脉冲，完成断路器合闸操作；条件不满足时，退出本次合闸操作。

在第二种模式下，由运行人员根据当时的实际工况，人工选择同期并列操作方式，检无压合闸或检同期合闸。由测控装置根据指定的合闸方式，进行合闸逻辑判断，在条件满足时发出合闸脉冲，完成断路器合闸操作；条件不满足时，退出本次合闸操作。

2.5.3 同期并列操作方式

根据合闸点两侧系统的情况可以将合闸操作分为检无压、检同期和准同期三种方式。

检无压方式判据为：①待并侧与系统侧两者中至少有一侧无压（电压值＜无压定值），且没有 TV 断线信号；②在同期命令有效时间内，装置监测到的两侧电压状态均符合判据，并且保持不变。在符合上述两条件后装置执行合闸命令，同时通过网络向控制端发同期成功报文，否则发同期操作失败报文。

检同期方式判据为：①待并侧与系统侧两侧电压均在有压定值区间范围内，频率在频率有效定值区间范围内；②两侧的压差和角度差均小于定值；③在同期命令有效时间内，装置监测到的两侧电压状态均符合判据，并且保持前后一致。

在同时符合上述三条件后装置执行合闸命令，同时通过网络向控制端发同期成功报文；如果至少有一条件不满足，则装置不执行合闸命令，同时向控制端发同期失败报文。此时需要调控部门根据同频并列的特点控制电网潮流，减小并列点两侧的功角差，为同期合闸创造良好条件。

准同期方式为：①待并侧与系统侧两侧电压均在有压定值区同范围内，频率在频率有效定值区间范围内；②两侧的压差和频差均小于定值；③滑差小于定值。

在以上条件均满足的情况下，装置将根据当前的角差、频差、滑差及合闸导前时间来估计该时刻发合闸令后断路器合闸时的角差。如果在捕捉同期的时间范围（可通过定值整定）内，捕捉到预期合闸到零角差的时机，装置执行合闸命令，同时通过网络向控制端发同期成功报文。如果在①、②、③三项中至少有一项不合格或在同期捕捉时间范围内未捕捉到零角差合闸点，则装置不执行合闸命令，同时向控制端发同期失败报文，变电站内的同期并列操作，除少数与发电厂的联络线外，基本上为同频并列。

同期定值包括无压定值、有压定值、频差定值、相角差定值、压差定值、最小允许合闸电压和导前时间等，参考值如表 2-5 所示。

表 2-5　　　　　　　　　　　　　同期定值表

序号	定值名称	500kV 定值	220kV 定值	简要说明
1	同期控制字			设定同期功能投退、同期类型、同期方式、自动导前时间判别是否启用等
2	固有角差值（电压相别选择）			自动转角
3	同期电压选择			设定哪两个同期电压进行同期

序号	定值名称	500kV 定值	220kV 定值	简要说明
4	合闸选择复归时间	10.00s	10.00s	在此时间内不满足同期条件，判同期超时，并退出此次同期
5	压差定值	$10\%U_n$	$20\%U_n$	两个同期电压幅值差绝对值大于此值时，则检同期或准同期不成功
6	相角差定值	$20°$	$30°$	两个同期电压相角差绝对值大于此值时，则检同期或准同期不成功
7	频率差定值	0.2Hz	0.2Hz	两个同期电压频率差绝对值大于此值时，则准同期不成功
8	无压定值	$30\%U_n$	$30\%U_n$	
9	有压定值	$85\%U_n$	$85\%U_n$	
10	频率上限定值	55Hz	55Hz	
11	频率下限定值	45Hz	45Hz	
12	频差加速度闭锁	1Hz/s	1Hz/s	两个同期电压频率加速度绝对值大于此值时，则准同期不成功

注　U_n 为二次电压额定值。

3　数据通信与传输规约

3.1　数 据 通 信 基 础

通信是指用任何方法通过任何媒体将信息从一个地方传送到另一个地方的过程，这种传输过程允许信号随时间发生某种变化，而这种变化方式对接收端来说是非预知的，通信包括信号的采集、分析、变换、放大、发送、传输，直至接收、检测、反变换、加工处理，还有复接和交换等全过程。

传递信息所需要的一切技术设备的总和称为通信系统。通信系统的一般模型如图 3-1 所示。

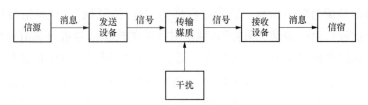

图 3-1　通信系统的一般模型

在通信系统中，传输媒质是关键的环节，它是传递信号的通路（也称信道）。传输媒质可以包括自由空间、传输设备或者仅仅是传输线。无论哪种传输媒质都会引入衰减、失真及在传输媒质中和发送及接收设备中产生的噪声信号，这就是干扰。

对一个通信系统而言，信源是产生并发出消息的单元，提供传递信息的人或设备是发送方。发送设备由采集器、编码器、调制器放大器和复用器等组成，将消息变成能在传输媒质上传输的信号。而接收设备则由解码器、解调器、解复用器等组成，除了将信号还原成消息外，还要采取适当的方法除去噪声和对传输过程中的信号损伤进行补偿，以便尽可能地恢复原始信号。信宿是指消息的归宿或消息的接收方，通信系统模型中的信源和信宿是相对而言的。

3.1.1　模拟通信与数字通信

数据通信时要传输的信息是多种多样的，所有不同的信息可以归结为两类，一类称作模拟量，另一类称作离散量。模拟量的状态是连续变化的。当信号的某一参量无论在时间上或是在幅度上都是连续的，这种信号称为模拟信号。如话筒产生的话音电压信号。离散量的状态是可数的或离散型的。当信号的某一参量携带着离散信息，而使该参量的取值是离散的，这样的信号称为数字信号，如电报信号。现在最常见的数字信号是幅度取值只有两种目的（用 0 和 1 代表）波形，称为二进制信号。数字通信是指用数字信号作为载体来传输信息，或者用数字信号对载波进行数字调制后再传输的通信方式。

数字数据通信与模拟数据通信相比较，数字数据通信具有下列优点：

（1）来自声音、视频和其他数据源的各类数据均可统一为数字信号形式，并通过数字通信系统传输。

（2）以数据帧为单位传输数据，并通过检错编码和重发数据帧来发现与纠正通信错误，从而有效保证通信的可靠性。

（3）在长距离数字通信中，可通过中继器放大和整形来保证数字信号的完整及不累积噪声。

（4）使用加密技术可有效增强通信的安全性。

（5）数字技术比模拟技术发展更快，数字设备很容易通过集成电路来实现，并与计算机相结合。

（6）多路光纤技术的发展大大提高了数字通信的效率。实现数字通信，必须使发送端发出的模拟信号变为数字信号，这个过程称为"模/数变换"。模拟信号数字化最基本的方法有三个过程，第一步是"采样"，就是对连续的模拟信号进行离散化处理，通常是以相等的时间间隔来抽取模拟信号的样值。第二步是"量化"，将模拟信号样值变换到最接近的数字值。因抽样后的样值在时间上虽是离散的，但在幅度上仍是连续的，量化过程就是把幅度上连续的抽样也变为离散的。第三步是"编码"，就是把量化后的样值信号用一组二进制数字代码来表示，最终完成模拟信号的数字化。

3.1.2　数据通信的传输方式

1. 并行数据通信与串行数据通信

并行数据通信是指数据的各位信息同时传送，如图 3 - 2（a）所示。可以以字节为单位（8 位数据总线）并行传送，也可以以字为单位（16 位数据总线）通过专用或通用的并行接口电路传送，各位数据同时传送同时接收。

并行传输速度快但是在并行传输系统中，除了需要数据线外，往往还需要一组状态信号线和控制信号线，数据线的根数等于并行传输信号位数。显然并行传输需要的传输信号线多、成本高，因此常用在短距离（通常小于 10m）、高传输速度的场合。早期的变电站监控系统，由于受当时通信技术和网络技术等具体条件的限制，变电站内部通信大多采用并行通信，在变电站监控系统的结构上，多为集中组屏式。

串行通信是数据一位一位顺序地传送，如图 3 - 2（b）所示。显而易见，串行通信数

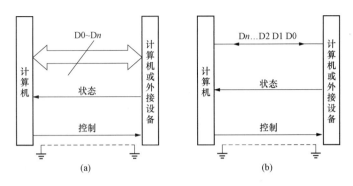

图 3-2　并行和串行数据传输方式示意

（a）并行数据传输；（b）串行数据传输

据的各不同位，可以分时使用同一传输线，故串行通信最大的优点是可以节约传输线，特别是当位数很多和远距离传送时，这个优点更为突出，一方面降低了传输线的投资，另一方面简化了接线。但串行通信的缺点是传输速度慢，且通信软件相对复杂些。因此适合于远距离的传输，数据串行传输的距离可达数千公里。

在变电站监控系统内部，各种自动装置间或继电保护装置与监控系统间，为了减少连接电缆，简化配线，降低成本，常采用串行通信。

2. 异步数据传输和同步数据传输

在串行数据传送中，有异步传送和同步传送两种基本的通信方式。

在异步通信方式中，发送的每一个字符均带有起始位、停止位和可选择的奇偶校验位。用起始位表示字符的开始，用停止位表示字符的结束，构成的帧格式如图 3-3（a）所示。针对图中的空闲位，可以有也可以没有，若不设空闲位，则紧跟着上一个要传送的字符的停止位后面，便是下一个要传送的字符的起始位。在这种情况下，若传送的字符为 ASCII 码，其字符为 7 位，加上一个奇偶校验位，一个起始位，一个停止位总共 10 位，如图 3-3（b）所示。

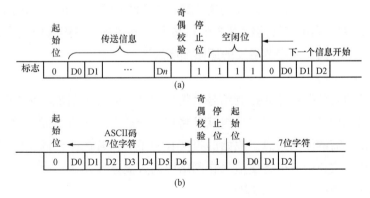

图 3-3　异步数据传输的格式

（a）一般信息帧；（b）ASCII 码帧

61

在异步传送中，每一个字符要用起始位和停止位作为字符开始和结束的标志，占用了时间。所以在数据块传送时，为了提高速度，就去掉这些标志，采用同步传送。同步传送的特点是在数据块的开始处集中使用同步字符来作传送的指示，其成帧格式如图3-4所示。

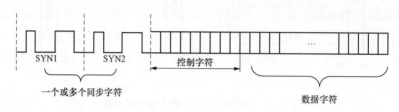

图3-4　同步数据传输示意图

同步传输中，每个帧以一个或多个"同步字符"开始。同步字符通常称 SYN，是一种特殊的码元组合。通知接收装置这是一个字符块的开始，接着是控制字符。帧的长度可包括在控制字符中，这样接收装置寻找 SYN 字符，确定帧长，指定数目的字符，然后再寻找下一个 SYN 符，以便开始下一帧。

同步是数据通信系统的一个重要环节。数字式远传的各种信息是按规定的顺序一个码元一个码元地逐位发送，接收端也必须对应地逐位接收，收发两端必须同步协调地工作。同步是指收发两端的时钟频率相同、相位一致地运转。

这里提到的码元，即数据通信中，信息以数字方式传送，开关位置状态、测量值或远动命令等都变成数字代码，转换成相应的物理信号，如电脉冲等，把每个信号脉冲称为一个码元，再经过适当变换后由信道传送给对方。常用的是二进制代码"0""1"。数据传送的速度可以用每秒传送的码元数来衡量，称码元速率，单位为 Bd（波特）。在串行数据传送中数据传送速率是用每秒传送二进制数码的位数来表示，单位为 bps（bit per second）或 b/s（位/秒）。数据经传输后发生错误的码元数与总传输码元数之比，称为误码率。误码率与线路质量、干扰等因素有关。

我国电力行业标准《循环式远动传输规约》（简称 CDT 规约），采用同步传输方式，同步字符为 EB90H。同步字符连续发3个，共占6个字节，按照低位先发、高位后发、每字的低编号字节先发、高字节后发的原则顺序发送。

3. 报文及报文分组

报文是一组包含数据和呼叫控制信号（例如地址）的二进制数，是在数据传输中具有多种特定含义的信息内容。报文分组就是将报文分成若干个报文段，并在每一报文段上加上传送时所必需的控制信息。原始的报文长短不一，若按此传送将使设备及通道的利用率不高，进行定长的分组将使信号在网络中高效高速地传送。报文和报文分组的具体含义可从图3-5中进一步深化理解。

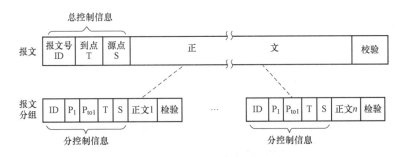

图 3-5 报文及报文分组示意图

P_1、P_n 为报文分组号；P_{to1} 为报文分组总数；T 为到点编号；S 为源点编号

3.1.3 RS-232/485 串行数据通信接口

在变电站监控系统中，特别是微机保护、自动装置与监控系统相互通信电路中，主要是使用串行通信。串行通信在数据传输规约"开放系统互联（OSI）参考模型"的七层结构中属于物理层。主要解决的是建立、保持和拆除数据终端设备（DTE）和数据传输设备（DCE）之间的数据链路的规约。在设计串行通信接口时，主要考虑的问题是串行标准通信接口、传输介质、电平转换等问题。这里的数据终端设备（DTE）一般可认为是 RTU、计量表、图像设备、计算机等。数据传输设备（DCE）一般指可直接发送和接收数据的通信设备，调制解调器就是 DCE 的一种。本节主要介绍 RS-232D 和 RS-485 的机械、电气、功能和控制特性标准。

1. 物理接口标准 RS-232D 简介

RS-232D 是美国电子工业协会（EIA，Electronic Industries Association）制定的物理接口标准，也是目前数据通信与网络中应用最广泛的一种标准。它的前身是 EIA 在 1969 年制定的 RS-232C 标准。RS 是推荐标准（Recommend Standard）的英文缩写，232 是该标准的标识符，RS-232C 是 RS-232 标准的第二版。RS-232C 标准接口是在终端设备和数据传输设备间，以串行二进制数据交换式传输数据所用的最常用的接口。经 1987 年 1 月修改后，定名为 EIA-RS-232D。由于两者相差不大，因此 RS-232D 与 RS-232C 成为物理接口基本等同的标准，经常称为"RS-232 标准"。

RS-232D 标准给出了接口的电气和机械特性及每个针脚的作用，如图 3-6 所示。RS-232D 标准把调制解调器作为一般的数据传输设备（DCE）看待，把计算机或终端作为数据终端设备（DTE）看待。图 3-6（a）表示电话网上的数据通信，常用的大部分数据线、控制线如图 3-6（b）所示。图 3-6（c）给出了 DB-25 型连接器图。

2. RS-232D 接口标准内容

该标准的内容分功能、规约、机械、电气四个方面的规范。

（1）功能特性。功能特性规定了接口连接的各数据线的功能。将数据线、控制线分成四组，更容易理解其功能特性。

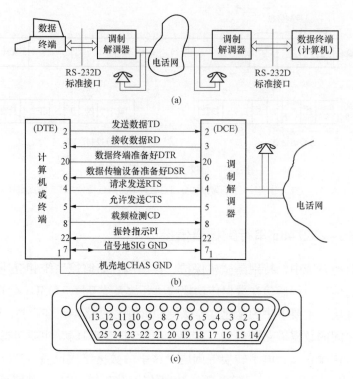

图 3-6 RS-232D 接口标准

(a) 在电话网上数据通信；(b) RS-232D 标准接口的数据和控制线；(c) DB-25 型连接器

1) 数据线。TD（发送数据）：DCE 向电话网发送的数据；RD（接收数据）：DCE 从电话网接收的数据。

2) 设备准备好线。DTR（数据终端准备好）：表明 DTE 准备好；DSR（数据传输设备准备好）：表明 DCE 准备好。

3) 半双工联络线。RTS（请求发送）：表示 DTE 请求发送数据；CTS（允许发送）：表示 DCE 可供终端发送数据用。

4) 电话信号和载波状态线。CD（载波检测）：DCE 用来通知终端，收到电话网上载波信号，表示接收器准备好；PI（振铃指示）：收到呼叫，自动应答 DCE，用以指示来自电话网上的振铃信号。

（2）规约特性。RS-232D 规约特性规定了 DTE 与 DCE 之间控制信号与数据信号的发送时序、应答关系与操作过程。

（3）机械特性。在机械特性方面，RS-232D 规定了用一个 25 根插针（DB-25）的标准连接器，一台具有 RS-232 标准接口的计算机应当在针脚 2 上发送数据，在针脚 3 上接收数据。有时还会在 D-25 型连接器上看到字母"P"或"S"的字样，这表示连接器是凸型的"P"还是凹型的"S"。通常在 DCE 上应当采用凹型 DB-25 型连接器插头；而在 DTE（计算机）上应当采用凸型 DB-25 型连接器。从而保证符合 RS-232D 标准的接口国际上是通用的。

由于 EIA-232 并未定义连接器的物理特性，因此出现了 DB-25 型和 DB-9 型两种连接器（如图 3-6 和图 3-7 所示），其引脚的定义各不相同，使用时要小心。DB-25 型连接器虽然定义了 25 根信号，但实际异步通信时，只需 9 个信号；即 2 个数据信号，6 个控制信号和 1 个信号地线。故目前变电站监控系统常常采用 DB-9 型连接器，作为两个串行口的连接器。

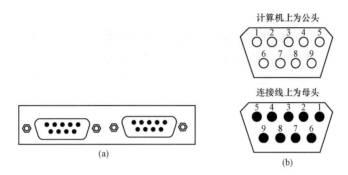

图 3-7 EIA-232 标准 DB-9 型连接器外形及引脚分配

（a）外形；（b）引脚分配

1—CD-Carrier Detect 载波检查；2—RXD-Receive 数据接收；3—TXD-Transmit 数据传输；

4—DTR-Data Terminal Ready 数据端待命；5—GND-Ground 地线；6—DSR-Data Set Ready 传输端待命；

7—RTS-Request To Send 要求传输；8—CTS-Clear To Send 清除并传输；9—RI-Ring indicator 响铃指示

（4）电气特性。RS-232D 标准接口 20KB 采用非平衡型。每个信号用一根导线，所有信号回路公用一根地线。信号速率限于 20kbps 之内，电缆长度限于 15m 之内。由于是单线，线间干扰较大。

其电性能用 ±12V 标准脉冲，值得注意的是 RS-232D 采用负逻辑。

在数据线上：Mark（传号）＝－5V～－15V，逻辑"1"电平；

Space（空号）＝＋5V～＋15V，逻辑"0"电平。

在控制线上：0n（通）＝＋5V～＋l5V，逻辑"0"电平；

Off（断）：－5V～－15V，逻辑"1"电平。

RS-232 简单的连接方法常用三线制接法，即地、接收数据、发送数据三线互连。因为串口传输数据只要有接收数据引脚和发送数据引脚就能实现，如表 3-1 所示。

表 3-1   串 行 连 接 方 法 表

连接器型号	9 针 - 9 针		25 针 - 25 针		9 针 - 25 针	
引脚编号	2	3	3	2	2	2
	3	2	2	3	3	3
		5	7	7	5	7

连接的原则是：接收数据引脚（或线）与发送数据引脚（或线）相连，彼此交叉，信号地对应连接。

3. 物理接口标准 RS-485

在许多工业环境中，要求用最少的信号线完成通信任务，目前广泛应用的 RS-485 串行接口正是在这种背景下应运而生的。

RS-485 适用于多个点之间共用一对线路进行总线式联网，用于多站互联非常方便，在点对点远程通信时，其电气连接如图 3-8 所示。在 RS-485 互联中，某一时刻两个站中，只有一个站可以发送数据，而另一个站只能接收数据，因此其通信只能是半双工的，且其发送电路必须由使能端加以控制。当发送使能端为高电平时发送器可以发送数据，为低电平时，发送器的两个输出端都呈现高阻态，此节点就从总线上脱离，好像断开一样。

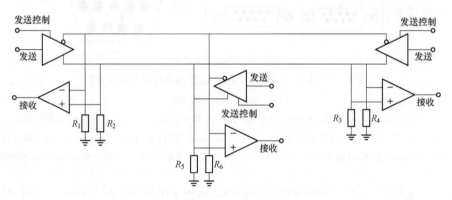

图 3-8　RS-485 多站连接

RS-485 的使用，可节约昂贵的信号线，同时可高速远距离传送。它的传输速率达到 93.75kbps，传送距离可达 1.2km。因此，在变电站监控系统中，各个测量单元、自动装置和保护单元中，常配有 RS-485 总线接口，以便联网构成分布式系统。

3.1.4　远距离的数据通信

1. 远距离数据通信的基本模型

变电站的各种信息源，如电压 U、电流 I、有功功率 P、频率 F、电能脉冲量等，另外还有各种指令、开关信号等经过有关器件（例如 A/D 转换等）处理后转换为易于计算机接口元件处理的电平或其他量，变电站监控系统数据网络把各种信息源转换成易于数字传输的信号。A/D 转换输出的信号都是二进制的脉冲序列，即基带数字信号。这种信号传输距离较近，在长距离传输时往往因衰减和电平干扰而发生失真。为了增加传输距离，将基带信号进行调制传送，这样即可减弱干扰信号。然后信号进入信道，信道是信号远距离传输的载体，如专用电缆、架空线、光纤电缆、微波空间等。

信号到达对端后，进入解调器，解调器是调制器的逆过程，以恢复基带信号。获得发送侧的二进制数字序列。显示在信息的接收地或接收人员能观察的设备上，如电网调度自动化系统中的模拟屏、显示器等。如图 3-9 所示。

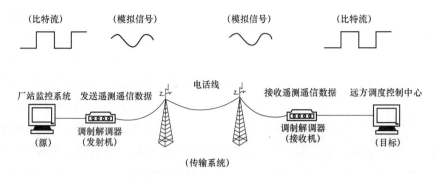

图 3-9 远距离数据通信的基本组成

2. 数字信号的调制与解调

在数字通信中，由信源产生的原始电信号为一系列的方形脉冲，通常称为基带信号。这种基带信号不能直接在模拟信道上传输，因为传输距离越远或者传输速率越高，方形脉冲的失真现象就越严重，甚至使得正常通信无法进行。

为了解决这个问题，需将数字基带信号变换成适合于远距离传输的信号—正弦波信号，这种正弦波信号携带了原基带信号的数字信息，通过线路传输到接收端后，再将携带的数字信号取出来，这就是调制与解调的过程。完成调制与解调的设备叫调制解调器（Modulator Demodulator，MODEM）。调制解调器并不改变数据的内容，而只改变数据的表示形式以便于传输。如图 3-10 所示。

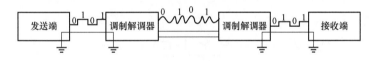

图 3-10 调制与解调示意图

在调制的过程中，基带信号又称为调制信号（实际上是被解调的信号）。调制的过程就是按调制信号（基带信号）的变化规律去改变载波的某些参数的过程。

携带数字信息的正弦波称为载波。一个正弦波电压可表示为 $u(t) = U_m \sin(2\pi f t + \varphi)$，从式中可知，如果振幅 U_m、频率 f 或相位角随基带信号的变化而变化，就可在载波上进行调制。这三者分别称为幅度调制（简称调幅 AM）、频率调制（简称调频 FM）或相位调制（简称调相 PM）。

（1）数字调幅，又称振幅偏移键控（Amplitude Shift Keying，ASK）。ASK 是使正弦波的振幅随数码的不同而变化，但频率和相位保持不变。由于二进制数只有 0 和 1 两种码元，因此，只需两种振幅，如可用振幅为零来代表码元 0，用振幅为某一数值来代表码元 1，如图 3-11（h）所示。

（2）数字调频，又称频移键控（Frequency Shift Keying，FSK）。它是使正弦波的频率随数码小同而变化，而振幅和相位保持不变。采用二元码制时，用一个高频率 $f_H = f_0 + \Delta f$ 来表示数码 1，而用一个低频率 $f_L = f_0 - \Delta f$ 来表示数码 0。如图 3-11（c）所示。在电力系统调度自动化中，用于与载波通道或微波通道相配合的专用调制解调器多采用 FSK 频移键控原理。

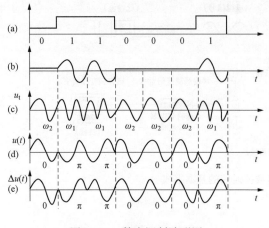

图 3-11　数字调制波形图

（a）数码；（b）调幅波；（c）调频波；

（d）二元绝对调相波；（e）二元相对调相波

（3）数字调相，又称相移键控（Phase Shift Keying，PSK）。它是使正弦波相位随数码而变化，而振幅和频率保持不变。数字调相分二元绝对调相和二元相对调相，如用相位为 0 的正弦波代表数码 0，而用相位为 π 的正弦波代表数码 1，如图 3-11（d）所示。二元相对调相是用相邻两个波形的相位变化量 $\Delta\phi$ 来代表不同的数码，如 $\Delta\phi = \pi$ 表示 1，而用 $\Delta\phi = 0$ 表示 0，如图 3-11（e）所示。

图 3-12 是用数字电路开关来实现 FSK 调制的原理图。两个不同频率的载波信号分别通过这两个数字电路开关。而数字电路开关又由调制的数字信号来控制。当信号为 1 时，开关 1 导通，送出一串高频率 f_H 的载波信号，而当信号为 0 时，开关 2 导通，送出一串低频率 f_L 的载波信号。它们在运算放大器的输入端相加，其输出端就得到已调制信号。

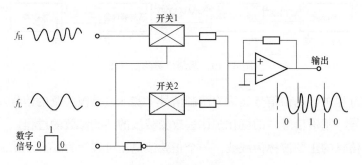

图 3-12　数字调频原理图

解调是调制的逆过程。各种不同的调制波，要用不同的解调电路。现已常用的数字调频（FSK）解调方法—零交点检测为例，简单介绍解调原理。

数字调频是以两个不同频率 f_1 和 f_2 分别代表码 1 和码 0。鉴别这两种不同的频率可以采用检查单位时间内调制波（正弦波）与时间轴的零交点数的方法，这就是零交点检测法。图 3-13 是零交点检测法的原理框图和相应波形图。

零交点检测法的步骤如下：

（1）放大限幅。首先将图 3 - 13 中的 a 收到的 FSK 信号进行放大限幅，得到矩形脉冲信号 b。

（2）微分电路。对矩形脉冲信号 b 进行微分，即得到正负两个方向的微分尖脉冲信号 c。

（3）全波整流。将负向尖脉冲整流成为正向脉冲，则输出全部是正向尖脉冲 d。

（4）展宽器。波形 d 中尖脉冲数目（也就是 FSK 信号零交点的数目）的疏密程度反映了输入 FSK 信号的频率差

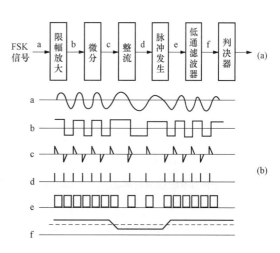

图 3 - 13 零交点检测法原理框图和相应波形图
（a）原理框图；（b）相应波形图

别。展宽器把尖脉冲加以展宽，形成一系列等幅、等宽的矩形脉冲序列 e。

（5）低通滤波器。将矩形脉冲序列 e 包含的高次谐波滤掉，就可得到代表 1、0 两种数码，即与发送端调制之前同样的数字信号 f。

3. 数据通信的工作方式

通信是双方工作的，根据收发通信双方是否同时工作，可以分成全双工、半双工和单工三种不同的方式。图 3 - 14（a）中，通信双方都有发送和接收设备，由一个控制器协调收发两者之间的工作，接收和发送可以同时进行，四条线供数据传输用，故称为全双工。如果对数据信号的表达形式进行适当加工，也可以在同一对线上同时进行收和发两种工作，即线上允许同时作双向传输，这称为双向全双工，图 3 - 13（b）是单工通信组成形式，收和发是固定的，信号传送方向不变。图 3 - 14（c）是半双工方式，双方都有接收和发送能力。但是它与全双工不同，它的接收器和发送器不同时工作。平时让设备处于接收状态，以便随时响应对方的呼叫。半双工方式下收和发交替工作，通常用双线实现。三种方式中无论哪一种，数据的发送和接收原理是基本相同的，只

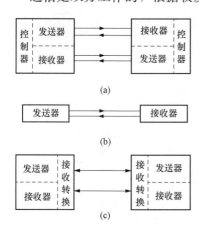

图 3 - 14 数据通信三种工作方式
（a）四线全双工；（b）单工通信；
（c）半双工

是收发控制上有所区别而已。

3.1.5 数据远传通道

电力系统远动通信的信道类型较多，可简单地分为有线信道和无线信道两大类见图

3-15。明线、电缆、电力线载波和光纤通信等都属于有线信道，而短波、散射、微波中继和卫星通信等都属于无线信道，可以概括划分如下：

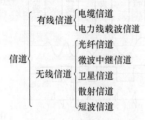

图 3-15 电力系统远动通信的信道类型

1. 明线或电缆信道

这是采用架空或敷设线路实现的一种通信方式。其特点是线路敷设简单，线路衰耗大，易受干扰，主要用于近距离的变电站之间或变电站与调度或监控中心的远动通信。常用的电缆有多芯电缆、同轴电缆等类型。

2. 电力线载波信道

采用电力线载波方式实现电力系统内话音和数据通信是最早采用的一种通信方式。一个电话话路的频率范围为 0.3～3.4kHz，为了使电话与远动数据复用，通常将 0.3～2.5kHz 划归电话使用，2.7～3.4kHz 划归远动数据使用。远动数据采用数字脉冲信号，故在送入载波机之前应将数字脉冲信号调制成 2.7～3.4kHz 的信号，载波机将话音信号与该已调制的 2.7～3.4kHz 信号迭加成一个音频信号，再经调制、放大耦合到高压输电线路上。在接收端，载波信号先经载波机解调出音频信号，并分离出远动数据信号，经解调得到远动数据的脉冲信号。如图 3-16 所示。

3. 微波中继信道

(1) 微波中继信道简称微波信道。微波是指频率为 300MHz～300GHz 的无线电波，它具有直线传播的特性，

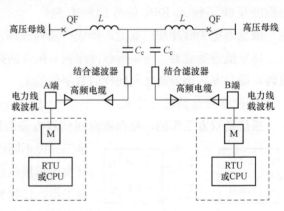

图 3-16 电力线载波信道传输框图

其绕射能力弱。由于地球是一球体，所以微波的直线传输距离受到限制，需经过中继方式完成远距离的传输。在平原地区，一个 50m 高的微波天线通信距离为 50km 左右，因此，远距离微波通信需要多个中继站的中继才能完成。如图 3-17 所示。

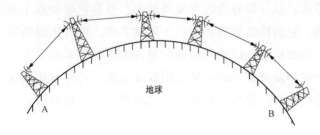

图 3-17 微波中继信道形式

(2) 微波信道的优点是容量大，可同时传送几百乃至几千路信号，其发射功率小，性能稳定。微波信道有模拟微波信道和数字微波信道之分。用微波传送远动信息时，由于模拟微波信道需要经过调制成载波后上信道，接收端也需经过载波和解调才能获得信息。对于数字微波信号，远动数据信号需经复接设备才能上或下微波信道。

4. 卫星信道

卫星通信是利用位于同步轨道的通信卫星作为中继站来转发或反射无线电信号，在两个或多个地面站之间进行通信。和微波通信相比，卫星通信的优点是不受地形和距离的限制，通信容量大，不受大气层扰动的影响，通信可靠。凡在需要通信的地方，只要设立一个卫星通信地面站，便可以利用卫星进行转接通信。

一般地说，地面通信线路的成本随着距离的增加而提高，而卫星通信与距离无关。这就使得长距离干线或幅员广大的地区采用卫星通信较合适。若采用卫星通信方式，必须租用或拥有一个星上应答器，并具有必要的上行和下行联络设备。国外一些电力公司已成功地采用了卫星通信为 SCADA 服务（由于卫星在同步轨道的超高空上，报文来回一次的时间约为 1/4s，传输延迟大，所以不能用于响应速度要求很快的场合，如继电保护等）。

5. 光纤信道

光纤通信就是以光波为载体、以光导纤维作为传输媒质，将信号从一处传输到另一处的一种通信手段。图 3-18 显示了典型的光纤组成，芯材由填充材料包裹，形成光纤。

随着光纤通信技术的发展，光纤通信在变电站作为一种主要的通信方式已越来越得到广泛的应用。其特点如下：①光纤通信优于其他通信系统的一个显著特点是它具有很好的抗电磁干扰能力；②光纤的通信容量大、功能价格比高；③安装维护简单；④光纤是非导体，可与电缆一起敷设于地下管

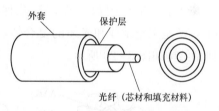

图 3-18　光纤通信构成示意图

道内；也可固定在不导电的导体上，如电力线架空地线复合光纤；⑤变电站还可以采用与电力线同杆架设的自承式光缆。

光纤通信用光导纤维作为传输媒介，形式上采用有线通信方式，而实质上它的通信系统是采用光波的通信方式，波长为纳米级。目前，光纤通信系统采用简单的直接检波系统，即在发送端直接把信号调制在光波上（将信号的变化变为光频强度的变化）通过光纤传送到接收端。接收端直接用光电检波管将光频强度的变化转变为电信号的变化。

光纤通信系统主要由电端机、光端机和光导纤维组成，图 3-19 为一个单方向通道的光纤通信系统。

发送端的电端机对来自信源的模拟信号进行 A/D 转换，将各种低速率数字信号复接成

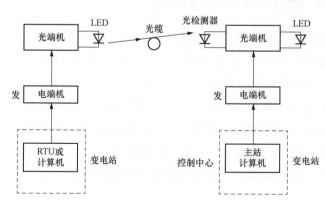

图 3-19　光纤通信构成示意图

一个高速率的电信号进入光端机的发送端。光纤通信的光发射机俗称光端机，实质上是

一个电光调制器，它用脉冲编码调制（PCM）电端机发数字脉冲信号驱动电源（如图 3-19 中发光二极管 LED），发出被 PCM 电信号调制的光信号脉冲，并把该信号耦合进光纤送到对方。远方的光接收机，也称光端机装有检测器（一般是半导体雪崩 H 极管 APD 或光电二极管 PIN）把光信号转换为电信号经放大和整形处理后再送至 PCM 接收端机还原成发送端信号。远动和数据信号通过光纤通信进行传送是将远动装置或计算机系统输出的数字信号送入 PCM 终端机。因此，PCM 终端机实际上是光纤通信系统与 RTU 或计算机的外部接口。

光纤通信的设计内容主要包括光纤线路和光缆的选择、调制方式、线路码型的选择、光纤路由的选择、光源和光检测器的选择以及系统接口。

3.1.6　电力系统特种光缆的种类

（1）光纤复合地线（OPGW）。又称地线复合光缆、光纤架空地线等，是在电力传输线路的地线中含有供通信用的光纤单元。它具有两种功能：一是作为输电线路的防雷线，对输电导线抗雷闪放电提供屏蔽保护；二是通过复合在地线中的光纤来传输信息。OPGW 是架空地线和光缆的复合体，但并不是它们之间的简单相加。几种常见 OPGW 典型结构如图 3-20 所示。

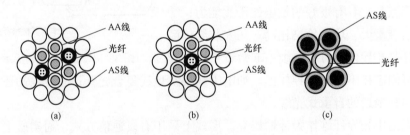

图 3-20　OPGW 典型结构
(a) 层绞式；(b) 双层中心管式；(c) 单层中心管式
注：AA 线：铝镁硅合金线；AS 线：铝包钢线

OPGW 光缆主要在 500kV、220kV、110kV 电压等级线路上使用，受线路停电、安全等因素影响，多在新建线路上应用。OPGW 的适用特点是：①高压超过 110kV 的线路，挡距较大；②易于维护，对于线路跨越问题易解决，其机械特性可满足线路大跨越；③OPGW 外层为金属铠装，对高压电蚀及降解无影响；④OPGW 在施工时必须停电，停电损失较大，所以在新建 110kV 及以上高压线路中使用；⑤OPGW 的性能指标中，短路电流越大，越需要用良导体做铠装，则相应降低了抗拉强度，而在抗拉强度一定的情况下，要提高短路电流容量，只有增大金属截面积，从而导致缆径和缆重增加，这样就对线路杆塔强度提出了安全问题。

（2）光纤复合相线（OPPC）。在电网中，有些线路可不设架空地线，但相线是必不可少的。为了满足光纤联网的要求，与 OPGW 技术相类似，在传统的相线结构中以合适的方法加入光纤，就成为光纤复合相线（OPPC）。虽然它们的结构雷同，但从设计到安装和运行，OPPC 与 OPGW 有原则的区别。

（3）金属自承光缆（MASS）。金属绞线通常用镀锌钢线，因此结构简单，价格低廉。MASS 作为自承光缆应用时，主要考虑强度、弧垂、与相邻导/地线和对地的安全间距。它不必像 OPGW 要考虑短路电流和热容量，也不需像 OPPC 那样要考虑绝缘、载流量和阻抗，其外层金属绞线的作用仅足以容纳和保护光纤。

（4）全介质自承光缆（ADSS）。ADSS 光缆在 220kV、110kV、35kV 电压等级输电线路上广泛使用，特别是在已建线路上使用较多。它能满足电力输电线跨度大、垂度大的要求。标准的 ADSS 设计可达 144 芯。其特点是：①ADSS 内光纤张力理论值为零；②ADSS 光缆为全绝缘结构，安装及线路维护时可带电作业，这样可大大减少停电损失；③ADSS 的伸缩率在温差很大的范围内可保持不变，而且其在极限温度下，具有稳定的光学特性；④ADSS 光缆直径小、质量轻，可以减少冰和风对光缆的影响，对杆塔强度的影响也很小；⑤全介质、无金属、避免雷击。图 3-21 为 ADSS 的典型结构图。

图 3-21　全介质自承光缆典型结构图

（5）附加型光缆（OPAC）。它是无金属捆绑式架空光缆和无金属缠绕式光缆的统称。是在电力线路上建设光纤通信网络的一种既经济又快捷的方式。它们用自动捆绑机和缠绕机将光缆捆绑和缠绕在地线或相线上，其共同的优点是：光缆质量轻、造价低、安装迅速。在地线或 10kV/35kV 相线上可不停电安装；共同的缺点是：由于都采用了有机合成材料做外护套，因此都不能承受线路短路时相线或地线上产生的高温，都有外护套材料老化问题，施工时都需要专用机械，在施工作业性、安全性等方面问题较多，而且其容易受到外界损害，如鸟害、枪击等，因此在电力系统中都未能得到广泛的应用。

目前，在我国应用较多的电力特种光缆主要有 ADSS 和 OPGW。

3.2　数据通信网

3.2.1　网络体系结构及 OSI 基本参考模型

1. 协议及体系结构

为使通过通信信道和设备互连起来的多个不同地理位置的计算机系统能协同工

作，实现信息交换和资源共享，它们之间必须使用共同的语言，遵循某种互相约定的规则。

(1) 网络协议。网络协议是为进行计算机网络中的数据交换而建立的规则、标准或约定的集合。协议总是指某一层协议，准确地说，它是对同等实体之间的通信制定的有关通信规则约定的集合。

网络协议具有下列三个要素：①语义，涉及用于协调与差错处理的控制信息；②语法，涉及数据及控制信息的格式、编码及信号电平等；③定时，涉及速度匹配和排序等。

(2) 网络的体系结构及层次划分所遵循的原则。计算机网络系统是一个十分复杂的系统。将一个复杂系统分解为若干个容易处理的子系统，然后"分而治之"，这种结构化设计方法是工程设计中的常见手段。分层就是系统分解的最好方法之一。

在图 3-22 所示的一般分层结构中，n 层是 $n-1$ 层的用户，又是 $n+1$ 层的服务提供者。$n+1$ 层虽然只直接使用了 n 层提供的服务，实际上它通过 n 层还间接地使用了 $n-1$ 层以及以下所有各层的服务。层次结构的好处在于使每一层实现一种相对独立的功能。分层结构还有利于交流、理解和标准化。

网络的体系结构就是计算机网络各层次及其协议的集合。层次结构一般以垂直分层模型来表示，如图 3-23 示。

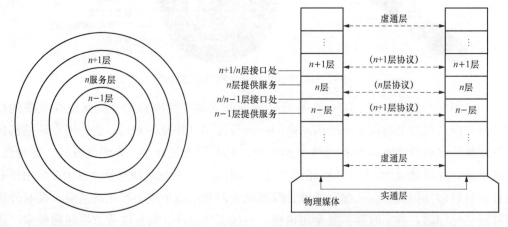

图 3-22 层次模型　　　　　图 3-23 计算机网络的层次模型

1) 层次结构的要点。①除了在物理媒体上进行的是实通信之外，其余各对等实体间进行的都是虚通信。②对等层的虚通信必须遵循该层的协议。③n 层的虚通信是通过 $n/n-1$ 层间接口处 $n-1$ 层提供的服务以及 $n-1$ 层的通信（通常也是虚通信）来实现的。

2) 层次结构划分的原则。①每层的功能应是明确的，并且是相互独立的。当某一层的具体实现方法更新时，只要保持上、下层的接口不变，便不会对邻居产生影响。②层间接口必须清晰，跨越接口的信息量应尽可能少。③层数应适中。若层数太少，则造成每一层的协议太复杂；若层数太多，则体系结构过于复杂，使描述和实现各层功能变得困难。

3）网络体系结构的特点。①以功能作为划分层次的基础。②第 n 层的实体在实现自身定义的功能时，只能使用第 $n-1$ 层提供的服务。③第 n 层在向第 $n+1$ 层提供服务时，此服务不仅包含第 n 层本身的功能，还包含由下层服务提供的功能。

4）仅在相邻层间有接口，且所提供服务的具体实现细节对上一层完全屏蔽。

2. OSI 基本参考模型

（1）简介。开放系统互连（open system interconnection，OSI）基本参考模型是由国际标准化组织（ISO）制定的标准化开放式计算机网络层次结构模型。"开放"含义是能使任何两个遵守参考模型和有关标准的系统进行互连。

OSI 包括了体系结构、服务定义和协议规范三级抽象。①体系结构：定义了一个七层模型，用以进行进程间的通信，并作为一个框架来协调各层标准的制定；②服务定义：描述了各层所提供的服务，以及层与层之间的抽象接口和交互用的服务原语；③协议规范：精确地定义了应当发送何种控制信息及何种过程来解释该控制信息。

需要强调，OSI 参考模型并非具体实现的描述，它只是一个为制定标准机而提供的概念性框架。在 OSI 中，只有各种协议是可以实现的，网络中的设备，只有与 OSI 和有关协议相一致时才能互连。

如图 3-24 示，OSI 七层模型从下到上分别为物理层（physical layer，PH）、数据链路层（data link layer，DL）、网络层（network layer，N）、传输层（transport layer，T）、会话层（session layer，S）、表示层（presentation layer，P）和应用层（application layer，A）。

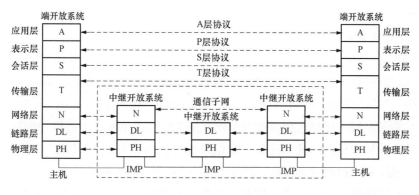

图 3-24　OSI 参考模型

从图 3-24 中可见，整个开放系统环境由作为信源和信宿的端开放系统及若干中继，开放系统通过物理媒介连接构成。这里的端开放系统和中继开放系统都是国际标准 OSI 7498 使用的术语。通俗地说，它们就相当于资源子网中的主机和通信子网中的节点机（IMP）。只有在主机中才可能需要包含所有七层的功能，而在通信子网中的 IMP 一般只需要最低三层甚至只要最低两层的功能就可以了。

(2) 数据传送过程。层次结构模型中数据的实际传送过程如图 3-25 所示。图 3-25 中发送进程送给接收进程的数据，实际上是经过发送方各层从上到下传递到物理媒介；通过物理媒介传输到接收方后，再经过从下到上各层的传递，最后到达接收进程。

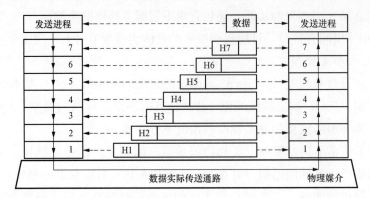

图 3-25 数据的实际传递过程

在发送方从上到下逐层传递的过程中，每层都要加上适当的控制信息，即图 3-25 中和 H7、H6、…、H1，统称为报头。到最底层成为由 "0" 或 "1" 组成和数据比特流，然后再转换为电信号在物理媒介上传输至接收方。接收方在向上传递时过程正好相反，要逐层去除发送方相应层加上的控制信息。

由于接收方的某一层不会收到底下各层的控制信息，而高层的控制信息对于它来说又只是透明的数据，所以它只阅读和去除本层的控制信息，并进行相应的协议操作。发送方和接收方的对等实体看到的信息是相同的，就好像这些信息通过虚拟通道直接传送给对方一样。

3. OSI 基本参考模型各层功能

(1) 物理层。物理层定义了为建立、维护和拆除物理链路所需的机械的、电气的，功能的和规程的特性，其作用是使原始的数据比特流能在物理媒介上传输。具体涉及接插件的规格、"0""1"信号的电平表示、收发双方的协调等内容。

(2) 数据链路层。比特流数据被组织成数据链路协议单元（通常称为帧），并以其为单位进行传输，帧中包含地址、控制、数据及校验码等信息。数据链路层的主要作用是通过校验、确认和反馈重发等手段，将不可靠的物理链路改造成对网络层来说无差错的数据链路。数据链路层还要协调收发双方的数据传输速率，即进行流量控制，以防止接收方因来不及处理发送来的高速数据，而导致缓冲区溢出及线路阻塞。

(3) 网络层。数据以网络协议数据单元（分组）为单位进行传输。网络层关心的是通信子网的运行控制，主要解决如何使数据分组跨越通信子网从源地址传送到目的地址的问题，这需要在通信子网中进行路由选择。另外，为避免通信子网中出现过多的分组而造成网络阻塞，需要对流入的分组数量进行控制。当分组要跨越多个通信子网才能到达目的地时，还要解决网际互连的问题。

（4）传输层。传输层是端一端也即主机—主机的层次。传输层提供的端到端的透明数据传输服务使高层用户不必关心通信子网的存在，由此用统一的传输原语书写的高层软件便可运行于任何通信子网上。传输层还要处理端到端的差错控制和流量控制问题。

（5）会话层。会话层主要功能是组织和同步不同的主机上各种进程间的通信（也称为对话）。会话层负责在两个会话层实体之间进行对话连接的建立和拆除。在半双工情况下，会话层提供一种数据权标来控制某一方何时有权发送数据。会话层还提供在数据流中插入同步点的机制，使得数据传输因网络故障而中断后，可以不必从头开始而又重传最近一个同步点以后的数据。

（6）表示层。表示层为上层用户提供共同的数据或信息的语法表示变换。为了让采用不同编码方式的计算机在通信中能相互理解数据内容，可以采用抽象的标准方法来定义数据结构，并采用标准的编码表示形式。表示层管理这些抽象的数据结构，并将计算机内部的表示形式转换成网络通信中采用的标准表示形式。数据压缩和加密是表示层可提供的表示变换功能。

（7）应用层。应用层是开放系统互连的最高层，不同的应用层为特定类型的网络应用提供访问接口。网络环境下不同主机间的文件传送访问和管理（FTAM），传送标准电子邮件的文电处理系统（MHS），使不同类型的终端和主机通过网络交互访问的虚拟终端（VT）协议等都属于应用层的范畴。

在变电站监控系统中，数据通信是一个重要环节，其主要任务体现在两个方面，一方面是完成变电站监控系统内部各子系统或各种功能模块间的信息交换。这是因为变电站监控系统实质上是由各个智能模块组成的分层分布式的控制系统。因此，必须通过内部数据通信网络，实现各子系统内部和各子系统之间的信息交换和信息共享；另外通过远传通道将变电站内的测量信息、断路器和隔离开关的状态信息、继电保护的动作信息等传送给调控中心，同时接收主站下发各种操作命令。

3.2.2　变电站内的信息传输内容

现场的变电站监控系统一般都是分层分布式结构，需要传输的信息有下列几种。

1. 现场一次设备与间隔层间的信息传输

间隔层设备大多需要从现场一次设备的电压和电流互感器采集正常和事故状态下的电压值和电流值；采集设备的状态信息和故障诊断信息，这些信息主要包括断路器、隔离开关位置、变压器的分接头位置，变压器、互感器、避雷器的诊断信息以及断路器操作信息。

2. 间隔层的信息交换

在一个间隔层内部相关的功能模块间，即继电保护和控制、监视、测量之间的数据交换。这类信息有测量数据、断路器状态、设备的运行状态、同步采样信息等。同时，不同间隔层之间的数据交换有相关保护动作闭锁、电压无功综合控制、间隔层联等信息。

3. 间隔层与变电站层的信息

（1）测量及状态信息。正常及事故情况下的测量值和计算值，断路器、隔离开关、主变压器开关位置、各间隔层运行状态、保护动作信息等。

（2）操作信息。断路器和隔离开关的分合闸命令，主变压器分接头位置的调节，自动装置的投入与退出等。

（3）参数信息。微机保护和自动装置的定值及软压板等。

另外还有变电站层的不同设备之间通信，要根据各设备的任务和功能的特点，传输所需的测量信息、状态信息和操作命令等。

变电站监控系统远动机、保护信息子站、故障录波装置，会按需要把变电站内相关信息传送至控制中心，同时能接收上级调度数据和控制命令。变电站向调控中心传送的信息通常称为"上行信息"；而由调控中心向变电站发送的信息，常称为"下行信息"。这些信息按功能可划分为遥信、遥测、遥控、遥调，即"四遥"信息。

3.2.3　变电站监控系统通信的要求

1. 变电站通信网络的要求

数据通信在变电站监控系统内的具有非常重要的作用，是支持系统运行的技术核心。变电站监控系统的数据通信网络具有以下特点和要求：

（1）快速的实时响应能力。变电站监控系统的数据网络要及时地传输现场的实时运行信息和操作控制信息。在电力工业标准中对系统的数据传送都有严格的实时性指标，网络必须很好地保证数据通信的实时性。

（2）很高的可靠性。电力系统是连续运行的，数据通信网络也必须保持连续运行，通信网络的故障和非正常工作会影响整个变电站监控系统的可靠运行，严重时甚至会造成设备和人身事故，造成很大的经济损失，因此变电站监控系统的通信系统必须保证很高的可靠性。

（3）优良的电磁兼容性能。变电站是一个具有强电磁干扰的环境，存在电源、雷击、跳闸等强电磁干扰和地电位差干扰，通信环境恶劣，数据通信网络必须注意采取相应的控制措施，消除这些干扰造成的影响。

（4）分层式结构。只有实现通信系统的分层，才能实现整个变电站监控系统的分层分布式结构，每一层要有适合自身特殊应用条件和性能要求的通信网络系统。

2. 信息传输响应速度的要求

不同类型和特性的信息要求传送的时间差异很大，其具体内容如下：

（1）经常传输的监视信息。①监视变电站的运行的模拟量信息，需要传输母线电压、电流、有功功率、无功功率、功率因数、零序电压、频率等测量值，这类信息需要经常传送，响应时间需满足 SCADA 的要求，一般不宜大于 1～2s；②监视变电站运行的状态量信息，需定时采集断路器的状态信息，继电保护装置和自动装置投入和退出的工作状态信息可以采用定时召唤方式，以刷新数据库；③计量用的信息，如有功电能量和无功电能量，这类信息传送的时间间隔可以较长，传送的优先级可以较低；④监视变电站的电气设备的自身运行所需要的状态信息，如变压器、避雷器等的状态监视信息，变电站环境消防等辅助运行信息。

（2）突发事件产生的信息。①系统发生事故的情况下，需要快速响应的信息，例如事故时断路器的位置信号，要求传输时延最小，优先级最高；②正常操作时的状态变化信息（如断路器状态变化）、自动装置和继电保护装置的投入和退出信息，要求立即传送且传输响应时间短；③故障情况下，继电保护动作的状态信息和事件顺序记录，需要立即传送；④故障发生时的故障录波，带时标的扰动记录的数据，这些数据量大，传输时占用时间长，通道空闲时立即传送；⑤控制命令、升降命令、继电保护和自动设备的投入和退出命令，修改定值命令的传输不是固定的，传输的时间间隔比较长；⑥随着电子技术的发展，在高压电气设备内装设的智能传感器和智能执行器，与变电站监控系统间隔层的设备交换数据，这些信息的传输速率取决于正常状态时对模拟量的采样速率，以及故障情况下快速传输的状态量需求。

3. 变电站监控系统的通信网络

变电站监控系统在逻辑结构上分为两个层次，分别为站控层和间隔层，每个层次间需进行数据传输，各种数据流在不同的运行方式下有不同的传输响应速度和优先级要求。

通过网络作为实现变电站监控系统内部各种 IED 以及与其他系统之间的实时信息交换的功能载体，它是连接站内各种 IED 的纽带，必须能支持各种通信接口，满足通信网络标准化。随着变电站各种自动化信息量不断增加，通信网络必须有足够的空间和速度来存储和传送事件信息、电量、命令、录波等数据。因此构建一个可靠、实时、高效的网络通信体系是变电站监控系统的关键技术。

（1）现场总线的应用。

1）现场总线简介。现场总线是应用在生产现场，在微机化测量控制设备之间实现双向串行多节点数字通信的系统，也被称为开放式、数字化、多点通信的底层控制网络。

现场总线技术将专用微处理器置入传统的测量控制仪表，使它们各自都具有了数字计算和数字通信能力，采用连接简单的双绞线等作为通信总线，把多个测量控制仪表连接成网络系统，并按公开一致的通信协议，在位于现场的多个微机化测量控制设备之间以及现场仪表与变电站主控室计算机之间，实现数据传输与信息交换，形成变电站监控系统。简而言之，它把单个分散的测量控制设备变成网络节点，以现场总线为纽带，把它们连接成可以相互沟通信息，共同完成监视控制任务的网络系统。现场总线使测控保护等设备具有了通信能力，并把它们连接成网络系统，实现信息交互和共享。

2）现场总线系统的技术特点。

①系统的开放性：开放是指对相关通信标准的一致性和公开性，一个开放系统是指它可以与世界上任何地方的遵守相同标准的其他设备或系统连接，各不同厂家的设备之间可以实现信息交换。

②互可操作性与互用性：互可操作性是指实现互连设备间、系统间的信息传送与沟通；而互用则意味着不同生产厂家的性能类似的设备可实现相互替换。

③现场设备的智能化与功能自诊断：它将传感测量、补偿计算、工程量处理与控制等功能分散到现场设备中完成，仅靠现场设备即可完成监视控制的基本功能，并可随时诊断设备的运行状态。

④系统结构的高度分散性：现场总线已构成一种新的分散性的监控系统，从根本上改变了原有的集中与分散相结合的集散系统模式，简化了系统结构，提高了可靠性。

⑤适应现场环境：由于设备工作在生产现场前端，现场总线是专为现场通信环境而设计的，可支持双绞线、同轴电缆、光缆等，具有较强的抗干扰能力，能采用两线制实现供电与通信，并可满足安全要求。

常见的现场总线系统有：①基金会现场总线（FF，Foundation Fieldbus），是现场总线基金会在 1994 年 9 月开发出的国际上统一的总线协议；②LonWorks 现场总线，是美国 Echelon 公司推出并由它与摩托罗拉和东芝公司共同倡导，于 1990 年正式公布而形成的；③CAN 总线（Control Area Networks）是控制局域网络的简称，最早由德国 BOSCH 公司推出。

3）现场总线与其他通信技术的区别。

①现场总线与 RS-232、RS-485 的本质区别。在现场总线技术发展之前，很多智能设备通信大多采用 RS-232、RS-485 等通信方式，主要取决于智能设备的接口规范。但 RS-232、RS-485 只能代表通信的物理介质层和链路层，如果要实现数据的双向访问，就必须自己编写通信应用程序，但这种程序多数都不能符合 ISO/OSI 的规范，只能实现较单一的功能，适用于单一设备类型，程序不具备通用性。在 RS-232 或 RS-485 设备联成的设备网中，如果设备数量超过 2 台，就必须使用 RS-485 做通信介质，RS-485 网的设备间要想互通信息，只有通过主（master）设备中转才能实现，这个主设备通常是计算机或前置机且网络中只允许存在一台，其余全部是从（slave）设备。

而现场总线技术是以 ISO/OSI 模型为基础的，具有完整的软件支持系统，能够解决总线控制、冲突检测、链路维护等问题。现场总线设备自动成网，无主/从设备之分或允许多主存在；在同一个层次上不同厂家的产品可以互换，设备之间具有互操作性。

②现场总线与计算机网络的区别。计算机网络的设计目标是信息资源共享。而现场总线所传递的信息特别强调可靠性、安全性和实时性。两者在技术上有着明显的区别。

现场总线连接自动化系统最底层的现场控制器和现场智能仪表设备，所传输的是小批量数据信息，如检测信息、状态信息、控制信息等，传输速率低但实时性高，现场总线是一种实时控制网络。局域网用于连接局域区域的各台计算机，网线上传输的是大批量的数字信息，如文本、声音、图像等，传输速率高，局域网是一种高速信息网络。

（2）局域网的应用。计算机局部网络（LAN），简称局域网。它是把多台计算机以及外围设备用通信线互联起来，并按网络通信协议实现通信的系统，各计算机既能独立工作，又能交换数据进行通信。局域网主要包括网络拓扑结构、传输介质、传输控制和通信方式。

1）局域网的拓扑结构。在网络中，多个站点相互连接的方法和形式称为网络拓扑。局域网的拓扑结构主要有星型、总线型和环型等几种。

①星型。星型结构的特点是集中控制。网中各节点都与交换中心相连（如图3-26所示）。当某节点要发出数据时就向交换中心发出请求，由交换中心以线路交换方式将发送节点与目标节点沟通，通信完毕后立即拆除线路。星型网络也可以用轮询方式由控制中心轮流询问各个节点，如某节点需要发出数据时就授以发送权；如无报文发送或报文已发送完毕，则转而询问其他节点。

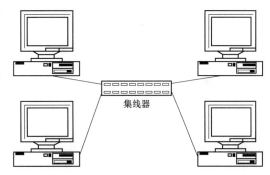

图3-26 星型结构

星型网络结构简单，任何一个非中心节点故障对整个系统影响不大，但中心节点故障时会使全网瘫痪；为了保证系统可靠工作，中心节点可设置备份。在电力系统中，采用循环式规约的远动系统时，其调度端同各变电站端的通信拓扑结构就是星型结构。

②总线型。在总线型结构中所有节点都经接口连到一条总线上，不设中央控制装置的总线型结构是一种分散式结构（如图3-27所示）。由于总线上同时只能有一个节点发送数据，故节点需要发送数据时采用随机争用方式。总线上的数据报文可被所有节点接收，与广播方式相似，但只有与目的地址符合的节点才处理报文。

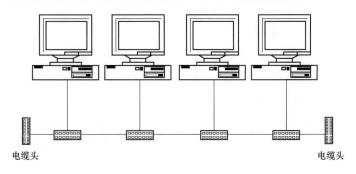

图3-27 总线型

采用总线方式时增加或减少用户比较方便,某一节点故障时不会影响系统其他部分工作,但如果总线发生故障,会导致全系统失效。

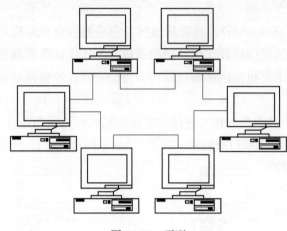

图 3-28 环型

③环型。环型拓扑结构由封闭的环组成(如图 3-28 所示)。环型网络中,报文按一个方向沿着环一个节点一个节点地传送,报文中包含有源节点地址、目的节点地址和应用数据等。报文由源节点送至环上,由中间节点转发,并由目的节点接收,通常报文还继续传送,返回到源节点,再由源节点将报文删除。环型网一般采用分布式控制,接口设备较简单,由于各个节点在环中串接,因而任何一个节点故障,都会导致整个环的通信中断。为了提高可靠性,必须找到故障部位加以旁路,才能恢复环网通信。

2)局域网的传输信道。局域网可采用双绞线、同轴电缆或光纤等作为传输信道,也可采用无线信道。双绞线一般用于低速传输,最大传输速率可达每秒几兆比特,传输距离较近但成本较低(如图 3-29 所示)。

同轴电缆相比于双绞线可满足较高性能的要求,可连接较多的设备,传输更远的距离,提供更大的容量,抗干扰能力也较强(如图 3-30 所示)。

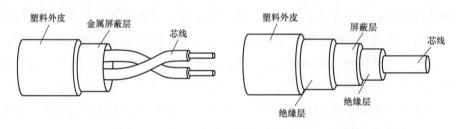

图 3-29 屏蔽双绞线 　　　　　　　　图 3-30 同轴电缆

3)常用的局域网——以太网

目前,应用最广的一类局域网是总线型局域网,即以太网。它的核心技术是随机争用型介质访问控制方法,即带有冲突检测的载波侦听多路访问(CSMA/CD)方法,用于解决共享公用总线的数据发送和接收问题。

在以太网中,如果一个节点要发送数据,它以"广播"方式把数据通过作为公用传输介质的总线发送出去,连在总线上的所有节点都能"收听"到这个数据信号。由于网中所有节点都可以利用总线发送数据,并且网中没有控制总线,因此冲突的发生将是不可避免的,为了有效地实现分布式多节点访问公用传输介质的控制策略,CSMA/CD 的发送流程可简单地概括为四点：先听后发，边听边发，冲突停止，随机延迟后重发。

所谓冲突检测，就是发送节点在发送数据的同时，将它发送的信号波形与从总线上接收到的信号波形进行比较。如果总线上同时出现两个或两个以上的发送信号，它们叠加后的信号波形将不等于任何节点发送的信号波形。当发送节点发现自己发送的信号波形与总线上接收到的信号波形不一致时，表示总线上有多个节点在同时发送数据，冲突已经产生。如果在发送数据过程中没有检测出冲突，节点在发送结束后进入正常结束状态；如果在发送数据过程中检测出冲突，为了解决信道争用，节点停止发送数据，随机延迟后再发。

以太网采用总线型拓扑结构。它是一种局部通信网，通常在线路半径 1～10km 中等规模的范围内使用，为单一组织或单位的非公用网，网中的传输介质可以是双绞线同轴电缆或光纤等。它的特点是：信道带宽较宽传输速率可达 10Mbit/s，误码率很低（一般为 10^{-11}～10^{-8}Mbit/s）建设成本低；具有高度的扩充灵活性和互联性。

3.3 传输规约分类

在电网通信系统中，调控中心与变电站之间有大量的遥测、遥信、遥控和遥调信息进行交换。为了保证通信双方能有效、可靠及自动通信，在发送端和接收端之间规定了一系列约定和顺序，这种约定和顺序称为通信规约（或通信协议）。规约统一以后，不论哪个制造厂家生产的设备，只要符合这种通信规约，它们之间便可以顺利的进行通信。

远动规约应有两方面内容：①规定信息传送的格式，这样才能使发送出去的信息到对方后，能够识别、接收和处理。这些规定包括传送的方式是同步传送还是异步传送，收发双方的传送速率，帧同步字，抗干扰的措施，位同步方式，帧结构等。②规定信息传输的具体步骤，以实现数据的收集、监视和控制。例如，将信息按其重要性程度和更新周期，分成不同类别或不同循环周期传送，实现系统对时、全部数据或某个数据的收集以及远动设备本身的状态监视的方式等。

3.3.1 循环式传输规约（CDT）

原电力工业部 1991 年颁布的《循环式远动规约》（Cyclic Digital Transmit，CDT）是典型的循环式传送的远动规约。它是总结我国电网数据采集和监控系统在规约方面的多年经验，为满足我国电网调度安全监控系统对远动信息实时性、可靠性的要求而制定，是早期在国产电网调度自动化系统中应用最广泛的一种传输规约。

循环式传输规约以变电站端远动终端（RTU）为主动方，以固定的传送速率循环不断地向调度端发送遥测、遥信、数字量、事件顺序记录等数据。数据格式在发送端和接收端事先约定好，以帧的形式传送，连续循环发送，周而复始。主站端在接收到数据后，首先检出同步码，然后根据帧代码，判断是帧类别是遥测、遥信或其他信息等。

这种传输规约不需主站干预，其传送周期与一个循环中传送的信息字数有关。传送的字数越多，传送周期就越长。传送信息的内容在受到干扰而拒收以后，在下一周期中还可以传送，丢失的信息还可以得到补救，对信道的要求不高，适用于双工通道。

CDT 规约采用可变帧长度、多种帧类别循环传送，变位遥信优先传送，重要遥测量平均循环时间较短，区分循环量、随机量和插入量采用不同形式传送信息。循环式传输规约的信息字格式如图 3-31 所示。按规约规定，由远动信息产生的任何信息字都由 48 位二进制数构成，即所有的信息字位数相同。

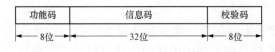

图 3-31 循环式传输规约的信息字格式

（1）功能码。信息字中的前 8 位是功能码，它有 28 种不同取值，用来区分代表不同信息内容的各种信息字，可以把它看作信息字的代号。

（2）信息码。在主站和变电站间主要传送的信息有遥测、遥信、事件顺序记录、电能脉冲计数值、遥控命令、设定命令、升降命令、对时命令、广播命令、复归命令、子站的工作状态等。信息码用来表示信息内容，它可以是遥测信息中模拟量对应的 A/D 转换值、遥信对象的状态值、电能量的脉冲计数值、系统频率值对应的 BCD 码等，也可以是遥控信息中控制对象的合/分状态及开关序号，还可以是遥测信息中的调整对象号及设定值等。信息内容究竟是哪一种值，可根据功能码的取值范围进行区分。

（3）校验码。信息字的最后 8 位是校验码，采用循环冗余校验（Cyclic Redundancy Check，CRC）。校验码是信息字中用于检错和纠错的部分，它的作用是提高信息字在信道传输过程中抗干扰的能力。

3.3.2　问答式（Polling）传输规约

问答式传输规约也称 Polling 方式，在这种传输规约中，若调控中心要得到变电站的监视信息，必须由调度中心主动向变电站端发送查询命令报文，其主要特点是一个以调度中心为主动的远动数据传输规约，由它向子站询问召唤某一类别信息，子站只有在响应后才上送本站信息。通常子站远动装置对数字量变化（遥信变位）优先传送；对模拟量，采用变化量超过预定范围同时传送。调度中心正确接收此类别信息后，才开始下一轮新的询问，否则还继续向子站询问召唤此类信息。这种传输模式通常以问答方式即一问一答的方式进行通信，故称为问答式。问答式规约主要有 SC1801、u4F、Modbus、IEC 60870-5-101 和 DNP3.0 规约等。

在问答传输模式中，主站可以请求被控站发送某一远动信息，也可以要求发送某些类型的信息等，工作方式灵活。问答式传输模式需要上行、下行双向通信，因此需要全双工、半双工信道。问答传输模式不仅适用于点对点配置方式，而且也适用于一点对多点、多点共线、多点环形或多点星形的远动通信系统。

我国的《问答式远动规约（试行）》中，规定信息传输采用异步通信方式。问答式传输规约中的报文（Message）格式如图 3-32 所示，报文以 8 位字节为单位。

（1）报文头通常有 3～4 个字节，指出进行问答的双方中 RTU 的地址（报文中识别其来源或目的地的部分），报文所属的类型和报文中数据区的字节数。

图 3-32 问答式传输规约中的报文格式

（2）数据区表示报文要传送的信息内容，它的字节数和字节中各位的含义随报文类型的不同而不同，且数据区的字节数是多少，由报文信息头中的有关字节指出。

（3）校验码按照规约给定的某种编码规则，用报文头和数据区的字节运算得到。它可以是一个字节的奇偶校验码，也可以是一个或两个字节的 CRC 校验码。

3.3.3 通信规约的应用分析

1.《循环式远动规约》（DL 451—1991）

当通信结构为点对点或点对多点等远动链路结构时，可采用 DL 451—1991《循环式远动规约》是我国自行制定的第一个远动规约。一般采用标准的计算机串行口进行数据传输，采用同步传输、循环发送数据的方式。其特点是接口简单、传送方便，但该规约传送信息量少（仅能传送 256 路遥测、512 路遥信、64 路遥脉），且不能传输全部保护信息，难以适应现代变电站监控系统技术的要求。

2. 基本远动任务配套标准 IEC 60870-5-101

IEC 60870-5-101 一般用于变电站远动设备和调度主站之间的数据通信，能够传输遥信、遥测、遥控、遥脉、保护事件信息、保护定值、录波等数据。该标准规定了变电站远动设备和调度主站之间以问答式方式进行数据传输的帧格式、链路层的传输规则、服务原语、应用数据结构、应用数据编码、应用功能和报文格式。它适用于传统远动的串行通信工作方式，一般用于变电站与调度所之间的信息交换，网络结构多为点对点的简单模式或星型模式，信息传输采用非平衡方式或平衡方式（主动循环发送和查询结合的方法）。其传输介质可为双绞线、电力线载波和光纤等。该规约传输数据容量是 DL 451—1991《循环式远动规约》的数倍，可传输变电站内包括保护和监控的所有信息，因此可满足现代变电站监控系统的信息传输要求。作为我国电力行业标准（即 DL/T 634—1997），IEC 60870-5-101 规约已获得广泛应用，逐步取代原部颁循环式远动规约。

3. IEC 60870-5-104

IEC 60870-5-104 是将 IEC 60870-5-101 和由 TCP/IP（传输控制协议/以太网协议）提供的传输功能结合在一起，可以说是网络版的 101 规约，是将 IEC 60870-5-101 以 TCP/IP 的数据包格式在以太网上传输的扩展应用。

4. 电能量传输配套标准 IEC 60870 - 5 - 102

IEC 60870 - 5 - 102 主要应用于变电站电量采集终端和远方电量计费系统之间传输实时或分时电能量数据。该协议支持点对点、点对多点、多点星形、多点共线、点对点拨号的传输网络。传输仅采用非平衡方式（某个固定的站址为启动站或主站）。该标准目前已经在电能量计费系统中广泛应用。

5. 继电保护设备信息接口配套标准 IEC 60870 - 5 - 103

IEC 60870 - 5 - 103 应用于变电站继电保护设备和监控系统间的通信。该规约是将变电站内继电保护装置接入变电站监控系统，用以传输继电保护的所有信息。该规约的物理层可采用光纤传输，也可采用 EIA - RS - 485 标准的双绞线等传输，规约中详细描述了遥测、遥信、遥脉、遥控、保护事件信息、保护定值、录波等数据传输格式和传输规则，可满足变电站传输保护信息的要求。

6. IEC 61850

当前电力系统中，对变电站自动化的要求越来越高，变电站监控系统在实现控制、监视和保护功能的同时，还需实现不同厂家的设备间信息共享，使变电站监控系统成为开放、具有互操作性的系统。为了方便变电站中各种 IED 的管理以及设备间的互联，就需要一种通用的通信方式实现。IEC 61850 提出了一种公共的通信标准，通过对设备的一系列规范化，使其形成一个规范的输出，实现系统的无缝连接。

IEC 61850 标准是基于通用网络通信平台的变电站监控系统中唯一的国际标准。此标准的制定参考和吸收了许多相关标准，其中主要有：基本远动任务配套标准 1EC 60870 - 5 - 101、继电保护设备信息接口配套标准 IEC 60870 - 5 - 103 等。变电站通信体系 IEC 61850 将变电站通信体系分为站控层、过程层、间隔层 3 层。在变电站层和间隔层之间的网络采用通信服务接口映射到制造报文规范（MMS）、传输控制协议/网际协议（TCP/IP）以太网或光纤网。变电站内的智能电子设备（IED）均采用统一的协议规范，通过网络进行信息交换。

3.4　循环式传输规约（CDT）

部颁 CDT 规约 DL 451—1991 规定了电网数据采集与监控系统中循环式远动规约的功能、帧结构、信息字结构和传输规则等，不仅适合点对点的远动通道结构及以循环字节同步方式传送远动信息的设备与系统，还适用于调度所间以循环式远动规约转发实时信息的系统。

3.4.1　帧结构

远动信息的帧结构如图 3 - 33 所示。每帧都以同步字开头，并有控制字，除少数帧外均应有信息字。信息字的数量根据实际需要设定，因此帧长度可变，但字长不变，同步字、控制字和信息字都由 48 位二进制数组成。

同步字	控制字	信息字1	信息字2	…	信息字n

图 3-33　帧结构

在 CDT 规约中，远动信息的帧由同步字、控制字和行个信息字构成。字节和位的排列顺序为字节由低 B1、到高 Bn。上下排列、字节的位由高 b_7，到低 b_0 左右排列，如图 3-34 所示。

低	b_7 b_6 b_5 b_4 b_3 b_2 b_1 b_0	B_1字节
⋮	b_7 … b_0	B_2字节
高	…	⋮

图 3-34　字节排列方式

这样排列后，每一帧向通道发码的规则为低字节先送，高字节后送；字节内低位先送，高位后送。下面分别介绍帧中各个字的构成。

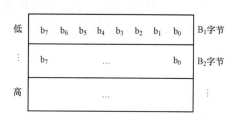

1. 同步字

每帧以同步字开头，同步字表示一帧的开始，它的作用是保持发送端与接收端的同步。它取固定的 48 位二进制数即 3 组 EB90H（1110101110010000B）。根据上面介绍的发码原则，为了保证同步字在通道中的传送顺序为 3 组 EB90H，写人串行口的同步字为 3 组 D709H（1101011100001001B），如图 3-35 所示。

b_7　　　　b_0	
D7H(11010111B)	B1字节
09H(00001001B)	B2字节
D7H(11010111B)	B3字节
09H(00001001B)	B4字节
D7H(11010111B)	B5字节
09H(00001001B)	B6字节

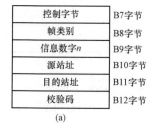

图 3-35　同步字排列格式

2. 控制字

同步字之后是控制字，由 6 个字节组成，也是 48 位。如图 3-35 所示，它们是控制字节、帧类别、信息字数 n、源站址、目的站址和校验码。其中第 B8～B11 字节用来说明这一帧信息属于什么类别的帧、包含多少个信息字、发送信息的源站址号和接收信息的目的站址号。

（1）控制字节。控制字的第一个字节是 8 位的控制字节，前 4 位用来说明控制字中 B8～B11 字节的内容，后 4 位固定取 0001，前 4 位分别为扩展位 E，帧长定义位 L，源站址定义位 S 和目的站址定义位 D，如图 3-36 所示。

控制字节	B7字节
帧类别	B8字节
信息数字n	B9字节
源站址	B10字节
目的站址	B11字节
校验码	B12字节

(a)

E	L	S	D	0	0	0	1
b7							b0

(b)

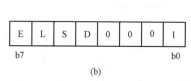

图 3-36　控制字和控制字节

（a）控制字；（b）控制字节

1）扩展位 $E=0$ 时，控制字中帧类别字节的代码，取本规约已定义的帧类别，如表 3-2 所示；$E=1$ 表示帧类别可另行定义，以满足扩展功能的要求。

2）帧长定义位，表示本帧中信息字数。$L=0$，表示本帧信息字数为 0，即本帧没有信息字；$L=1$，表示本帧有信息字，信息字的个数为 n。

3）源站址定义位 S 和目的站址定义位 D。

在上行信息中，$S=1$ 表示控制字中源站址有内容，源站址字节即代表信息始发站的站号，即子站站号；$D=1$ 表示目的站址有内容，目的站址字节代表主站站号。

在下行信息中，$S=1$ 表示源站址有内容，源站址字节代表主站站号；$D=1$ 表示目的站址有内容，即代表信息到达站的子站站号；$S=1$ 但 $D=0$ 表示目的站址字节内容为 FFH 即主站发送广播命令，所有站同时接收并执行此命令。

在上行信息或下行信息中，若 S 和 D 同时为 0，则控制字中的源站址字节和目的站址字节无意义。

表 3-2　　　　　　　　　　　　帧类别代号定义表

帧类别代码	定义	
	上行 $E=0$	下行 $E=0$
61H	重要遥测（A 帧）	遥控选择
C2H	次要遥测（B 帧）	遥控执行
B3H	一般遥测（C 帧）	遥控撤销
F4H	遥信状态（Dl 帧）	升降选择
85H	电能脉冲计数值（D2 帧）	升降执行
26H	事件顺序记录（E 帧）	升降撤销
57H		设定命令
7AH		设置时钟
OBH		设置时钟校正值
4CH		召唤子站时钟
3DH		复归命令
9EH		广播命令

（2）校验码。CDT 规约采用 CRC 校验，控制字和信息字都是 $(n、k)=(48，40)$ 码组，生成多项式为 $G(X)=X^8+X^2+X+1$ 或 $G(X)=107H$，陪集码为 FFH 部颁循环式远动规约中陪集码对应的二进制序列是 11111111，即为 FFH。按规约中发码规则的顺序以 $G(X)$ 模 2 除前 5 个字节，生成余式 $R(X)$，以 $\overline{R(X)}$ 作为校验码。若用查表法，信

息字、控制字基本码元的中间余式如表 3-3 所示。

表 3-3 中间余式表

信息字、控制字的码元	查表法中间余式	信息字、控制字的码元	查表法中间余式
01H	1110 0000B	10H	0000 1110B
02H	0111 0000B	20H	0000 0111B
04H	0011 1000B	40H	1110 0011B
08H	0001 1100B	80H	1001 0001B

例如：假设要发送的某一信息为 F100000000，校验码的生成方法为：首先将 F100000000 写成二进制码形式并补加 8 个 0 得 1111 0001 0000 0000 0000 0000 0000 0000 0000 0000 00000000；用该二进制编码除以多项式 $G(X)=X^8+X^2+X+1$ 得 1000 0111；用模 2 加法算得余式为 0110 1011，加陪集码 FFH 即逐位取反，得校验码 10010100，换成十六进制码为 94H，所以校验码为 94H，该信息字为 F10000000094。

3. 信息字

每个信息字由 6 个字节构成，48 位，但信息字的个数 n 不固定。其中第一个字节是功能码字节，第 2～5 字节是信息、数据字节，第 6 字节是校验码字节。图 3-37 是其通用格式。

CDT 规约规定主站与子站间进行遥信、遥测、事件顺序记录（Sequence Of Events，SOE）、电能脉冲计数值、遥控命令、设定命令、升降命令、对时、广播命令、复归命令和子站工作状态信息的传递。信息字的格式随所传信息的不同而有不同的形式，具体的信息由功能码来区分。

事件是指运行设备状态的变化，如开关所处的闭合或断开状态的变化，保护所处的正常或告警状态的变化。事件顺序记录是指开关或继电保护动作时，按动作的时间先后顺序进行的记录。

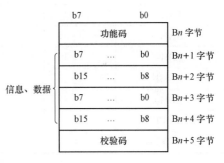

图 3-37 信息字通用格式

功能码。功能码字节的 8 位二进制数可以有 256 个（00H～FFH）不同的值，分别代表不同信息用途，具体如表 3-4 所示。

表 3-4 功 能 码 分 配 表

功能码代号	字数	用途	信息位数	容量
00H～7FH	128	遥测	16	256
80H～81H	2	事件顺序记录	64	4096
82H～83H		备用		
84H～85H	2	子站时钟返送	64	1

续表

功能码代号	字数	用途	信息位数	容量
86H～89H	4	总加遥测	16	8
8AH	1	频率	16	2
8BH	1	复归命令（下行）	16	16
8CH	1	广播命令（下行）	16	16
8DH～92H	6	水位	24	6
93H～9FH		备用		
AOH～DFH	64	电能脉冲计数值	32	64
EOH	1	遥控选择（下行）	32	256
E1H	1	遥控返校	32	256
E2H	1	遥控执行（下行）	32	256
E3H	1	遥控撤销（下行）	32	256
E4H	1	升降选择（下行）	32	256
E5H	1	升降返校	32	256
E6H	1	升降执行（下行）	32	256
E7H	1	升降撤销（下行）	32	256
E8H	1	设定命令（下行）	32	256
E9H	1	备用		
EAH	1	备用		
EBH	1	备用		
ECH	1	子站状态信息	8	1
EDH	1	设置时钟校正值（下行）	32	1
EEH～EFH	2	设置时钟（下行）	64	1
FOH～FFH	16	遥信	32	512

信息字格式。信息字可以分为上行信息字和下行信息字。不同的信息字除功能码取值范围不相同外，信息字中 B_{n+1}～B_{n+4} 字节（信息、数据字节）的各位含义不一样，这里主要介绍遥测信息字、遥信信息字、电能脉冲计数值信息字及遥控命令。

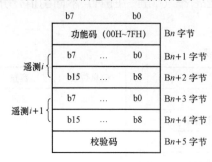

图 3-38　遥测信息字格式

1）遥测信息字的格式如图 3-38 所示。

它们的功能码取值范围是 00H～7FH（00000000～01111111），每个遥测信息字传送两路遥测量，所以遥测的最大容量为 256 路。如图 3-37 所示，B15－b0 传送一路遥测量的值，以二进制码表示。其中 b11 表示遥测量的符号位，b11 取 0 时，遥测量为正；b11 取 1 时，遥测量为负，以二进制补码表示负数。

B14＝1 表示溢出，b15＝1 表示数无效。

【例3-1】 试说明下面报文中同步字、控制字和信息字各个字节的含义。

EB 90 EB 90 EB 90	同步字
71 61 1020 10 3C	控制字
00 63 04 67 04 B9	第 1 个遥测帧
01 62 04 21 02 FA	第 2 个遥测帧
02 24 02 24 02 BF	
03 5C 00 36 00 CA	
04 74 01 75 01 95	
05 74 01 D7 02 CC	
06 E0 02 53 01 32	
07 00 00 00 00 D6	
08 00 00 00 00 E6	
09 00 00 00 00 84	
0A 00 00 00 00 22	
0B 00 00 00 00 40	
0C 00 00 00 00 69	
0D 00 00 00 00 0B	
0E 00 00 00 00 AD	
0F 00 00 00 00 CF	

解：报文中 EB 90 EB 90 EB 90 为同步字，71 61 10 20 10 3C 为控制字，其余的为信息字。

(1) 同步字。同步字为 3 组 EB 90H，即 3 组 1110 1011 1001 0000B 共 48 位。

(2) 控制字。控制字符为 71H 即 0111 0001B（ELSD0001）：

扩展位 E＝0 表示控制字中的帧类别采用规约定义的帧类别。

帧长定义位 L＝1 表示本帧有信息字。

源站址定义位 S 和目的站址定义位 D：本帧为上行信息，这样，S＝1 表示控制字中源站址有内容，源站址字节即代表信息始发站的站号，即子站站号；D＝1 表示目的站址有内容，目的站址字节代表主站站号。

61H 为帧类别，表示本帧为重要遥测（A 帧）。

10H 为信息字数，表示本帧信息字长度 n 为 10H 即 16 个信息字。

20H 为源站址本帧为上行信息，所以 20H 表示 RTU 的站号。

10H 为目的站址，表示主站站号为 10H。

3CH 为校验码。

(3) 信息字。本帧第一个信息字 00 63 04 67 04 B9 中第一字节 00H 为功能码，表示遥测。63 04 67 04H 为信息数据，一个信息字上传两路遥测量。B9H 为校验码。其他各个信息字结构类似，上传的遥测量值不同。

2）总加遥测。总加遥测信息字格式如图 3 - 39 所示。

它们的功能码取值范围是 86H～89H，总加遥测用于传送总加遥测量，每个信息字传送两路总加遥测量。b15～b0 传送一路总加量，以二进制码表示。b15＝0 时为正数，b15＝1 时为负数，以二进制补码表示负数，其格式与遥测信息字相同。

3）遥信。遥信信息字格式如图 3 - 40 所示。

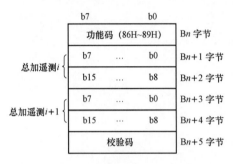

图 3 - 39　总加遥测信息字格式

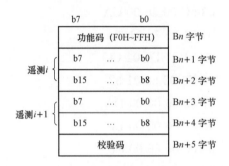

图 3 - 40　遥信信息字格式

它们的功能码取值范围是 F0H～FFH。每个遥信信息字传送两个遥信字（遥信 i 和遥信 i＋1），一个遥信字含 16 个状态位，所以最多能传送 512 路遥信量。

遥信信息字中状态位的定义：bi＝0 表示断路器或隔离开关状态为断开、继电保护未动作；bi＝1 表示断路器或隔离开关状态为闭合、继电保护动作。

【例 3 - 2】　试说明下面报文中各个字节的含义。

EB 90 EB 90 EB 90

71 F4 05 05 00 D9

F0 FB 03 F4 3D 31

Fl 8E 1F B8 EC E9

F2 A8 00 00 00 7D

F3 00 00 00 00 50

F4 00 00 00 00 79

解报文中 EB 90 EB 90 EB 90 为同步字，71 F4 05 05 00 D9 为控制字，其余的为信息字。

（1）控制字中 F4 判断为遥信帧，有 5 个数据帧，05 为源站号、00 为目的站号、D9 为校验码。

（2）F0 FB 03 F4 3D 31 为第 1 个遥信帧。F0 为功能码表示第一个遥信帧、31 为校验码。

FB 03 F4 3D 共包含了 32 个遥信位的状态，FB 表示 11111011，03 表示 00000011，F4 表示 11110100，3D 表示 00111101。按低位在前高位在后组织，则 FB 03 F4 3D 所对

应的 1～32 个遥信对应的状态为 11011111、11000000、00101111、10111100。

（3）F1 8E 1F B8 EC E9 为第 2 个遥信帧。

8E 1F B8 EC 对应 10001110、00011111、10111000、11101100。可知 33～64 个遥信的状态为 01110001、11111000、00011101、00110111。

F2 A8 00 00 00 7D	第 3 个遥信帧
F3 00 00 00 00 50	第 4 个遥信帧
F4 00 00 00 00 79	第 5 个遥信帧

4）电能脉冲计数值。电能脉冲计数值信息字格式如图 3-41 所示。

它们的功能码取值范围是 A0H～OFH。每个电能脉冲计数值信息字传送一路电能脉冲计数值，定时传送。定时可以是整点，或 30min，也可以由广播命令决定。b23～b0 位代表电能脉冲计数值，推荐用二进制码表示。b3，－1 表示数无效；b29＝0 表示数为二进制码；b29＝1 表示数为 BCD 码。B27～b24 位作为扩展用。

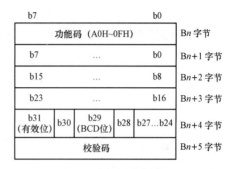

图 3-41　电能脉冲计数值信息字格式

5）遥控命令。

遥控过程及遥控帧结构如图 3-42 所示。

遥控命令控制字和控制字节格式如图 3-43 所示。

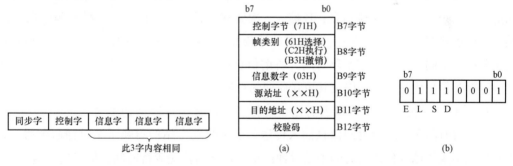

图 3-42　遥控信息帧结构

图 3-43　遥控命令控制字和控制字格式
（a）遥控命令控制字；（b）控制字节格式

遥控过程的信息字格式如图 3-42 所示。

遥控选择表示主站向子站下发的选择命令。遥控返校表示子站向主站上传的遥控返校信息，遥控返校字为上行信息，随机插在上行信息中不跨帧地连送 3 遍，若遥控返校信息超时未收到，本次命令便自动撤销。遥控执行表示主站向子站下发的执行命令。遥控撤销表示主站向子站下发的撤销命令。遥控过程中遇变位遥信，本次命令自动撤销，通过子站工作状态返回信息。

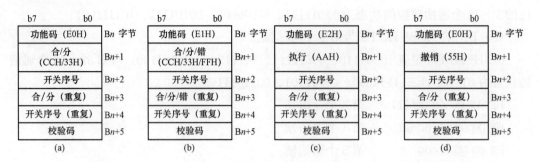

图 3-44 遥控过程的信息字格式

(a) 遥控选择（下行）；(b) 遥控返校（上行）；(c) 遥控执行（下行）；(d) 遥控撤销（下行）

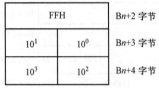

图 3-45 BCD 码标识遥控开关号

开关序号为二进制码。若用 BCD 码表示开关序号，则 Bn＋2～Bn＋4 字节作相应改变，如图 3-45 所示，其中 Bn＋2 固定为 FFH，Bn＋3 和 Bn＋4 字节表示开关序号。

规约应包括两方面内容：一是要对传送信息的格式作严格的规定，即帧格式；二是要规定信息传输的具体步骤，即帧的组织方式和帧系列及信息字的传送规则。

3.4.2　帧的组织方式

在循环式远动规约中，远动信息按其重要性和实时性要求，将上行信息分为 5 种不同的帧：A 帧——重要遥测信息；B 帧——次要遥测信息；C 帧——一般遥测信息；D1 帧——遥信状态信息；D2 帧——电能脉冲计数值；E 帧——事件顺序记录 SOE。信息按其重要性有不同的优先级和循环时间。所谓信息的优先级，就是按照信息本身的重要程度确定哪些信息优先传送，以及其更新周期的长短。

1. 上行（子站至主站）信息的优先级排列顺序和传送时间的要求

（1）对时的子站时钟返回信息插入传送。子站收到主站的召唤子站时钟命令后，在上行信息中优先插入传送对时的子站时钟信息字，并附传送等待时间，但只送一遍。

（2）变位遥信、子站工作状态变化信息插入传送，要求在 1s 内送到主站。以信息字为单位优先插入传送，连送 3 遍。

（3）遥控、升降命令的返送校核信息插入传送。以信息字为单位优先插入传送，连送 3 遍：

（4）重要遥测安排在 A 帧传送，循环时间不大于 3s。

（5）次要遥测安排在 B 帧传送，循环时间一般不大于 6s。

（6）一般遥测安排在 C 帧传送，循环时间一般不大于 20s。

（7）遥信状态信息，包含子站工作状态信息，安排在 D1 帧定时传送。

（8）电能脉冲计数值安排在 D2 帧定时传送。D 帧传送的遥信状态、电能脉冲计数值是慢变化量，以几分钟至几十分钟循环传送。

（9）事件顺序记录安排在 E 帧，以帧插入方式传送。

2. 下行（主站至子站）命令的优先级排列

（1）召唤子站时钟，设置子站时钟校正值，设置子站时钟。

（2）遥控选择、执行、撤销命令，升降选择、执行、撤销命令，设定命令。

（3）广播命令。

（4）复归命令。

下行命令是按需要传送，非循环传送。

3.4.3　帧系列及信息字的传送规则

远动数据帧和信息字的传送顺序，只要满足了规定的循环时间和优先级的要求，帧系列就可以根据要求任意组织。一般说，重要信息传输密度大，次要信息传输密度小，突发事件信息优先传送。

帧系列通常采用下列 3 种方式传送：

（1）对于 A、B、C、D1、D2 帧，可以按要求的循环时间，固定各帧的排列顺序循环传送。

（2）帧插入传送，用于传送 E 帧。E 帧传送的事件顺序记录是随机量，同一个事件顺序记录 SOE 分别在 3 个 E 帧中重复传送。

例如：

1）在没有插入信息时，若 A、B、C、D1 帧和 D2 帧都需要传送，可以采用如图 3-46 所示的传送规则。

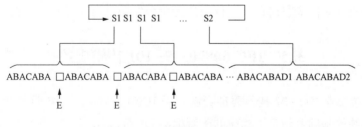

图 3-46　E 帧插入的帧系列

2）在图 3-46 中，A 帧的周期最短，其次为 B 帧和 C 帧，D1 帧和 D2 帧的周期较长，D1 帧和 D2 帧的传送和 S1 的重复次数有关，可根据 D1 帧和 D2 帧要求的周期来决定 S1 的重复次数。

3）当需要插入传送 E 帧时，可在图中箭头所指的方框处传送，按规定连送 3 遍。

（3）信息字随机插入传送，在当前帧的信息字中优先插入传送，用于传送下列 3 种信息。

1）对时的子站时钟返送信息。

2）变位遥信。

3）遥控、升降命令的返校信息。

也就是当出现对时的子站时钟返送信息，变位遥信、遥控和升降命令的返校信息上行插入数据时，就以信息字为单位优先插入当前帧中传送，但需要遵守以下规则。①对时的子站时钟返送信息（并附传送等待时间），传送一遍。②变位遥信、遥控和升降命令的返校信息连续插送 3 遍必须在同一帧内，不许跨帧。如本帧不够连续插送 3 遍，就全部安排在下帧插送。③如果被插帧为 A、B、C 帧或 D 帧，则原记录被取代，保持原来的帧长不变。如果被插帧是 E 帧，则应在事件顺序记录 SOE 完整的信息之间插入，帧的长度相应增加，如图 3-47 和图 3-48 所示。

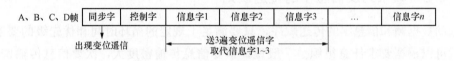

图 3-47　变位遥信字插入传送之例

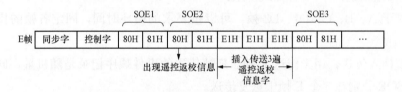

图 3-48　遥控返校信息字插入传送之例

此外，在遥控、设定和升降命令的传送过程中，若出现变位遥信，则自动取消该命令，并通过子站工作状态通知主站。子站加电重新复位后，帧系列应从 D1 帧开始传送，使主站能及时收到遥信状态信息，下行信道无命令发送时连续发送同步信号。

3.5　IEC 60870-5-101 传输规约

国际电工委员会 TC-57 技术委员会制定了 IEC 60870-5-101 远动规约，我国在非等效采用此规约的基础上制定了相应的配套标准 DL/T 634.5101—2002。IEC 60870-5-101 传输规约规定了电网数据采集和监视控制系统（SCADA）中主站和子站（远动终端）之间以问答方式进行数据传输的帧格式、链路层的传输规则、服务原语、应用数据结构、应用数据编码、应用功能和报文格式。它适用于传统远动的串行通信方式工作，一般应用于变电站与调度所的信息交换，也适用于调度所之间的信息交换。

3.5.1　IEC 60870-5-101 传输规约模型结构

IEC 60870-5 系列规约采用 EPA（Ethernet for Plant Automation）协议。EPA 协议

是一种基于以太网、无线局域网和蓝牙等信息网络通信技术，适用于工业自动化控制系统装置与仪器仪表间、工业自动化仪器仪表相互间数据通信的工业控制网络通信标准。EPA 协议相对于 OSI（Open System Interconnect，开放系统互连）7 层结构（OSI 7 层结构包括物理层、数据链路层、网络层、传输层、会话层、表示层和应用层）的第 1、2、7 层，即物理层、数据链路层和应用层，其他层为空层，这样可使信息响应更快，提高通信的实时性。

应用功能是应用进程的一部分。应用进程包含同等层间（Peer‑to‑Peer）通信，采用在增强性能结构模型的第 1、2、7 层提供的方法来完成与远方站点之间的同等过程。在 IEC 60870‑5‑101 传输规约的基本应用功能篇中，定义了标准通信服务的各类基本应用功能，每个应用功能都需要配合链路服务相协调地完成。

1. 物理层

物理层是 OSI 模型的第 1 层，其任务是使网络内两实体间的物理连接，按位串行传送比特流，将数据信息从一个实体经物理信道送到另一个实体，向数据链路层提供一个透明的比特流传送服务。

2. 数据链路层

数据链路层是 OSI 模型的第 2 层，其主要任务是将一条原始传输线路转换为对网络来说是无错的传输线路。因此，它必须将输入数据分成数据块（帧），并依次传递各帧和处理由接收端发回的应答帧，解决了数据链路连接的建立、维持和释放。本规约采用《IEC 60870‑5‑2：链路传输规则》确定的链路传输规则：由启动站（此站启动报文传输）向从动站触发一次传输服务，或者成功完成，或者带差错指示地结束，之后才能够接收下一个新的报文传输的请求。简单地说，建立传输联系两方中的任何一方都不能连续发出多帧数据，即所谓的窗口尺寸为 1（一问一答方式）。

IEC 60870‑5‑101 规约采用的窗门尺寸为 1，即在上一轮传输服务完成之后，才能开始下一次的传输服务。例如，对于只有一个响应帧或确认帧的命令，在正确接收到响应帧或确认帧的情况下，启动站即可开始下一轮传输服务。

3. 应用层

应用层是 OSI 参考模型的最高层，它为客户提供服务，是 OSI 客户的窗口，并为客户提供一个 OSI 的工作环境，即为访问 OSI 的应用进程提供手段。应用层的功能包括由程序执行的功能和操作员执行的功能。

3.5.2 网络拓扑结构

IEC 60870‑5‑101 提供了在主站和远动 RTU 之间发送基本远动报文的通信文件集，它适用的网络拓扑结构为点对点、多个点对点、多点共线、多点环形和多点星形网络配置的远动系统中，但它要求在主站和每个远动子站之间采用固定连接的数据电路，这意味着必须使用固定的专用远动通道。传输介质可为双绞线、电力载波或光纤等。

3.5.3 传输方式

IEC 60870 - 5 - 101 规约有非平衡式传输和平衡式传输两种方式。

（1）非平衡式传输方式：主站（调度中心）采用顺序查询（召唤）子站控制数据，在这种情况下主站是请求站，触发所有报文的传输，子站（变电站）是从动站，只有当它们被查询（召唤）时才可能传输，响应主站数据请求，或对主站发出的控制命令加以确认。这种传输方式对于所有网络结构都适用。

（2）平衡式传输方式是指通信链路的两个方向（主站和子站）均可以发起传输服务，每一个站都可能启动报文传输。因为这些站可以同时既作为启动站又可以作为响应站，它们被称为综合站。采用平衡式传输，减少了报告延时并达到快速的数据收集。这种传输方式必须有一对全双工的通道。

对于平衡式传输过程，链路层由两个互不联系的方向组成，一个特定的站在启动和从动方向存在相互独立的控制链路层。因此，在处理接收数据帧时，应根据启动报文位判断处理该数据的控制链路层。而非平衡式传输是平衡式传输的一个特例，链路层由一个方向组后，此时主站链路层为启动链路层，而子站链路层为从动链路层。

在点对点和多个点对点的全双工通道结构中采用平衡式传输方式，在其他通道结构中采用非平衡式传输方式，因为若从一个中心控制站到几个被控站之间链路共用一条公共的物理通道，那么这些链路必须工作在非平衡式传输方式，以避免多个被控站试图在同一时刻在通道上传输。平衡式传输方式中 IEC 60870 - 5 - 101 规约是一种"问答＋循环"式规约，即主站和子站都可以作为启动站；而当其用于非平衡式传输方式时 IEC 60870 - 5 - 101 规约是问答式规约，只有主站可以作为启动站。

3.5.4 链路传送规则

IEC 60870 - 5 - 101 定义了三种级别的链路服务，如表 3 - 5 所示，在 IEC 60870 - 5 - 2 中，规定重复帧超时间隔为 50ms，当主站发出一帧信息后，如 50ms 后未收到应用回答，则重复发送一次。下面分别介绍三种服务的传输规则。

表 3 - 5　　　　　　　　　　链路服务级别及功能

链路服务级别	服务类型	功　　能
S1	发送/无回答 （SEND/NO REPLY）	由主站向子站发送广播报文
S2	发送/确认 （SEND/CONFIRM）	由主站向子站设置参数和发送遥控、设点、升降和执行命令
S3	请求/响应 （REQUEST/RESPOND）	由主站向子站召唤数据，子站以数据或事件数据回答

（1）发送/无回答（SEND/NO REPLY）服务。只有在前一轮服务结束之后，才能开始新一轮的发送。当一帧发送完后，按要求发送线路空闲间隔。

（2）发送确认（SEND/CONFIRM）服务。

1）只有在前一轮传输结束之后，才能开始新一轮的发送。

2）当子站正确收到主站传送的报文时，子站立即向主站发送一个确认帧。

3）若子站由于过载等原因不能接收主站报文时，子站则应传送忙帧给主站。

4）防止报文丢失和重复传送规则。

主站在新一轮发送/确认服务时，帧计数位（FCB）改变状态，如果收到子站无差错的确认帧，则这一轮传输服务结束。若确认帧受到干扰或超时未收到确认帧，则不改变帧计数位的状态重发原报文，最大重发次数为3次。

在子站接收到主站的发送帧，并向主站发送确认帧，并将此确认帧保存起来。在前后两次接收的发送帧中帧计数位的值不同，则将保存的确认帧清除，并形成新的确认帧，否则不管收到的帧内容是什么，将原保存的确认帧重发。当收到一个复位命令，此帧的帧计数位为0，则子站将在其保存的帧计数值置为0。

（3）请求/响应（REQUES/RESPOND）服务。

1）只有在前一轮传输过程结束之后，才能触发新一轮的请求帧。

2）子站接收到请求帧后将发送。如有所请求的数据则发响应帧，如无所请求的数据则发否定的响应帧。

3）防止报文丢失和重复传送的传输规则与发送/确认服务的规则一样。

3.5.5　帧格式

传送远动信息时，一组信息称为1帧，每帧信息由若干"字"组成，这些"字"可以分别表示同步、遥信、遥测等内容，其组成顺序和形式称为帧格式。

IEC规定的数据传输基本方式为8个数据位，1个起始位和1个奇偶校验位。本规约采用的帧格式为FT1.2异步式字节传输帧格式。FT1.2帧格式有固定帧长和可变帧长两种帧格式。可变帧用于由主站向子站传输数据，或由子站向主站传输数据。固定帧用于确认或询问等通信问答。

1. FT1.2可变帧长帧格式（其具体格式如图3-49所示）

（1）传输规定有以下几个特点：①无报文时，通道中传送码元1。②两帧之间的线路空闲位不少应插入33个空码元1。③每个字符有1位启动位（0），8位数据位，1位奇偶校验位和1位停止位（1）。④每个字符间无需线路空闲间隔。⑤帧长度L包括控制域，地址域和用户数据的字节总数，（L的取值范围是0～255）。

| 启动字符 (68H) |
| 长度 (L) |
| 长度 (L) |
| 启动字符 (68H) |
| 控制域 (C) |
| 链路地址域 (A) |
| 链路用户数据 (可变长度) |
| 帧校验和 (CS) |
| 结束字符 (16H) |

图3-49　可变帧长帧格式

99

链路地址域 A 的含义是当由主站触发一次传输服务，主站向子站传送的帧中表示报文要传送到的目的站址，即子站站址。当由子站向主站传送帧时，表示该报文发送的源站址，即表示该子站站址。所以，无论哪方启动链路服务，都是子站的链路地址。链路地址域的值为 0～255，其中 255 为广播地址。

链路用户数据由数据单元标识、一个或多个信息体组成，如表 3-6 所示。

表 3-6　　　　　　　　　　　　　应用服务数据单元结构

ASDU	ASDU 的域
数据单元标识	类型标识
	可变结构限定词
	传送原因
	公共地址
信息体	信息体地址
	信息体元素
	信息体时标

其中类型标识定义了信息体的结构、类型和格式；可变结构限定词表示信息体的顺序性和信息体的个数；公共地址和信息体地址一起可以区分全部的元素集，由公共地址指明客户数据单元寻址地址，信息体地址指明此类数据内信息体的具体地址。

帧校验和（CS）为控制域、地址域与客户数据中所有字节的算术和（不考虑溢出，即 256 模和）。

（2）接收校验包括以下几个方面：①由串行接口芯片检查每个字符的启动位、停止位和奇偶校验位。②校验两个启动字符应一致、两个 L 值应一致，接收字符数为 L+6、帧校验和、结束字符无差错则数据有效。③在校验中，若检出一个差错，则舍弃此帧数据。

```
启动字符（10H）
控制域（C）
链路地址域（A）
帧校验和（CS）
结束字符（16H）
```

图 3-50　固定帧长帧格式

2. FT1.2 固定帧长帧格式（其具体格式如图 3-50 所示）

（1）传输规定包括以下几点：①无报文时，通道中应传送空码元 1。②两帧之间的线路空闲位至少应插入 33 个空码元 1。③每个字符有 1 位启动位（0），8 位数据位，1 位奇偶校验位和 1 位停止位（1）。④每个字符间无需线路空闲间隔。⑤无帧长度 L。⑥帧校验和即为控制域、地址域中所有字节的算术和（不考虑溢出）。

（2）接收校验检验以下几个方面：①由串行接口芯片检查每个字符的启动位、停止位和奇偶校验位。②检查启动字符、结束字符以确定此帧长度是否正确。③检查校验和。④在校验中，若检出一个差错，则舍弃此帧数据。

3. 控制域 C 的定义

控制域包含了报文方向、提供的服务类型和表示报文丢失和重复传输的信息。平衡式和非平衡式的控制域是不同的。非平衡式传输过程是主站依次对子站查询来控制数据交换的，在这种情况下，主站是启动所有报文传输的源站，而子站仅在被查询时发送报文。下面分析非平衡式的控制域。

（1）主站作为启动站的传输过程中使用的控制域 C。主站向子站传输报文中控制域各位的定义如图 3-51 所示。

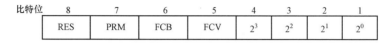

比特位	8	7	6	5	4	3	2	1
	RES	PRM	FCB	FCV	2^3	2^2	2^1	2^0

图 3-51　主站向子站传输的控制域

1）RES：Reserved，保留位。

2）PRM：Primary Message，信源信息。PRM＝1 表示报文从主站（启动站）发出。

3）FCB：Frame Count Bit，帧计数位。取 0 或者 1，表示每个站连续的发送/确认或者请求/响应服务的变化位。帧计数位用来消除传输中信息的丢失和重复。主站向装置发送数据帧时，当帧计数有效位 FCV＝1 时，则主站每发送一新数据帧，帧计数有效位 FCB 应取上一帧中的相反值，主站为每一个子站保留一个帧计数位的拷贝，若超时没有从子站接收到所期望的报文，或接收出现差错，则 FCB 位应保持状态不变，重新发送原来的发送/确认或请求/响应服务。若主站正确收到子站报文，则该一轮的传输服务结束；若主站发送命令后了站无应答，当 FCV＝0 时，FCB 位无意义。在复位命令的情况下帧计数位（FCB）总为零，响应站接收此命令将帧计数位置零，并期望下一次的从主站到子站的传输，其帧计数位（FCB）为 1，帧计数有效位 FCV 为 1。

4）FCV：Frame Count Bit Valid，帧计数有效位。FCV＝0 表示帧计数位（FCB）的变化无效，FCV＝1 表示帧计数位的变化有效。发送/无回答服务、重传次数为 0 的报文、广播报文时无需考虑报文丢失和重复传输，无需改变帧计数位（FCB）的状态，这些帧计数有效位（FCV）常为 0。

5）功能码。后四位是功能码，其分配见表 3-7 所示。

表 3-7　　　　　　　　　　主站向子站传输的功能码分配表

功能码序号	帧类型	业务功能	FCV 状态
0	发送/确认帧	复位远方链路	0
1	发送/确认帧	复位远动终端的用户进程	0
2	发送/确认帧	用于平衡式传输的测试链路功能	—
3	发送/确认帧	用户数据	1
4	发送无回答帧	用户数据	0
5		备用	—
6~7		制造厂和用户协商后定义	—
8	请求/响应帧	期待指定的访问所需的响应	0

功能码序号	帧类型	业务功能	FCV 状态
9	请求/响应帧	召唤链路状态	0
10	请求/响应帧	召唤1级用户数据	1
11	请求/响应帧	召唤2级用户数据	1
12～13		备用	—
14～15		制造厂和用户协商后定义	—

101 规约的应用用户数据分为1级用户数据和2级用户数据。通常1级用户数据指自发数据，2级用户数据包括循环、背景扫描数据。总体上1级用户数据的传输优先级高于2级用户数据，但在同级用户数据内的不同应用数据又有不同的内部传输优先权，自发传输优先级高于被请求，同时低优先级的数据传输要考虑采用优先级抢先机制，以避免长期处于低优先级而无法传输数据导致数据溢出的情况。子站在完成初始化后，所有应用进程必须同时启动。如果同时有多个不同类型的报文需要被发送时，它们必须遵循如下次序。

①1级用户数据内部优先权：

1 应用命令确认（Confirm of Application Requested）

2 初始化结束（End of Initialization）

3 命令传输—遥控（Command Transmission - Control Command）

4 命令传输—设定值输出（Command Transmission - Setpoint Command）

5 命令传输—分接头控制（Command Transmission - Tap Regulation Command）

6 事件报告—状态量变化（Event Reporting - Change of State）

7 事件报告—模拟量变化（Event Reporting - Change of Measure Value）

8 时钟同步（Clock synchronization）

9 传输延时捕捉（Acquisition of Transmission Delay）

10 读命令（Read）

11 测试命令（Test）

12 复位进程（Reset Process）

13 参数下装（Parameter Loading）

14 站召唤（Station Interrogation）

15 电能累计量（Integrated Totals）

16 变位事件顺序记录（Sequence of Event）

②2级用户数据内部优先权：

1 循环数据（Cyclic Data）

2 文件传输（File Transfer）

3 背景扫描（Background Scan）

（2）子站向主站传输报文中控制域各位的定义，如图 3-52 所示。

比特位	8	7	6	5	4	3	2	1
	RES	PRM	ACD	DFC	2^3	2^2	2^1	2^0

图 3-52　子站向主站传输报文中控制域各位的定义

1）RES：Reserved，保留位。

2）PRM：Primary Message，信源信息。PRM=0 表示报文从子站（响应站）发出，

3）ACD：Access Demand，访问要求。可提供两种级别的报文数据，分别为 1 级用户数据和 2 级用户数据。ACD=0 表示没有 1 级用户数据传输的访问要求。ACD=1 表示子站有 1 级用户数据需要向主站传输的访问要求（1 级用户数据的传输优先级高于 2 级用户数据，有 1 级用户数据时应先传输 1 级用户数据）。

4）DFC：Data Flow Control，数据流控制位。DFC=0，表示子站可以接收更多后续报文；DFC=1，表示子站数据缓冲区已满，无法接收新数据。

5）功能码。功能码的分配如表 3-8 所示。

表 3-8　　　　　　　　　　子站向主站传输的功能码分配表

功能码序号	帧类型	功　　能
0	确认帧	确认
1	确认帧	链路忙，未接收报文
2~5		备用
6~7		制造厂和用户协商后定义
8	响应帧	用户数据
9	响应帧	请求的数据无效
10		备用
11	响应帧	以链路状态或访问请求回答请求帧
12		备用
13		制造厂和用户协商后定义
14		链路服务未工作
15		链路服务未完成

3.5.6　非平衡模式通信过程

101 规约正常通信过程主要包括站初始化、通过问答方式进行数据采集、循环数据传输、事件的采集、总召唤、时钟同步、命令传输、累积量的传输、参数管理等。

1. 初始化过程

该过程分为主站的就地初始化、子站的就地初始化及子站的远方初始化 3 种情况。

通信双方中的任何一方重新上电或通信中断后，都需要进行初始化过程，在通信之前双方必须建立链接，只有链路完好后方可交换应用数据。上站向子站发送请求链路状态命令，子站应以链路状态（链路忙、链路完好等）作答，若子站无应答，则主站应重复发送命令，重发次数最高为三次，直到子站应答。复位链路命令用于主站与子站之间保持 FCB 位同步，当子站收到主站的复位链路命令后，子站的 FCB 位置零，FCV 置零，此时子站与主站的 FCB 位状态相同。子站操作完成后向主站应答。初始化过程的请求链路状态和复位远方链路流程图如图 3 - 53、图 3 - 54 所示。

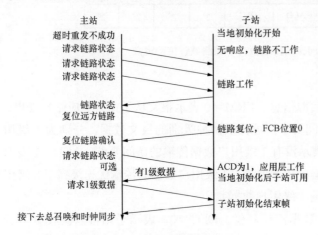

图 3 - 53 请求链路状态流程图

（1）请求链路状态。当主站启动或通信中断后，主站发"请求链路状态"，等待与子站建立通信联系。

主站向子站：10 49 01 4A 16。

子站向主站：10 0B 01 0C 16。

报文解析：请求链路状态，固定帧。

启动字符（1个字节）：10H。

控制域（1个字节）：01001001B（PRM＝1：主站向子站。FCB 位无效，功能码 9 表示请求链路状态）。00001011B（PRM＝0：子站向主站。ACD＝0，功能码 11 表示响应链路状态）。

链路地址（1个字节）：01H。

校验码（1个字节）：4AH。

结束字符（1个字节）：16H。

（2）复位远方链路。

主站向子站：10 40 01 41 16

子站向主站：10 20 01 21 16

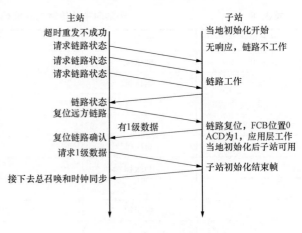

图 3 - 54 复位远方链路流程图

报文解析：控制域（1个字节）0100 0000B（主站向子站，FCB 位无效，功能码 0 表示复位远方链路）

0010 0000B（子站向主站，ACD＝1，功能码 0 表示确认）

（3）1级数据召唤子站状态。

主站向子站：10 7A 01 7B 16

子站向主站：68 09 09 68 08 01 46 01 04 01 00 00 02 B4 16

报文解析：控制域（1个字节）01111010B（PRM＝1，主站向子站，FCB位有效，功能码10表示召唤1级数据）。

类型标识：46H，初始化结束。

传送原因：04H，初始化。

信息体地址：00 00。

初始化原因：COI＝02，远方复位。

子站远方初始化时，由主站的"复位命令"报文启动。子站对报文进行确认后，用"确认复位命令"报文响应，然后开始初始化。之后的初始化过程与主站/子站的就地初始化相同。初始化结束后，子站上传的"初始化结束"报文中，远方初始化的初始化原因COI＝2；主站/子站的就地初始化分为"当地电源合上"与"当地手动复位"两种，初始化原因COI分别对应0、1。

2. 总召唤过程

总召唤指令由主站启动发送，用于获取子站所有有效数据。当主站收到子站发出的"召唤结束"报文时，召唤过程结束。总召唤启动的条件有以下2种：①通信中断后或第1次上电后，主站收到子站的"初始化结束"报文，将对该子站进行总召唤过程；②定时总召唤或手动总召唤。第1种情况，由中断原因引起的重建链路后的第1次总召唤过程不允许被打断；第2种情况，由非中断原因（如定时总召唤和手动总召唤）引起的总召唤回答可被高优先级数据打断。此外，子站回答总召唤应采用SQ＝1格式传输。

总召唤命令采用可变帧长格式。总召唤功能是在初始化以后进行，或者定期进行总召唤命令发出后，子站向主站回送8种帧数据，分别为总召唤确认帧、以保护定值为主的装置参数响应帧、开入量状态检出响应帧、带时标的非保护类事件顺序记录响应帧、保护类事件顺序记录响应帧、装置状态响应帧、遥测响应帧和总召唤结束帧。总召唤过程示意如图3-55所示。

（1）总召唤命令发送。

主站向子站：68 09 09 68 73 01 64 01 06 01 00 00 14 F4 16，主站向子站总召唤命令帧格式如图3-56所示。

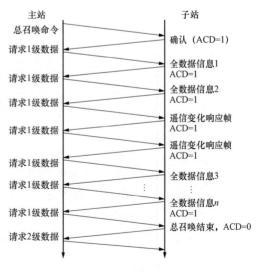

图3-55 总召唤过程示意图

启动字符（68H）
L＝09H
L＝09H（重复）
启动字符（68H）
0 1 FCB 1 0 0 1 1
控制域（FCB 位有效，请求数据）
链路地址域（01H）
类型标识（64H，召唤全数据）
可变结构限定词（01H）
传送原因（06H，激活；07H，激活确认）
应用服务数据单元公共地址
信息体地址低字节 00H
信息体地址高字节 00H
召唤限定词（QOI＝14H，总召唤）
帧校验和 CS
16H

图 3 - 56　主站向子站总召唤命令帧格式

（2）子站向主站回答确认。

主站向子站：68 09 09 68 73 01 64 01 06 01 00 00 14 F4 16。

子站向主站：10 29 01 2A 16。

主站向子站：10 7A 01 7B 16。

子站向主站：68 09 09 68 28 01 64 01 07 01 00 00 14 AA 16。

（3）总召唤命令（1 级数据），单点遥信帧格式如图 3 - 57 所示。

68H
L＝26H
L＝26H
68H
0 0 ACD DFC 1 0 0 0
链路地址域
类型标识
信息体数目
传送原因（14H，响应总召唤）
应用服务数据单元公共地址
信息体地址低字节（起始地址低字节）
信息体地址高字节（起始地址高字节）
状态信息
…
帧校验和 CS
16H

图 3 - 57　单点遥信帧格式

主站向子站：10 5A 01 5B 16。

子站向主站：68 26 26 68 28 01 14 86 14 01 01 00 5B 38 FF FF 00 26 A4 FF FF 00 38 F2 FF FF 00 69 BD FF FF 00 A2 04 FF 00 FC 2B FF FF 00 47 16。

报文解析。报文类型：14H，带状态变位检出的成组单点信息，遥信。

可变结构限定词：86 按顺序地址连续传输 6 组信息。

5B 38 FF FF 00 为第一组信息，5B 38 是 16 位状态信息，"0"代表分，"1"代表合；

FFFF 是 16 位状态变位检出信息，"0"为无状态变化，"1"为有状态变化；00 是品质码表示当前值有效。

（4）总召唤命令（1 级数据），遥测帧格式如图 3 - 58 所示。

68H
$L=26H$
$L=26H$
68H
0　　0　　ACD　DFC　1　　0　　0　　0
链路地址域：RTU 地址
类型标识 09H（15H 代表规约化遥测；0DH 代表段浮点遥测）
信息体数目（遥测的数量）
传送原因（14H）
应用服务数据单元公共地址
信息体地址低字节（起始地址低字节）
信息体地址高字节（起始地址高字节）
遥测值 1（第一个遥测值低位）
遥测值 1（第一个遥测值高位）
…
帧校验和 CS
16H

图 3 - 58　单点遥信帧格式

主站向子站：10 7A 01 7B 16。

子站向主站：68 38 38 68 28 01 09 90 14 01 01 40 42 00 00 72 07 00 42 05 00 32 F7 00 42 Fl 00 Al 0E 00 92 Fl 00 20 91 00 02 09 00 C2 07 00 B2 03 00 F2 09 00 90 69 00 45 70 00 46 92 00 47 93 00 C8 16。

报文解析。类型标识：09H 表示带品质描述的遥测。

可变结构限定词：90H 按顺序地址连续传输 16 个遥测量。

遥测首地址：4001H。

第一个遥测值：0042H。

品质描述词：00表示第一个遥测值有效。

（5）总召唤结束，子站向主站总召唤结束帧格式如图3-59所示。

主站向子站：10 7A 01 7B 16。

子站向主站：68 09 09 68 08 01 64 01 0A 01 00 00 14 8D 16。

主站向子站：10 5B 01 5C 16。

子站向主站：E5。

68H							
L=9H							
L=9H							
68H							
0	0	ACD	DFC	1	0	0	0
链路地址域							
类型标识							
可变结构限定词（01H）							
传送原因（0AH，激活结束）							
应用服务数据单元公共地址							
信息体地址低字节 00H							
信息体地址高字节 00H							
召唤限定词（QOI=14H，总召唤）							
帧校验和 CS							
16H							

图 3-59　子站向主站总召唤结束帧格式

3. 数据查询

主站和子站初始化（主站向子站请求链路并复位链路）、总召唤过程后，系统转入正常数据传输过程。请求2级数据是主站的常态化命令，子站无1级数据时以2级数据作答，当子站检测到突变时事件发生时，则装置会送"请求主站召唤1级数据帧"，若此时主站正在发送其他形式的数据帧，子站则将向主站回复的报文ACD标志位置1，告知主站有1级数据需要召唤。主站判定ACD为1后应立即开始召唤1级数据，主站每接收一次1级数据，都要对响应帧中的ACD位进行判别，若仍为1，则继续召唤1级数据，否则继续召唤2级数据。通常1级数据包括：装置记录的各种事件，如远方/就地操作（断路器分合闸、信号复归、装置复位）、远方保护定值下载激活、TA断线、保护动作、开关输入量变位以及开关输入量状态及检出、装置状态变化等。如果在正常的报文询问过程中，总召唤或对时时间到，可分别进行总召唤和对时。如果主站有遥控命令下发，则遥控命令报文优先于1、2级用户数据和总召唤、对时命令发送。召唤2级数据流程示意图如图 3 - 60 所示。

主站向子站：10 5B 01 50 16。

子站向主站：68 10 10 68 08 01 09 02 03 01 29 40 44 7D 00 31 40 46 92 00 8B 16。

报文解析：09 02 03 中 09H 为类别标志，表示带品质描述的遥测值，02H 表示该帧中有两个遥测量，03H 表示是突发数据。

29 40 44 7D 00 表示第 4029H（16425）点的测量数据是 7D44H（32068）。

31 40 46 92 00 表示第 4031H（16433）点的测量数据是 9246H，其最高位为 1 表示为负数，负数计算用减 1 取反码方法，9246H 取反减 1 得 6DBAH 再转换成十进制数是 -28090。

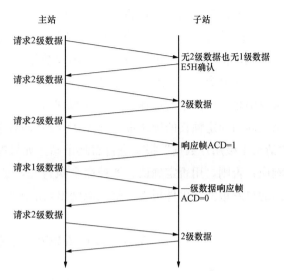

图 3 - 60　召唤 2 级数据流程示意图

4. 时间同步过程

时间同步用于主站同步子站时钟。如子站当地有 GPS 或北斗，则以当地时间为准，反之则由主站对子站对时。时钟同步过程分延时获得、延时传递和时间同步 3 个阶段，分别对应通道传输延时的采集、通道传输延时的下发、同步子站时间。

5. 事件上送过程

当子站采集到突发事件时，采用启动站模式（启动标志位 PRM＝1）主动上送事件。如果事件为开关状态变位，则优先上送不带时标的状态变位信息（即 C0S：Change of State），随后上送带有该状态变位的时间信息（即 SOE：Sequence of Event）。如果事件为告警信息或遥测量越限等，一般只需传送事件，是否上送与之对应的 SOE 取决于主站系统的需求。SOE 收集（召唤 1 级数据）命令报文如下。

主站向子站：10 7A 01 7B 16。

子站向主站：68 38 38 68 28 01 1E 05 03 01 01 00 00 01 05 10 09 0A 03 02 02 00 01 02 05 10 09 0A 03 02 03 00 00 03 05 10 09 0A 03 02 04 00 01 04 05 10 09 0A 03 02 05 00 01 05 05 10 09 0A 03 02 C8 16。

报文解析：带 7 字节时标的单点变化信息（5 个）。

控制域：00101000B：ACD＝1，表示有 1 级数据；功能码 8 表示响应帧，用户数据。

第 0001H（0 点）遥信分，时间为 2002 年 3 月 10 日 9 时 16 分 1 秒 281 毫秒，

……

第 0005H（4 点）遥信合，时间为 2002 年 3 月 10 日 9 时 16 分 1 秒 285 毫秒。

6. 遥控过程

遥控命令可以改变操作设备（如断路器、隔离开关等）的状态。主站向子站发出"选择命令"报文，子站立即用固定帧长的确认报文（ACD＝1）回答主站。主站收到子站的确认报文后，发出"请求 1 级用户数据"报文进行召唤子站，如果子站已经准备好接收下达命令，子站发出一个"选择确认"报文。这个过程是不可中断的。"撤销命令"可以中止一个正常的选择过程。如果回答正确，主站向子站发送"执行命令"报文，子站立即用固定帧长的确认报文（ACD＝1）回答主站。主站收到子站的确认报文后，发出"请求 1 级用户数据"报文进行召唤子站。如果控制操作执行，子站用"执行确认"报文响应；否则，用否定确认。遥控命令执行完，子站的设备改变了状态，主站通过接收子站的自发报文（事件报文）就能识别出它的新状态。

3.6　IEC 60870‑5‑104 传输规约

IEC 60870‑5‑101 提供了在主站和远动装置之间发送远动报文的通信格式，但是它要求在主站和每个远动子站之间采用固定连接的数据链路，这意味着必须使用固定的专用远动通道。随着网络技术的发展和无人值班变电站的出现，调度主站与变电站远动装置的通信采用以太数据网，通过网络进行报文的存储和转发。为此，国际电工委员会（IEC）第 57 技术委员会（TC57）的第 3 工作组（WG03）于 1998 年 8 月制定了 IEC 60870‑5‑104 规约，我国也制定了相应的配套标准 DL/T 634.5104‑2002。IEC 60870‑5‑104 规约的名称为"采用标准传输协议子集的 IEC 60870‑5‑101 的网络访问"（Network access for IEC 60870‑5‑101 using standard transport profiles）。

3.6.1　IEC 60870‑5‑104 规约体系结构

IEC 60870‑5‑104 实际上是将 IEC 60870‑5‑101 与 TCP/IP（Transmission Control Protocol/Internet Protocol）提供的网络传输功能相组合，使得 IEC 60870‑5‑101 在 TCP/IP 内各种网络类型都可使用，包括 X.25、帧中继（FR，Frame Relay）、异步转移模式（ATM，Asynchronous Transfer Mode）和综合业务数据网（ISDN，Integrated Service DataNetwork）。此规约定义了用于网络的开放 TCP/IP 接口，如图 3‑61 所示。图 3‑61 显示含冗余及非冗余站点配置的系统构架。

3.6.2　IEC 60870‑5‑104 远动规约结构

IEC 60870‑5‑104 远动规约使用的参考模型源于开放式系统互联的 ISO‑OSI 参考模型，但它只采用其中的 5 层，其结构如图 3‑62 所示，图 3‑63 为 TCP/IP 规约组（RFC2200）选用的标准结构。本标准采用的 TCP/IP 传输协议集与定义在其他相关标准中的相同，没有变更。

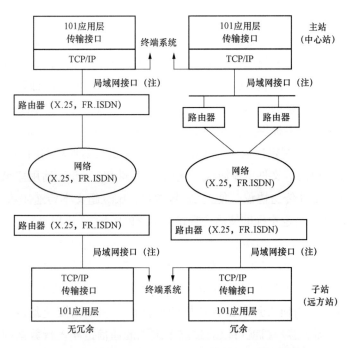

图 3-61　IEC 60870-5-104 规约系统一般体系结构

注：局域网接口可能冗余。

根据 IEC60870-5-101 从 IEC60870-5-5 中选取的应用功能选集	初始化	用户进程
从 IEC60870-5-101 从 IEC60870-5-104 中选取的应用数据服务单元（ASDU）的选集		应用层（第7层）
应用规约控制信息（APCI） User/TCP 传输接口（用户到 TCP 的接口）		
		传输层（第4层）
TCP/IP 协议组（RFC2200）的选集		网络层（第3层）
		链路层（第2层）
		物理层（第1层）
注：第5（会话层）、6 层（表示层）未使用		

图 3-62　IEC 60870-5-104 规约的模型结构

RFC793（传输控制协议）		传输层（第4层）
RFC791（互联网协议）		网络层（第3层）
RFC1661（PPP）	RFC894 （在以太网上传输 IP 数据报）	链路层（第2层）
RFC1662（HDLC 帧式 PPP）		
X.21	IEEE802.3	物理层（第1层）

图 3-63　TCP/IP 协议组（RFC2200）选用的标准结构

由图 3-62 可见，IEC 60870-5-104 实际上处于应用层协议的位置。基于 TCP/IP 的应用层协议很多，每一种应用层协议都对应着一个网络端口号，根据其在传输层上使用的是传输控制协议（TCP）还是用户数据报文协议（UDP），端口号又分为 TCP 端口号和 UDP 端口号，其中 TCP 协议是一种面向连接的协议，为用户提供可靠的、全双工的字节流服务，具有确认、流控制、多路复用和同步等功能，适用于数据传输，而 UDP 协议则是无连接的，每个分组都携带完整的目的地址，各分组在系统中独立地从数据源走到终点，它不保证数据的可靠传输，也不提供重新排列次序或重新请求功能，为了保证可靠地传输远动数据，IEC 60870 - 5 - 104 规定传输层使用的是 TCP 协议，因此其对应的端口号是 TCP 端口。常用的 TCP 端口有 ftp 文件传输协议，使用 21 号端口；telnet 远程登录协议，使用 23 号端口；SMTP 简单邮件传送协议，使用 25 号端口；http 超文本传送协议，使用 80 号端口。IEC 60870 - 5 - 104 规定本标准使用的端口号为 2404，并且此端口号已经得到互联网地址分配机构，（IANA. Internet Assigned Numbers Authority）的确认。

对于基于 TCP 的应用程序来说，存在两种工作模式，即服务器模式和客户机模式。服务器模式和客户机模式的区别是在建立 TCP 连接时，服务器从不主动发起连接请求，它一直处于侦听状态，当侦听到来自客户机的连接请求后，则接受此请求，由此建立一个 TCP 连接，服务器和客户机就可以通过这个虚拟的通信链路进行数据的收发。

3.6.3 IEC 60870 - 5 - 104 应用规约数据单元基本结构

IEC 60870 - 5 - 104 规约的数据单元包括应用规约数据单元 APDU（Application protocol data unit）、应用规约控制信息 APCI（Application protocol control information）和应用服务数据单元 ASDU（Application protocal control unit）三种基本结构。

（1）应用规约数据单元 APDU。应用规约数据单元的结构如图 3 - 64 所示，它由应用规约控制信息 APCI 和应用服务数据单元 ASDU 组成，和 IEC 60870 - 5 - 101 的帧结构相比，其中应用服务数据单元是相同的，相异之处在于，IEC 60870 - 5 - 104 使用应用规约控制信息 APCI，而 IEC 60870 - 5 - 101 使用链路规约控制信息（LPCI）。

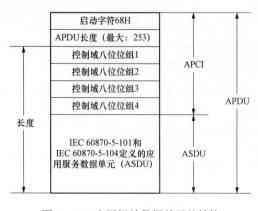

图 3 - 64　应用规约数据单元的结构

1）启动字符：68H（一个字节），定义了数据流内的起始点。

2）长度规范：报文最大长度 255 字节，应用规约数据单元的最大长度为 253 字节（等于 255 减去启动和长度标识共两个八位位组），控制域的长度是 4 字节，应用服务数据单元的最大长度为 249 字节。这个要求限制了一个 APDU 报文最多能发送 121 个不带品质描述的归一化测量值或 243 个不带时标的单点遥信信息，若远动装置采集的信息量超过此数目，则必须分成多个 APDU 进行发送。

3）控制域：控制域定义报文丢失和重复传送的控制信息、报文传输的启动和停止、传输连接的监视。控制域的这些类型被用于完成计数的信息传输的（I格式）、计数的监视功能（S格式）和不计数控制功能（U格式）。

4）应用服务数据单元。

（2）应用规约控制信息APCI。信息传输可以是一个完整的APDU，或者出于控制目的，仅仅是APCI也是可以被传送的（见图3-65）。

控制域定义了保护报文不至丢失和重复传送的控制信息，报文传输启动/停止，以及传输连接的监视等。APDU控制域包括4个八位位组，根据其定义，可以将APDU分成3种报文格式，即I格式、S格式和U格式，分别是用于计数的信息传输（I格式），计数的监视功能（S格式）和不计数的控制功能（U格式）。

图3-65　远动配套标准的APCI定义

1）控制域第一个八位位组的第一位比特为0定义了I格式，它表明APDU中包含应用服务数据单元ASDU。信息传输格式类型I格式的控制域如图3-66所示。

	发送序列号N（S）		LSB		0	八位位组1
MSB	发送序列号N（S）					八位位组2
	发送序列号N（S）		LSB		0	八位位组3
MSB	发送序列号N（S）					八位位组4

图3-66　信息传输格式类型I格式的控制域

2）控制域的第一个八位位组的第一位比特为1，第二位比特为0定义了S格式，此种格式的APDU不包含ASDU，只包括APCI。当报文接收方收到发送方的I格式报文后，如果没有I格式报文需要发送给对方，可以向对方发送S格式报文以对所接收到的报文进行确认，计数的监视功能类型S格式的控制域如图3-67所示。

	0			0	1	八位位组1
	0					八位位组2
	发送序列号N（S）		LSB		0	八位位组3
MSB	发送序列号N（S）					八位位组4

图3-67　计数的监视功能类型S格式的控制域

3）控制域的第一个八位位组的第一位比特为1，第二位比特为1定义了U格式，此种格式的APDU也不含ASDU，只包括APCI。其作用主要是实现三种控制功能，即启动子站进行数据传输（STARTDT）、停止子站的数据传输（STOPDT）和TCP链路测试（TESTFR），在同一时刻，三种控制功能只有一个可以被激活。不计数的控制功能类型U格式的控制域如图3-68所示。

TESTFR		STOPDT		STARTDT		1	1	八位位组 1
CON	ACT	CON	ACT	CON	ACT			
0								八位位组 2
0							0	八位位组 3
0								八位位组 4

图 3-68　不计数的控制功能类型 U 格式的控制域

（3）应用服务数据单元 ASDU。应用服务数据单元 ASDU 由数据单元标识符和一个或多个信息对象所组成。

数据单元标识符在所有应用服务数据单元中常有相同的结构，一个应用服务数据单元中的信息对象常有相同的结构和类型，它们由类型标识域所定义。数据单元标识符的结构如图 3-69 所示。

报文类型标识	一个字节
可变机构限定词	一个字节
传送原因	两个字节
公共地址	两个字节
信息体地址	三个字节
信息体元素	N
…	…
…	…

图 3-69　数据单元标识符的结构

1）报文类型标识，如表 3-9 所示。

表 3-9　　　　　　　　　　　　　报 文 类 型 标 识

报文类型标识	描述	标识符
1	单点信息（遥信）	M _ SP _ NA _ 1
3	双点信息（遥信）	M _ DP _ NA _ 1
9	测量值、规一化值（遥测）	M _ ME _ NA _ 1
13	测量值、标准化值（遥测）	M _ ME _ NB _ 1
30	带时标的单点信息（SOE 信息）	M _ SP _ TB _ 1
31	带时标的双点信息（SOE 信息）	M _ DP _ TB _ 1
100	总召唤命令	C _ IC _ NA _ 1

2）可变结构限定词。在应用服务数据单元中，其数据单元标识符的第二个字节定义为可变结构限定词，如图 3-70 所示。

SQ＝0，表示由信息对象地址寻址的单个信息元素或综合信息元素。应用服务数据

比特位	8	7	6	5	4	3	2	1
	SQ							

图 3 - 70　可变结构限制词

单元可以由一个或多个同类的信息对象所组成。图 3 - 70 可为变结构限定词。

SQ=1，表示同类的信息元素序列（即同一种格式的测量值），由信息对象地址来寻址，信息对象地址是顺序信息元素的第一个信息元素地址，后续信息元素的地址是从这个地址起顺序加 1。在顺序信息元素的情况下每个应用服务数据单元仅安排一种信息对象。比特位 1～7 表示信息对象的数目。

3）传送原因：两个字节。

4）应用服务数据单元公共地址（站址）。

5）信息体地址：三个字节。

＜0＞：无关的信息对象地址，

＜1～65535＞：信息对象地址。

遥信：信息对象地址范围为 0001H～4000H。

遥测：信息对象地址范围为 4001H～5000H。

3.6.4　IEC 60870 - 5 - 104 规约的实施过程

1EC 60870 - 5 - 104 规约包括非常丰富的应用服务数据单元，它不但选取了绝大部分 IEC 60870 - 5 - 101 规约的 ASDU，而且还扩展了类型标识为 58～64，以及类型标识为 107 的新的 ASDU。但在实际使用中，能够用到的仅仅是其中一小部分。

其实施过程为：

（1）TCP 连接的建立过程。站端远动装置作为服务器，在建立 TCP 连接前，应一直处于侦听状态并等待调度端的连接请求，当 TCP 连接已经建立，则应持续地监测 TCP 连接的状态，以便 TCP 连接被关闭后能重新进入侦听状态并初始化一些与 TCP 连接状态有关的程序变量；调度端作为客户机，在建立 TCP 连接前，应不断地向站端远动装置发出连接请求，一旦连接请求被接收，则应监测 TCP 连接的状态，以便 TCP 连接被关闭后重新发出连接请求。需要注意的是，每次连接被建立后，调度端和站端远动装置应将发送和接收序号清零，并且子站只有在收到了调度系统的 STARTDT 后，才能响应数据召唤以及循环上送数据，但在收到 STARTDT 之前，子站对于遥控、设点等命令仍然应进行响应。

（2）循环遥测数据传送。对于遥测量，可以使用类型标识为 9（归一化值）、11（标度化值）和 13（短浮点数）的 ASDU 定时循环向调度端发送。

（3）总召唤过程。调度主站向子站发送总召唤命令帧（类型标识为 100，传输原因为 6），子站向主站发送总召唤命令确认帧（类型标识为 100，传输原因为 7），然后子站向主站发送单点遥信帧（类型标识为 1）和双点遥信帧（类型标识为 3），最后向主站发送总召唤命令结束帧（类型标识为 100，传输原因为 10）。

（4）校时过程。调度主站向子站发送时间同步帧（类型标识为 104，传输原因 6），子站收到后立即更新系统时钟并向主站发送时间同步确认帧（类型标识为 104，传输原因 7）。需要注意的是，在以太网上进行时钟同步，要求最大的网络延时小于接收站时钟所要求的准确度，即如果网络提供者保证主网络中的延时不会超过 400ms（典型的 X.25WAN 值），在子站所要求的准确度为 1s，这样时钟同步才有效。使用这个校时过程可以避免成百上千地在子站安装 GPS 卫星定位系统，但如果网络延时很大或者子站所要求的准确度很高（例如 1ms），则变电站综合自动化系统必须安装精确度很高的全球定位系统（GPS），而以上的时钟同步过程实际上就没有意义了。

（5）子站事件主动上传。以太网对于调度端和子站端都是一个全双工高速网络，因此 IEC 6080-5-104 规约必然使用平衡式传输。当子站发生了突发事件，子站将根据具体情况主动向主站发送报文：遥信变位帧（单点遥信类型标识为 1，双点遥信类型标识为 3，传输原因为 3）、遥信 SOE 帧（单点遥信类型标识为 30，双点遥信类型标识为 31，传输原因为 3）、调压变分接头状态变化帧（类型标识为 32，传输原因为 3）、继电保护装置事件（类型标识为 38）、继电保护装置成组启动事件（类型标识为 39）、继电保护装置成组输出电路信息（类型标识为 40）。

（6）遥控/遥调过程。主站发送遥控/遥调选择命令（类型标识为 46/47，传输原因为 6，S/E=1），子站返回遥控/遥调返校（类型标识为 46/47. 传输原因为 7，S/E=1），主站下发遥控/遥调执行命令（类型标识为 46/47，传输原因为 6，S/E=0），子站返回遥控/遥调执行确认（类型标识为 46/47. 传输原因为 7，S/E=0），当遥控/遥调操作执行完毕后，子站返回遥控/遥调操作结束命令（类型标识为 46/47，传输原因为 10，S/E=0）。

（7）召唤电度过程。主站发送电能量冻结命令（类型标识为 101，传输原因为 6），子站返回电能量冻结确认（类型标识为 101，传输原因为 7），然后子站发送电能量数据（类型标识为 15，传输原因为 37），最后子站发送电能量召唤结束命令（类型标识为 101，传输原因为 10）。

3.6.5　IEC 60870-5-104 规约的应用规则

IEC 60870-5-104 规约采用 RFC 7931/RFC 791（即 TCP/IP）协议。IP 协议负责将数据从一处传往另一处，TCP 负责控制数据流量，并保证传输的正确性。由于在最底层的计算机通信网络提供的服务是不可靠的分组传送，所以当传送过程中出现错误及在网络硬件失效或网络负荷太重时，数据包有可能丢失、延迟、重复和乱序，因此应用层协议必须使用超时和重传机构。

为了防止 I 格式报文在传送过程中丢失或重复传送，IEC 60870-5-104 规约的 I 格式报文的控制域定义了发送序号 $N(S)$ 和接收序号 $R(S)$，发送方每发送一个 I 格式报文,其发送序号应加 1。接收方每接收到一个与其接收序号相等的 I 格式报文后,其接收序号也应加 1。需要注意的是,每次重新建立 TCP 连接后,调度主站和子站的接收序号和发送序号都应清零,因此在双方开始数据传送后,接收方若收到一个 I 格式报文,应判断此 I 格式报文的发送序号是否等于自己的接收序号。若相等,则应将自己接收序号加 1;若此 I 格式报文的发送序号大于自己的接收序号,这说明发送方发送的一些报文出现了丢失;若此 I 格式报文的发送序号小于自己的接收序号,这意味着发送方出现了重复传送。

此外,I 格式和 S 格式报文的接收序号表明了发送该报文的一方对已接收到的 I 格式报文的确认,若发送方发送的某一 I 格式报文后长时间无法在对方的接收序号中得到确认,这就意味着发生了报文丢失。当出现上述这些报文丢失、乱序的情况时,通常意味着 TCP 连接出现了问题,发送方或接收方应关闭现在的 TCP 连接然后再重新建立新的 TCP 连接,并在新的 TCP 连接上重新开始会话过程。

在主站端和子站通信时,接收方可以使用 S 格式报文(当有应用服务单元需要发送给对方时,可使用 I 格式报文)对已接收到的 I 格式报文进行确认,以免发送方超时收不到确认信息而重新建立 TCP 连接。这就存在一个接收方收到多少个 I 格式报文进行一次确认的问题,以及发送方应在多少个 I 格式报文未得到确认时停止发送数据。IEC 60870 - 5 - 104 规定了 k 和 w 两个参数,其取值范围为 1～32767,其中 k 表示发送方在有 k 个 I 格式报文未得到对方的确认时,将停止数据传送;w 表示接收方最迟在接收了 w 个 I 格式报文后应发出认可;IEC 60870 - 5 - 104 规约规定 k 和 w 的默认值分别为 12 个 APDU 和 8 个 APDU。在实际中,k 和 w 的具体取值可以根据 TCP 连接双方的数据通信量来加以确定,对于子站来说,每收到一个调度端的 I 格式报文都应立即进行响应,其 w 的取值实际上为 1,由于子站端可以循环向调度端发送遥信、遥测等信息,因此是的取值与其循环发送的定时周期有关,通常为 12 个 APDU;对于主站端由于不停接收到远动数据应及时给以确认,通常 w 取值为 8。

应用 IEC 60870 - 5 - 104 规约,主站与子站之间的通信是典型的 C/S 模式,其中被控站(即变电站端远动装置)是服务器端,控制站(即调度系统主站)是客户机端。

当主站软件重新启动或链路故障时,主站将向子站发出建立链路的请求报文。当链路建立后,主站召唤一次全数据,随后定时召唤全数据,子站主动传送变化数据。主站收到数据帧后发送数据确认帧。当子站收到 U 格式的报文 STARTDT 后,子站回应该命令报文,然后开始传输数据,此时上送变位信息和自发上送周期性扫描数据(若已定义)。数据传输过程示意图如图 3 - 71 所示。

对于来自主站的各种命令报文,子

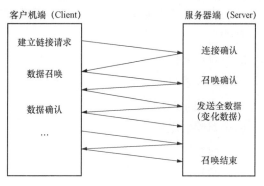

图 3 - 71 数据传输过程示意图

站进行输入有效性检查。确定报文序号、报文校验码、通信信站码（RTU 地址码、站址）、对象号是否有效，并回应主站。IEC 60870-5-104 规约中严格定义了各种超时时间界限，一般情况下需要自己定义计时器，利用系统提供的函数建立自己的计数器进行计时，以达到精确性要求。

常用类型标识和传送原因：

（1）常用的类型标识。

遥测：

09—带品质描述的测量值，每个遥测值占 3 个字节。

0a—带 3 个字节时标的且具有品质描述的测量值，每个遥测值占 6 个字节。

0b—不带时标的标度化值，每个遥测值占 3 个字节。

0c—带 3 个时标的标度化值，每个遥测值占 6 个字节。

0d—带品质描述的浮点值，每个遥测值占 5 个字节。

0e—带 3 个字节时标且具有品质描述的浮点值，每个遥测值占 8 个字节。

15—不带品质描述的遥测值，每个遥测值占 2 个字节。

遥信：

01—不带时标的单点遥信，每个遥信占 1 个字节。

03—不带时标的双点遥信，每个遥信占 1 个字节。

14—具有状态变位检出的成组单点遥信，每个字节 8 个遥信。

SOE：

02—带 3 个字节短时标的单点遥信。

04—带 3 个字节短时标的双点遥信。

1e—带 7 个字节时标的单点遥信。

04—带 7 个字节时标的双点遥信。

KWH：

0f—不带时标的电能量，每个电能量占 5 个字节。

10—带 3 个字节短时标的电能量，每个电能量占 8 个字节。

25—带 7 个字节短时标的电能量，每个电能量占 12 个字节。

其他：

2e—双点遥控。

2f—双点遥调。

64—召唤全数据。

65—召唤全电度。

67—时钟同步。

（2）常用的传送原因列表。

1—周期、循环。

2—背景扫描。

3—突发。

4—初始化。

5—请求或被请求。

6—激活。

7—激活确认。

8—停止激活。

9—停止激活确认。

0a—激活结束。

14—响应总召唤。

3.6.6 IEC 60870 - 5 - 104 规约报文分析

（1）启动连接（U 格式）。

Client send：68 04 07 00 00 00。

报文解析：启动连接。

启动字符：68H。

长度：04H，指从第 3 个字节开始（包括第 3 个字节）的后续报文长度为 4 个字节。

控制域：07 00 00 00，07H＝00000111，右数第三位为 1，表示 STARTDT 生效。

（2）启动连接确认（U 格式）。

Server send：68 04 0b 00 00 00。

报文解析：启动连接确认。

启动字符：68H。

长度：04H，指从第 3 个字节开始的后续报文长度为 4 个字节。

控制域：0b 00 00 00，0bH＝00001011，右数第四位为 1，表示 STARTDT 确认。

（3）总召唤（I 格式）。

Client send：68 0e 00 00 00 00 64 01 06 00 33 00 00 00 00 14。

报文解析：总召唤数据命令。

启动字符：68H。

长度：0eH，指从第 3 个字节开始的后续报文长度为 14 个字节。

控制域：00 00 00 00。

报文类型：64H＝100，总召唤命令。

传送原因：06 00＝6，激活。

站址：33 00＝51，站址为 51。

（4）总召唤确认（I 格式）。

Server send：68 0e 00 00 02 00 64 01 07 00 33 00 00 00 00 14。

报文解析：总召唤数据确认命令。

启动字符：68H。

长度：0eH＝14，指从第 3 个字节开始的后续报文长度为 14 个字节。

控制域：00 00 02 00。

报文类型：64H＝100，总召唤命令。

传送原因：07 00＝7，激活确认。

站址：33 00＝51，站址为 51。

（5）数据确认（S 格式）。

Server send：68 04 01 00 02 00。

报文解析：数据确认。

启动字符：68H。

长度：04H＝4，指从第 3 个字节开始的后续报文长度为 4 个字节。

控制域：01 00 02 00。

（6）总召唤结束（I 格式）。

Server send：68 0e 06 00 02 00 64 01 0a 00 33 00 00 00 0014。

报文解析：总召唤数据结束命令。

启动字符：68H。

长度：0eH＝14，指从第 3 个字节开始的后续报文长度为 14 个字节。

控制域：06 00 02 00。

报文类型：64H＝100，总召唤命令。

传送原因：0a 00＝10，激活终止。

站址：33 00＝51，站址为 51。

（7）测试连接（U 格式）。

Server or client send：68 04 43 00 00 00。

报文解析：测试连接。

启动字符：68H。

长度：04H＝4，指从第 3 个字节开始的后续报文长度为 4 个字节。

控制域：43 00 00 00，43H＝01000011，右数第七位为 1，表示 TESTFR 生效。

（8）测试连接确认（U 格式）。

Server or client send：68 04 83 00 00 00。

报文解析：测试连接确认。

启动字符：68H。

长度：04H＝4，指从第 3 个字节开始的后续报文长度为 4 个字节。

控制域：83 00 00 00，83H＝10000011，右数第八位为 1，表示 TESTFR 确认。

（9）遥信信息（I 格式）。

1）序列号连续的单点信息。

Server send：68 1c00 00 00 00 01 8f 14 00 33 00 01 02 00。

　　　　　　01 00 01 00 01 00 01 00 01 00 01 00 01 00 01。

报文解析：单点遥信。

启动字符：68H。

长度：1cH＝28，指从第 3 个字节开始的后续报文长度为 28 个字节。

控制域：00 00 00 00。

报文类型：01H＝1，单点信息，遥信。

可变结构限定词：8fH＝10001111，最高位为 1 表示连续，8f－80＝0f，0fH＝15，表示有 15 个遥信数据。

传送原因：14 00，相应站召唤。

站址：33 00＝51，站址为 51。

信息体起始地址：01 02 00。

信息元素数据：01 00 01 00 01 00 01 00 01 00 01 00 01 00 01，15 个遥信数据的值。

2）序列号不连续的单点信息。

Server send：68 1e 00 00 00 00 01 05 03 00 33 00 01 02 00 01。

　　　　　　05 02 00 01 08 02 00 00 0a 02 00 00 0f 02 00 01。

报文解析：单点遥信。

启动字符：68H。

长度：1eH＝30，指从第 3 个字节开始的后续报文长度为 30 个字节。

控制域：00 00 00 00。

报文类型：01H＝1，单点信息，遥信。

可变结构限定词：05H＝00000101，最高位为 0 表示不连续，05H＝5，表示有 5 个遥信数据。

传送原因：03 00＝3，突发（自发）。

站址：33 00＝51，站址为 51。

第 1 个信息元素地址：01 02 00，0201H

第 1 个信息元素数据：01

第 2 个信息元素地址：05 02 00，0205H

第 2 个信息元素数据：01

第 3 个信息元素地址：08 02 00，0208H

第 3 个信息元素数据：00

第 4 个信息元素地址：0a 02 00，020aH

第 4 个信息元素数据：00

第 5 个信息元素地址：0f 02 00，020fH

第 5 个信息元素数据：01

3）序列号连续的双点信息。

Server send：68 1c 00 00 00 00 03 8f 14 00 33 00 01 00 00

01 00 01 00 01 00 01 00 01 00 01 00 01 00 01。

报文解析：双点遥信。

启动字符：68H。

长度：1cH＝28，指从第 3 个字节开始的后续报文长度为 28 个字节。

控制域：00 00 00 00。

报文类型：03H＝3，双点信息，遥信。

可变结构限定词：8fH＝10001111，最高位为 1 表示连续，8f－80＝0f，0fH＝15，表示有 15 个遥信数据。

传送原因：14 00＝20，响应站召唤。

站址：33 00＝51，站址为 51。

信息体起始地址：01 00 00，0001H。

信息元素数据：01 00 01 00 01 00 01 00 01 00 01 00 01 00 01，15 个遥信数据的值。

4）序列号不连续的双点信息。

Server send：68 1e 00 00 00 00 03 05 03 00 33 00 01 00 00 0l

05 00 00 01 08 00 00 00 0a 00 00 00 0f 00 00 01。

报文解析：双点遥信。

启动字符：68H。

长度：leH＝30，指从第 3 个字节开始的后续报文长度为 30 个字节。

控制域：00 00 00 00。

报文类型：03H＝3，双点信息，遥信。

可变结构限定词：05H＝00000101，最高位为 0 表示不连续，05H＝5，表示有 5 个遥信数据。

传送原因：03 00＝3，突发（自发）。

站址：33 00＝ 51，站址为 51。

第 1 个信息元素地址：01 00 00，0001H。

第 1 个信息元素数据：01

第 2 个信息元素地址：05 00 00，0005H。

第 2 个信息元素数据：01

第 3 个信息元素地址：08 00 00，0008H。

第 3 个信息元素数据：00

第 4 个信息元素地址：0a 00 00.000aH。

第 4 个信息元素数据：00

第 5 个信息元素地址：0f 00 00，000fH

第 5 个信息元素数据：01

（10）遥测信息（I 格式）。

遥测信息常采用短整型或短浮点型数据进行传送。负数用补码表示。

一个短整型数据（09H）由两个字节的数据值和一个字节的质量位组成；一个短浮点型数据（0dH）由四个字节的数据值和一个字节的质量位组成，下面以短整型数据为例说明。

1）序列号连续。Server send：68 3d 00 00 00 00 0d 90 14 00 33 00 07 07 00 0a 00 00 14 00 01 1e 00 00 28 00 01 32 00 00 3c 00 01 46 00 00 50 00 01 5a 00 00 64 00 01 6e 00 00 78 00 01 82 00 00 8c 00 01 96 00 00 a0 00 01。

报文解析：带品质描述的连续遥测。

启动字符：68H。

长度：3dH＝61，指从第 3 个字节开始的后续报文长度为 61 个字节。

控制域：00 00 00 00。

报文类型：0dH＝13，测量值，遥测。

可变结构限定词：90H＝10010000，最高位为 1 表示连续．90－80＝10，10H＝16，表示有 16 个遥测数据。

传送原因：14 00＝20，响应站召唤。

站址：33 00＝51，站址为 51。

信息体起始地址：07 07 00，0707H。

信息元素数据：16 个遥测数据。

2）序列号不连续。

Server send：68 1c 00 00 00 00 09 03 03 00 33 00 08 07 00 14 00 01 0f 07 00 5a 00 00 13 07 00 82 00 00

报文解析：带品质描述的不连续遥测。

启动字符：68H。

长度：1cH＝28，指从第 3 个字节开始的后续报文长度为 28 个字节。

控制域：00 00 00 00。

报文类型：09H＝9，测量值，遥测。

可变结构限定词：03H＝00000011，最高位为 0 表示不连续，03H＝3，表示有 3 个遥测数据。

传送原因：03 00＝3，突发（自发）。

站址：33 00＝51，站址为 51。

第 1 个信息元素地址：08 07 00，0708H。

第 1 个信息元素数据值：14 00，0014H＝20。

第1个信息元素质量位：01。

第2个信息元素地址：0f 07 00，070fH。

第2个信息元素数据值：5a 00，005aH＝90。

第2个信息元素质量位：00。

第3个信息元素地址：13 07 00，0713H。

第3个信息元素数据：82 00，0082H＝130。

第3个信息元素质量位：00。

(11) 遥控。

1) 单点遥控（45）。

遥控选择：

68 0e 00 00 00 002d 01 06 00 01 00 01 60 00 80 分选择。

68 0e 00 00 00 00 2d 01 07 00 01 00 01 60 00 80 分选择确认。

68 0e 00 00 00 00 2d 01 06 00 01 00 01 60 00 81 合选择。

68 0e 00 00 00 00 2d 01 07 00 01 00 01 60 00 81 合选择确认。

遥控执行：

68 0e 00 00 00 00 2d 01 06 00 01 00 01 60 00 00 分执行。

68 0e 00 00 00 00 2d 01 07 00 01 00 01 60 00 00 分执行确认。

68 0e 00 00 00 00 2d 01 06 00 01 00 01 60 00 01 合执行。

68 0e 00 00 00 00 2d 01 07 00 01 00 01 60 00 01 合执行确认。

遥控撤销：

68 0e 00 00 00 00 2d 01 08 00 01 00 01 60 00 00 撤销。

68 0e 00 00 00 00 2d 01 09 00 01 00 01 60 00 00 撤销确认。

2) 双点遥控（46）。

遥控选择：

68 0e 00 00 00 00 2e 01 06 00 01 00 01 60 00 81 分选择。

68 0c 00 00 00 00 2e 01 07 00 01 00 01 60 00 81 分选择确认 u。

68 0e 00 00 00 00 2e 01 06 00 01 00 01 60 00 82 合选择。

68 0e 00 00 00 00 2e 01 07 00 01 005a 60 00 82 合选择确认。

遥控执行：

68 0e 00 00 00 00 2e 01 06 00 01 00 01 60 00 01 分执行。

68 0e 00 00 00 00 2e 01 07 00 01 00 01 60 00 01 分执行确认。

68 0e 00 00 00 00 2e 01 06 00 01 00 01 60 00 02 合执行。

68 0e 00 00 00 00 2e 01 07 00 01 00 01 60 00 02 合执行确认。

遥控撤销：

68 0e 00 00 00 00 2e 01 08 00 01 00 01 60 00 00 撤销。

68 0e 00 00 00 00 2c 01 09 00 01 00 01 60 00 00 撤销确认。

（12）SOE 信息（I 格式）。

1）单点信息。

Server send：68 15 4e 00 12 00 1e 01 03 00 33 00 01 02 00 01 16 23 32 10 13 05 05。

报文解析：带时标的单点信息，SOE 信息。

启动字符：68H。

长度：15H＝21，指从第 3 个字节开始的后续报文长度为 21 个字节。

控制域：4e 00 12 00。

报文类型：1eH＝30，带时标的单点信息，SOE 信息。

可变结构限定词：01H＝00000001，最高位为 0 表示不连续，01H ＝1，表示有 1 个 SOE 数据。

传送原因：03 00＝3，突发（自发）。

站址：33 00＝51，站址为 51。

第 1 个信息元素地址：01 02 00，0201H。

第 1 个信息元素数据：01。

第 1 个信息元素的时标：16 23 32 10 13 05 05。

时标解析：第 1～2 字节表示毫秒，16 23＝8982

第 3 字节表示分钟，32H＝50

第 4 字节表示小时，10H ＝16

第 5 字节表示日，13H＝19

第 6 字节表示月，05H－5

第 7 字节表示年，05H＝5

2）双点信息。

Server send：68 15 c2 01 0c 00 1f 01 03 00 01 00 10 00 00 01 16 23 32 10 13 05 05

报文解析：带时标的双点信息，SOE 信息。

启动字符：68H。

长度：15H＝21，指从第 3 个字节开始的后续报文长度为 21 个字节：

控制域：c2 01 0c 00。

报文类型：1fH＝31，带时标的双点信息，SOE 信息。

可变结构限定词：01H＝00000001，最高位为 0 表示不连续，01H ＝1，表示有 1 SOE 数据。

传送原因：03 00＝3，突发（自发）。

站址：01 00＝1，站址为 1。

第 1 个信息元素地址：10 00 00，0010H。

第 1 个信息元素数据：01。

第 1 个信息元素的时标：16 23 32 10 13 00 05。

时标解析：第 1~2 字节表示毫秒，16 23＝8982

第 3 字节表示分钟，32H＝50

第 4 字节表示小时，10H ＝16

第 5 字节表示日，13H＝19

第 6 字节表示月，05H＝5

第 7 字节表示年，05H＝5

4 智能变电站监控系统

4.1 智能变电站概述

在上一章中我们提到了 IEC 61850 这种公共通信标准，而承载这一标准的实体便是智能变电站。智能变电站是智能电网的重要组成部分，帮助智能电网实现更可靠、更坚强、更经济、更高效、更安全、环境更友好的目标。电网是经济社会发展的基础设施，是能源战略布局的重要内容，也是能源产业链的重要环节。实现电网的安全稳定运行，提供高效、优质，清洁的电力供应是全面建设小康社会和构建社会主义和谐社会的重要保障。但随着社会经济的发展，电网运营也面临着诸多挑战，为解决日益严重的能源短缺、日益突出的结构性矛盾、不断提高的供电可靠性要求，多样化的用户服务需求，智能电网便应运而生了。与此同时，现代通信技术、信息技术、自动化技术和测量技术等逐步高度集成，融合用于发电、输电、变电、配电、用电和调度等各个环节，为有效地解决现代电网面临的问题提供了坚实的技术支持，为智能电网的快速发展铺平了道路。

智能电网的主要特征表现在能及时发现并快速诊断和消除故障的自愈能力；能与电力用户之间实现友好互动；能抵御物理攻击和信息攻击；能提供用户需求的优质电能；能兼容新能源发电和储能的接入；能支持新型电力市场；能优化资产利用，提高运行效率。智能变电站作为智能电网整体中的重要一环，不仅继承常规变电站的诸多优秀经验，同时也大胆变革，解决了部分常规变电站中普遍存在的问题。

4.1.1 智能变电站概念

智能变电站（smart substation）采用先进、可靠、集成、低碳、环保的智能设备，以全站信息数字化、通信平台网络化、信息共享标准化为基本要求，自动完成信息采集、测量、控制、保护、计量和监测等基本功能，并可根据需要支持电网实时自动控制、智能调节、在线分析决策、协同互动等高级功能的变电站。智能变电站要素示意图如图 4-1 所示。

如图 4-1 所示，智能变电站的主要设备均应为智能设备，具有与其他设备交互参数、

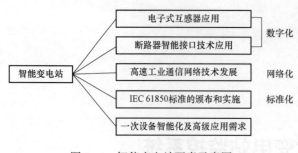

图 4-1　智能变电站要素示意图

状态和控制命令等信息的通信接口，这是变电站实现数字化的基础。如果确实需要使用传统非智能设备，应通过配置智能终端将其改造为智能设备。设备间信息传输的方式为网络通信或串行通信，取代传统的二次电缆等硬接线。利用 IEC 61850 标准取代传统的 IEC 60870-103 规约及规约转换装置，统一建模，统一信息传输标准，解决了不同制造商设备信息传输模型不统一的问题。

　　智能变电站的设备可根据需要设计相应的在线检测功能，变电站监控系统可根据设备实时提供的健康状态提出检修要求，实现计划检修向状态检修的转变。

　　智能变电站的设备信息应符合标准的信息模型，具有自我描述机制。采用面向对象自我描述的方法，传输到自动化系统的数据都带说明信息写入数据库，使现场验收的验证工作得到简化，为未来实现设备的即插即用创造了条件。

　　按照 IEC 61850，变电站的功能应分为站控层、间隔层和过程层，如图 4-2 所示。

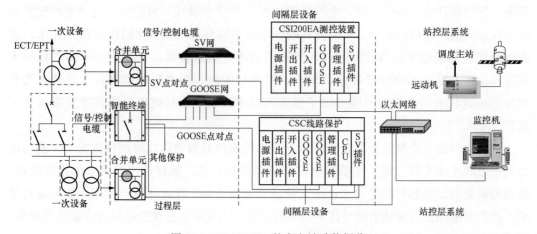

图 4-2　IEC 61850 的变电站功能划分

1. 过程层

　　过程层设备包括由一次设备和智能组件构成的智能设备、合并单元和智能终端。过程层设备能够直接完成变电站电能分配、变换、传输及其测量、控制、保护、计量、状态检测等相关任务。过程层设备的功能主要有以下三类：

　　（1）实时运行电气量检测。与传统功能一样，主要实现电流、电压、相位以及谐波分量的检测，其他电气量如有功、无功、电能量可通过监控设备运算得到。与常规方式相比，不同的是传统的电磁式电流互感器、电压互感器被非常规互感器取代，采集传统模拟量被直接采集数字量所取代，动态性能好，抗干扰性能强，绝缘和抗饱和特性好。

（2）运行设备状态检测。变电站需要进行状态参数检测的设备主要有变压器、断路器、隔离开关、母线、电容器、电抗器以及直流电源系统等。在线检测的主要内容有温度、压力、密度、绝缘、机械特性以及工作状态等数据。

（3）操作控制命令执行，包括变压器分接头调节控制、电容、电抗器投切控制、断路器、隔离开关合分控制等。过程层的控制命令执行大部分是被动的，即按上层控制指令而动作，如接收间隔层保护装置的跳闸指令、电压无功控制的投切命令、断路器的遥控分合命令等，并能判别命令的真伪及合理性，如实现动作精度的控制，使断路器定相合闸、选相分闸，在选定的相角下实现断路器的分、合闸等。

2. 间隔层

间隔层设备一般指继电保护装置、系统测控装置、监测功能组主 IED 等二次设备，实现使用一个间隔的数据并且作用于该间隔一次设备的功能，即与各种远方输入/输出、传感器和控制器通信。间隔层的主要功能：①汇总本间隔过程层实时数据信息；②实施对一次设备的保护控制功能；③实施本间隔操作闭锁功能；④实施操作同期及其他控制功能；⑤对数据采集、统计运算及控制命令的发出具有优先级别控制；⑥执行数据的承上启下通信传输功能，同时高速完成与过程层及变电站层的网络通信功能，上下网络接口具备双口全双工方式以提高信息通道的冗余度，保证网络通信的可靠性。

3. 站控层

站控层包括自动化站级监视控制系统、站域控制、通信系统、对时系统等，实现面向全站设备的监视、控制、告警及信息交互功能，完成数据采集和监视控制（SCADA）、操作闭锁以及同步相量采集、电能量采集、保护信息管理等相关功能。站控层的主要任务：①通过两级高速网络汇总全站的实时数据信息，不断刷新实时数据库，按时登录历史数据库；②将有关数据信息送往电网调度或控制中心；③接受电网调度或控制中心有关控制命令并转间隔层、过程层执行；④具有在线可编程的全站操作闭锁控制功能；⑤具有（或备有）站内当地监控、人机联系功能，显示、操作、打印、报警等功能以及图像、声音等多媒体功能；⑥具有对间隔层、过程层设备在线维护、在线组态、在线修改参数的功能。

4.1.2 智能变电站与常规变电站的区别

智能变电站与常规变电站的区别主要体现在以下几个方面：

（1）智能化的一次设备。我国微机保护在原理和技术上已相当成熟，而一次设备方面的智能化水平不高。一次设备和智能组件组合构成的智能设备是过程层设备中重要的一种，并且对变电站监控系统有着重要的意义，例如，电子式互感器能够解决常规互感器在绝缘、磁饱和、谐振方面等诸多问题。一次设备的智能化对变电站监控系统减少中间故障环节、提高系统整体稳定性、降低成本方面存在不可忽视的优势。

（2）三层两网的网络结构。相比常规变电站，智能变电站增加了过程层设备以及相对应的过程层网络，由传统的电流、电压互感器、一次设备以及一次设备与二次设备之间的电缆连接，逐步改变为电子式互感器、智能化一次设备、合并单元、光纤连接等内容，线电流电压模拟量就地数字化，一次设备状态量的就地采集和 GOOSE 网络传输、保护跳合闸和监控系统遥控命令的网络传输和执行。

（3）数字信号代替了电信号的传输。智能变电站通过光纤传输数字信号，改变了常规变电站采用电缆传输电信号的方式。不仅减少了对铜等不可再生金属的使用，简化了电气回路，节约成本的同时保护了我们的自然环境。更重要的是，数字信号比电信号更利于传输和处理，抗干扰性强，能够完成自检功能，提高数据传输的可靠性，使不同智能设备之间的互联、互通、互操作性得到了更高的提升。

（4）统一的模型结构和通信规约。过去不同厂商的设备因为数据传输模型不统一，想要互相通信，必须进行人工关联和定义，工作量巨大，且存在因厂商理解标准不同而产生的分歧。IEC 61850 通信规范的引入使得智能电气设备间可实现信息共享和互操作。

（5）高级应用方面。常规变电站在各种高级应用方面都有所探索，但是由于电信号不易使用以及数据格式不统一的问题，难以取得长足的发展。智能变电站在统一数据格式、优化传输方式后，在接收、处理和分析大数据等方面取得了巨大的进步，为源端维护、告警分析预警、程序控制等高级应用领域开辟了新的空间。

4.1.3 智能变电站相关术语与定义

（1）智能设备（intelligent equipment）。一次设备与其智能组件的有机结合体，二者共同组成一台（套）完整的智能设备。

（2）智能组件（intelligent combination）。对一次设备进行测量、控制，保护、计量、检测等一个或多个二次设备的集合。

（3）智能单元（smart unit）。一种智能组件。与一次设备采用电缆连接，与保护、测控等二次设备采用光纤连接，实现对一次设备（如断路器、隔离开关、变压器等）的测量、控制等功能。

（4）电子式互感器（electronic instrument transformer）。一种装置，由连接到传输系统和二次转换器的一个或多个电流或电压传感器组成，用于传输正比于被测量的量，供测量仪器、仪表和继电保护或控制装置。

（5）电子式电流互感器（electronic current transformer，ECT）。一种电子式互感器，在正常适用条件下，其二次转换器的输出实质上正比于一次电流，且相位差在联结方向正确时接近于已知相位角。

（6）电子式电压互感器（ electronic voltage transformer，EVT）。是一种电子式互感器，在正常适用条件下，其二次电压实质上正比于一次电压，且相位差在联结方向正确时接近于已知相位角。

（7）合并单元（merging unit）。用以对来自二次转换器的电流和（或）电压数据进行时间相关组合的物理单元。合并单元可以是互感器的一个组件，也可以是一个分立单元。

（8）MMS（manufacturing message specification）。MMS 即制造报文规范，是 ISO/IEC 9506 标准所定义的一套用于工业控制系统的通信协议。MMS 规范了工业领域具有通信能力的智能传感器、智能电子设备（IED）、智能控制设备的通信行为，使出自不同制造商的设备之间具有互操作性（interoperation）。

（9）GOOSE（generic object oriented substation event）。GOOSE 是一种通用面向对象变电站事件。主要用于实现在多 IED 之间的信息传递，包括跳合闸信号。

（10）互操作性（interoperability）。来自同一或不同制造商的两个以上智能电子设备交换信息，使用信息以正确执行规定功能的能力。

（11）交换机（switch）。一种有源的网络元件。交换机连接两个或多个子网，子网本身可由数个网段通过转发器连接而成。

（12）全站配置文件（SCD）。描述所有 IED 的实例配置和通信参数、IED 之间的通信配置以及变电站一次系统结构，有系统集成商完成。

（13）站内 IED 能力描述文件（ICD）。该文件用来描述 IED 设备能够提供的基本数据模型及服务，但不包含 IED 实例名称和通信参数。

（14）站内 IED 实例配置文件（CID）。经过设备厂家配置的 IED 描述文件。

（15）系统规格文件（SSD）。全站唯一的系统规格文件，用来描述变电站一次系统结构以及相关的逻辑节点。

4.2　智能变电站一体化监控系统

智能变电站自动化系统是由一体化监控系统和输变电设备状态监测、辅助设备、时钟同步装置、计量设备等共同构成的，如图 4-3 所示，一体化监控系统是整个系统的核心。从变电站数据传输结构中不难看出，一体化监控系统在纵向和横向两个方向都起到了至关重要的作用。纵向方面，一体化监控系统贯通了变电站内一、二次设备和调度中心的纵向数据传输，保证了调度集中监控功能的正常运作。横向方面，一体化监控系统联通了变电站内各自动化设备，直接采集站内电网运行信息和二次设备运行状态信息，通过标准化接口与输变电设备状态监测、辅助应用、计量等进行

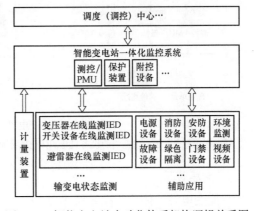

图 4-3　智能变电站自动化体系架构逻辑关系图

信息交互，实现变电站全景数据采集、处理、监视、控制、运行管理等。

4.2.1　一体化监控系统的构架

如图4-4所示，智能变电站一体化监控系统按照安全分区划分，其功能主要分布于安全Ⅰ区和安全Ⅱ区。在安全Ⅰ区中，监控主机采集站内智能设备的各种实时数据信息，经过数据处理后，按需求在监控主机上进行显示，并将实时数据存入数据服务器。Ⅰ区数据通信网关机直接联入站控层网络，采集站内智能设备的数据信息，并按照调度端的需求进行数据分析、计算和转发，向调度（调控）中心等主站系统实时传送运行数据。在安全Ⅱ区中，综合应用服务器与输变电设备状态监测和辅助设备进行通信，采集电源、计量、消防、安防、环境监测等信息，经过分析和处理后进行可视化展示，并通过防火墙将数据存入数据服务器。Ⅱ区数据通信网关机经防火墙从数据服务器获取Ⅱ区数据和模型等信息，与调度（调控）中心主站系统进行信息交互，提供信息查询和远程浏览服务。

综合应用服务器通过正反向隔离装置向Ⅲ/Ⅳ区数据通信网关机发布信息，并由Ⅲ/Ⅳ区数据通信网关机传输给其他主站系统；数据服务器存储变电站模型、图形和操作记录、告警信息、在线监测、故障波形等历史数据，为各类应用提供数据查询和访问服务；计划管理终端实现调度计划、检修工作票、保护定值单的管理等功能。视频可通过综合数据网通道向视频主站传送图像信息。

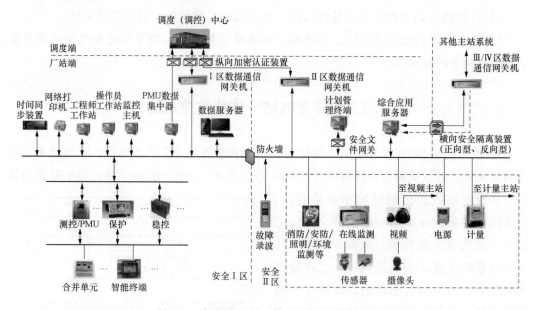

图4-4　智能变电站一体化监控系统结构图

注：在现行条件下，虚框内的设备只与一体化监控系统进行信息交互，本规范对其建设和技术不做规定。

1. 主要设备

智能变电站一体化监控系统由站控层、间隔层、过程层设备，以及网络和安全防护设备组成。

（1）站控层设备包括监控主机、数据通信网关机、数据服务器、综合应用服务器、操作员站、工程师工作站、PMU 数据集中器和计划管理终端等。

1）监控主机，主要用于负责站内各类数据的采集、处理，实现站内设备的运行监视、操作与控制、信息综合分析及智能告警，集成防误闭锁操作工作站和保护信息子站等功能。

2）操作员站，主要用于站内运行监控的主要人机界面，实现对全站一、二次设备的实时监视和操作控制，具有事件记录及报警状态显示和查询、设备状态和参数查询、操作控制等功能；工程师工作站主要用于实现智能变电站一体化监控系统的配置、维护和管理。

3）数据服务器，主要用于变电站全景数据的集中存储，为站控层设备和应用提供数据访问服务。

4）主要系统软件包括操作系统、历史/实时数据库和标准数据总线与接口等，配置要求：操作系统应采用国产安全操作系统；采用成熟商用数据库。提供数据库管理工具和软件开发工具进行维护、更新和扩充操作；实时数据库提供安全、高效的实时数据存取，支持多应用并发访问和实时同步更新；应用软件采用模块化结构，具有良好的实时响应速度和稳定性、可靠性、可扩充性；采用标准数据总线与接口，提供基于消息的信息交换机制，通过消息中间件完成不同应用之间的消息代理、传送功能。

5）Ⅰ区数据通信网关机，主要用于直接采集站内数据，通过专用通道向调度（调控）中心传送实时信息，同时接收调度（调控）中心的操作与控制命令。采用专用独立设备，无硬盘、无风扇设计。

6）Ⅱ区数据通信网关机，主要用于Ⅱ区数据向调度（调控）中心的数据传输，具备远方查询和浏览功能；Ⅲ/Ⅳ区数据通信网关机主要用于与 PMS、输变电设备状态监测等其他主站系统的信息传输；综合应用服务器主要用于接收站内一次设备在线监测数据、站内辅助应用、设备基础信息等，进行集中处理、分析和展示。

（2）间隔层设备包括继电保护装置、测控装置、故障录波装置、网络记录分析仪、时间同步装置及稳控装置等。

1）继电保护装置：接受过程层设备上送的一次设备运行状态数据，并对过程层设备发送控制命令。用来对电网故障进行切除，保证电网运行安全。

2）测控装置：接受过程层设备上送的一次设备运行状态数据，并对过程层设备发送控制和调节命令。用来监视、控制、调节一次设备。

3）故障录波装置：接受过程层设备上送的一次设备运行状态数据，能够记录电流、电压、有功、无功等各种波形，为事故分析提供依据。

4）网络记录分析仪：对过程层网络和站控层网络中所有的通信报文进行接受和存储，并可以根据用户的需要进行调阅。为分析设备故障、功能异常、通信中断等各类二次设备故障提供依据。

5）时间同步装置：通过 IEEE 1588 对时方式，通过网络与站控层设备通信完成站控层设备的对时功能，通过 B 码对时完成间隔层设备的对时，通过光 B 码对时完成与过程层设备的对时，从而使全站所有设备的时钟保持一致。

（3）过程层设备包括合并单元、智能终端、智能组件等。

1）合并单元：指对一次互感器传输过来的电气量进行合并和同步处理，并将处理后的数字信号按照特定格式转发给间隔层设备使用的装置。具有采集电压、电流瞬时数据；采样值有效性处理；采样值输出；时钟同步及守时；设备自检及指示；电压并列和切换等功能。

2）智能终端：是模拟信号与数字信号的互转装置，完成信息的上送和命令的执行。应具有接收跳合闸命令；输入各种一次设备的状态信息；跳合闸自保持功能；控制回路断线监视、跳合闸压力监视与闭锁功能等；具备对时功能、事件报文记录功能；具备跳/合闸命令输出的监测功能。

3）智能组件：智能组件与智能终端功能相近，主要用于改造非智能设备，使之达到智能变电站设备所需的各种要求。

2. 网络结构

变电站网络在逻辑上由站控层网络、过程层网络组成。站控层网络，间隔层设备和站控层设备之间的网络，实现站控层内部以及站控层与间隔层之间的数据传输，同时也用于间隔层设备之间的 MMS 报文传输。过程层网络，间隔层设备和过程层设备之间的网络，实现间隔层设备与过程层设备之间的数据传输，同时也用于间隔层设备之间 GOOSE 报文传输。

全站的通信网络应采用高速工业以太网组成，传输带宽应大于或等于 100Mbit/s，部分中心交换机之间的连接宜采用 1000Mbit/s 数据端口互联。

站控层网络采用星型结构；站控层网络采用 100Mbit/s 或更高速度的工业以太网，应采用双网配置；站控层交换机连接数据通信网关机、监控主机、综合应用服务器、数据服务器等设备。

过程层网络包括 GOOSE 网和 SV 网。GOOSE 网用于间隔层和过程层设备之间的数据交换，采用 100Mbit/s 或更高速度的工业以太网，星形结构、按电压等级配置，220kV 以上电压等级应采用双网配置，保护装置在发送给智能终端的控制命令时宜采用点对点通信方式。

SV 网用于间隔层和过程层设备之间的采样值传输，采用 100Mbit/s 或更高速度的工业以太网，星形结构，按电压等级配置，保护装置以点对点方式接入 SV 数据。

4.2.2　一体化监控系统的主要功能

智能变电站一体化监控系统的应用功能如图 4-5 所示，共分为 5 大类，分别是运行监视、操作与控制、信息综合分析与智能告警、运行管理、辅助应用。

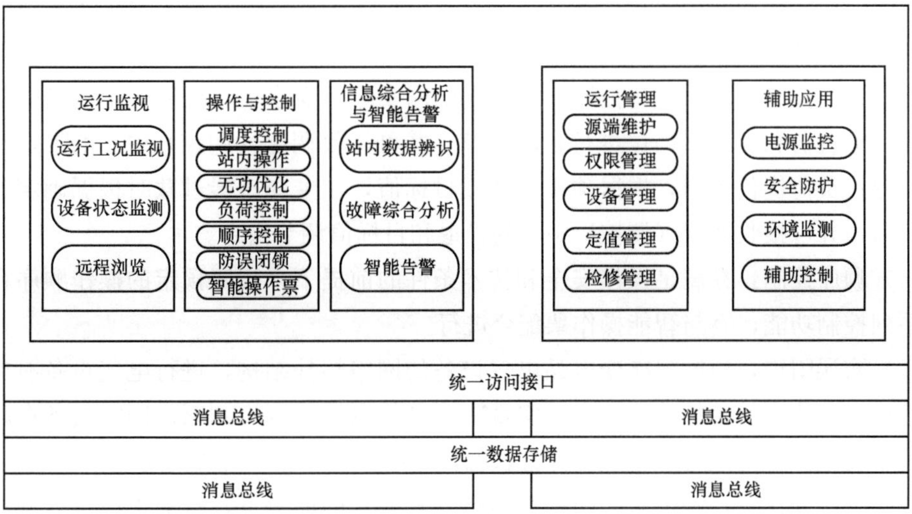

图 4-5　智能变电站一体化监控系统的应用功能

1. 运行监视

运行监视功能是一体化监控系统的基本功能，为运行人员提供可视化的数据，并具备声光报警功能，实现对电网运行信息，保护信息，一、二次设备运行状态等信息的运行监视和综合展示。

（1）运行工况监视。实现智能变电站全景数据的统一存储和集中展示；提供统一的信息展示界面，综合展示电网运行状态、设备监测状态、辅助应用信息、事件信息、故障信息；实现装置压板状态的实时监视，当前定值区定值及参数的召唤、显示。

（2）设备状态监测。实现一、二次设备运行状态的在线监视和综合展示；通过可视化手段实现二次设备运行工况、站内网络状态和虚端子连接状态监视；实现辅助设备运行状态的综合展示。

（3）实现远程浏览。调度（调控）中心可以通过数据通信网关机，远方查看智能变电站一体化监控系统的运行数据，包括电网潮流、设备状态、历史记录、操作记录、故障综合分析结果等各种原始信息以及分析处理信息。

2. 操作与控制

实现智能变电站内设备远方遥控和就地控制、顺序控制、无功自动优化控制、防误闭锁操作等。调度（调控）中心通过数据通信网关机实现调度控制、远程浏览等。

（1）站内操作：一体化监控系统具备对全站所有断路器、电动开关、主变压器有载调压分接头、无功功率补偿装置及与控制运行相关智能设备的控制及参数设定功能；具备事故紧急控制功能，通过对开关的紧急控制，快速隔离故障区域；具备软压板投退、定值区切换、定值修改功能。帮助运行人员快速、安全、准确地执行操作命令。

（2）调度控制：支持调度（调控）中心对站内设备进行控制、调节和对保护装置进行远程定值区切换和软压板投退操作。实现紧急情况下的快速操作，保证无人值班变电站的快速应急处置。

（3）自动控制：无功优化控制，即根据电网实际负荷水平，按照一定的策略对站内电容器、电抗器和变压器挡位进行自动调节，并可接收调度（调控）中心的投退和策略调整指令；负荷优化控制，根据预设的减载目标值，在主变压器过载时根据确定的策略切除负荷，并可接收调度（调控）中心的投退和目标值调节指令。

（4）顺序控制：在满足操作安全和技术条件的前提下，按照预定的操作顺序自动完成一系列控制功能，宜与智能操作票配合进行。

（5）防误闭锁，根据智能变电站电气设备的网络拓扑结构，进行电气设备有电、停电、接地三种状态的拓扑计算，自动实现防止电气误操作逻辑判断。同时具备在顺序操作过程中发生异常情况时，自检出异常状态，并退出顺序控制流程的功能。

（6）智能操作票，满足防误闭锁和运行方式要求的前提下，自动生成符合操作规范的操作票。

3. 信息综合分析与智能告警

通过对智能变电站各项运行数据（站内实时/非实时运行数据、辅助应用信息、各种报警及事故信号等）的综合分析处理，提供分类告警、故障简报及故障分析报告等结果信息。

（1）站内数据辨识。检测可疑数据，辨识不良数据，校核实时数据准确性；对智能变电站告警信息进行筛选、分类、上送。

（2）故障分析决策。在电网事故、保护动作、装置故障、异常报警等情况下，通过综合分析站内的事件顺序记录、保护事件、故障录波、同步相量测量等信息，实现故障类型识别和故障原因分析；根据故障分析结果，给出处理措施。宜通过设立专家知识库，实现单事件推理、关联多事件推理、故障智能推理等智能分析决策功能；根据分析决策结果，提出操作处理建议，并将事故分析的结果进行可视化展示。

（3）建立智能变电站故障信息的逻辑和推理模型，进行在线实时分析和推理，实现告警信息的分类和过滤，为调度（调控）中心提供分类的告警简报。

（4）对告警信息发生的频率进行分析统计，及时发现可能存在的设备隐患，在设备出现不可逆转的故障前及时通知相关工作人员进行处理。

4. 运行管理

通过人工录入或系统交互等手段，建立完备的智能变电站设备基础信息，实现一、二次设备运行、操作、检修、维护工作的规范化。

（1）源端维护。遵循 Q/GDW 624—2011，利用图模一体化建模工具生成包含变电站主接线图，网络拓扑，一、二次设备参数及数据模型的标准配置文件，提供给一体化监控系统与调度（调控）中心；智能变电站一体化监控系统与调度（调控）中心根据标准配置文件，自动解析并导入到自身系统数据库中；变电站配置文件改变时，装置、一体化监控系统与调度（调控）中心之间应保持数据同步。

（2）权限管理。设置操作权限，根据系统设置的安全规则或者安全策略，操作员可以访问且只能访问自己被授权的资源；自动记录用户名、修改时间、修改内容等详细信息。

（3）设备管理。通过变电站配置描述文件（SCD）的读取、与生产管理信息系统交互和人工录入三种方式建立设备台账信息；通过设备的自检信息、状态监测信息和人工录入三种方式建立设备缺陷信息。

（4）定值管理。接收定值单信息，实现保护定值自动校核。

（5）检修管理。通过计划管理终端，实现检修工作票生成和执行过程的管理。

5．辅助应用

通过标准化接口和信息交互，实现对站内电源、安防、消防、视频、环境监测等辅助设备的监视与控制。

（1）电源监控，采集交流、直流、不间断电源、通信电源等站内电源设备运行状态数据，实现对电源设备的管理。

（2）安全防护，接收安防、消防、门禁设备运行及告警信息，实现设备的集中监控。

（3）环境监测，对站内的温度、湿度、风力、水浸等环境信息进行实时采集、处理和上传。

（4）辅助控制，实现与视频、照明的联动。

4.2.3　一体化监控系统的应用间数据流向

各种数据的正常传输是一体化监控系统完成各项功能的基础条件之一。智能变电站一体化监控系统的五类应用功能数据流向如图 4-6 所示。

（1）内部数据流。运行监视、操作与控制、信息综合分析与智能告警、运行管理和辅助应用通过标准数据总线与接口进行信息交互，并将处理结果写入数据服务器。五类应用流入、流出数据如下：

1）运行监视。流入数据：告警信息、历史数据、状态监测数据、保护信息、辅助信息、分析结果信息等；流出数据：实时数据、录波数据、计量数据等。

2）操作与控制。流入数据：当地/远方的操作指令、实时数据、辅助信息、保护信息等；流出数据：设备控制指令。

3）信息综合分析与智能告警。流入数据：实时/历史数据、状态监测数据、PMU 数据、设备基础信息、辅助信息、保护信息、录波数据、告警信息等；流出数据：告警简报、故障分析报告等。

4）运行管理。流入数据：保护定值单、配置文件、设备操作记录、设备铭牌等；流出数据：设备台账信息、设备缺陷信息、操作票和检修票等。

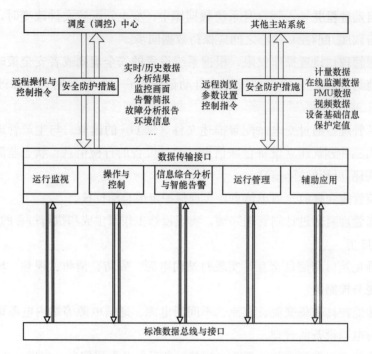

图 4-6　智能变电站一体化监控系统的五类应用功能数据流向

5）辅助应用。流入数据：联动控制指令；流出数据：辅助设备运行状态信息。

（2）外部数据流。智能变电站一体化监控系统的五类应用通过数据通信网关机与调度（调控）中心及其他主站系统进行信息交互。外部信息流：流入数据：远程浏览和远程控制指令；流出数据：实时/历史数据、分析结果、监视画面、设备基础信息、环境信息、告警简报、故障分析报告等。

4.2.4　一体化监控系统的设备配置

220kV 及以上电压等级智能变电站站控层主要设备配置要求：监控主机宜双重化配置；数据服务器宜双重化配置；操作员站和工程师工作站宜与监控主机合并；综合应用服务器可双重化配置；Ⅰ区数据通信网关机双重化配置；Ⅱ区数据通信网关机单套配置；Ⅲ/Ⅳ区数据通信网关机单套配置；500kV 及以上电压等级有人值班智能变电站操作员站可双重化配置；500kV 及以上电压等级智能变电站工程师工作站可单套配置。

110kV（66kV）智能变电站站控层主要设备配置要求：监控主机可单套配置；数据服务器单套配置；操作员站、工程师工作站与监控主机合并，宜双套配置；综合应用服务器单套配置Ⅰ区数据通信网关机双重化配置；Ⅱ区数据通信网关机单套配置；Ⅲ/Ⅳ区数据通信网关机单套配置。

220kV 及以上电压等级智能变电站间隔层主要设备配置要求：测控装置应独立配置；测控装置有以下三种配置模式，应根据工程实际情况进行选择。①配单套测控装置接单网模式（仅接入过程层 A 网，实现对过程层 A 网 SV 数据采样和 A 网智能终端 GOOSE 状态信息传输）；②配单套测控装置跨双网模式（跨接到过程层的 A、B 网段，实现对 A、B 网 SV 数据的二取一采样和智能终端数据的 GOOSE 状态信息传输，跨接双网的网口具有独立的网络接口控制器）；③测控双重化配置模式（分别接入过程层 A、B 网，实现对 A、B 网 SV 数据的冗余采样和智能终端数据的 GOOSE 状态信息传输）。

过程层主要设备配置要求：合并单元应独立配置，每周波采样点可配置，采样同步误差不大于 1μs，支持 DL/T 860.92—2016、GB/T 20840.8—2007；智能终端应独立配置，输入/输出可灵活配置；合并单元和智能终端应满足就地安装的防护要求。220kV 及以上电压等级智能变电站合并单元和智能终端应双套配置。双套配置的智能终端、合并单元、保护装置，两套之间不能有网络联系。

4.2.5 系统配置工具和模型校核工具功能

系统配置工具提供独立的系统配置工具和装置配置工具，能正确识别和导入不同制造商的模型文件，具有良好的兼容性；支持对一、二次设备的关联关系、全站的智能电子设备（IED）实例以及 IED 间的交换信息进行配置，导出全站 SCD 文件；支持生成或导入变电站规范模型文件（SSD）和智能电子设备配置描述（ICD）文件，且应保留 ICD 文件的私有项；装置配置工具应支持装置 ICD 文件生成和维护，支持从 SCD 文件中提取需要的装置实例配置信息；应具备虚端子导出功能，生成虚端子连接图，以图形的形式来表达各虚端子之间的连接关系。

模型校核工具具备 SCD 文件导入和校验功能，可读取智能变电站 SCD 文件，测试导入的 SCD 文件的信息是否正确；具备合理性检测功能，包括 MAC 地址、IP 地址唯一性检测和 VLAN 设置及端口容量合理性检测；具备智能电子设备实例配置文件（CID）文件检测功能，对装置下装的 CID 文件进行检测，保证与 SCD 导出的文件内容一致。

4.2.6 智能变电站一体化监控系统主要性能指标要求

模拟量越死区传送整定最小值小于 0.1%（额定值），并逐点可调；

事件顺序记录分辨率（SOE）：间隔层测控装置小于等于 1ms；

模拟量信息响应时间（从 I/O 输入端至数据通信网关机出口）小于等于 2s；

状态量变化响应时间（从 I/O 输入端至数据通信网关机出口）小于等于 1s；

站控层平均无故障间隔时间（MTBF）大于等于 20000h，间隔层测控装置平均无故障间隔时间大于等于 30000h；

站控层各工作站和服务器的 CPU 平均负荷率：正常时（任意 30min 内）小于等于 30%，电力系统故障时（10s 内）小于等于 50%；

网络平均负荷率：正常时（任意 30min 内）小于等于 20%，电力系统故障时（10s 内）小于等于 40%；

画面整幅调用响应时间：实时画面小于等于 1s，其他画面小于等于 2s；

实时数据库容量：模拟量大于等于 5000 点，状态量大于等于 10000 点，遥控大于等于 3000 点，计算量大于等于 2000 点；

历史数据库存储容量：历史数据存储时间大于等于 2 年，历史曲线采样间隔 1～30min（可调），历史趋势曲线大于等于 300 条。

4.3 IEC 61850 通信及建模标准

4.3.1 IEC 61850 标准概述

20 世纪 90 年代中期，IEC/TC 57 和 IEC/TC 95 成立了一个联合工作组，制定了 IEC 60870-5-103 标准（继电保护设备信息接口配套标准），同时美国电力研究院 EPRI 开始制定公用事业通信系统结构 UCA 并发布了 UCA2.0。1994 年德国国家委员会提出制定通用的变电站自动化标准建议，1998 年 IEC、IEEE 和 EPRI 达成共识，由 IEC 牵头，以美国 UCA 2.0 为基础，开始制定 IEC 61850 变电站自动化标准，由 IEC/TC 95 工作组对 IEC 61850 及其数据模型开展研究。1999 年的 IEC/TC 57 京都会议和 2000 年 SPAG 会议提出将 IEC 61850 作为无缝通信标准。1999 年 8 月 IEC SBI 成立配电自动化工作组，指出要开展无缝通信，统一数据建模，更多配电专家参与标准制定。在 IEC/TC 57 工作组 2002 年北京会议上，指出今后的工作方向；追求现代技术水平的通信体系，实现完全的互操作性，体系向下兼容，基于现代技术水平的标准信息和通信技术平台，在 IT 系统和软件应用通过数据交换接口标准化实现开放式系统。

（1）IEC 61850 系列标准从最初 IEC 61850 ED1 版本发布的 10 个标准，逐渐发展扩充完善，目前 ED2 版本也已经在陆续发布中（IEC 61850 对应电力行业标准编号 DL/T 860），其中变电站应用中主要的标准文档结构如图 4-7 所示。

1）IEC 61850-1：概论。包括 IEC 61850 的介绍和概貌。

2）IEC 61850-2：术语。包含 IEC 61850 体系中的概念名词。

3）IEC 61850-3：总体要求。包括质量要求（可靠性、可维护性、系统可用性、轻便性、安全性）、环境条件、辅助服务、其他标准和规范。

4）IEC 61850-4：系统和项目管理。包括工程要求（参数分类、工程工具、文件）系统使用周期（产品版本、工程交接、工程交接后的支持）、质量保证（责任、测试设备、典型测试、系统测试、工厂验收、现场验收）。由此可见，IEC 61850 不仅是一套完整的通信协议，更是一种工作规范和工作思路，贯穿整个工程从设计到验收的完整过程中。

5）IEC 61850-5：通信要求和装置模型。包括逻辑节点的途径、逻辑通信链路等概念和功能定义。

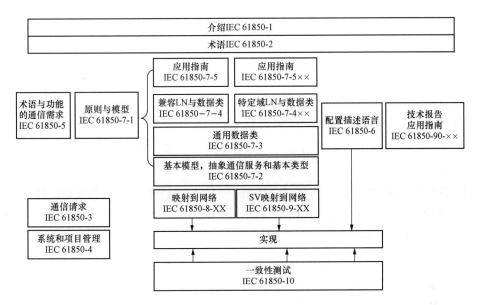

图 4-7 变电站应用中主要的标准文档结构

6）IEC 61850-6：变电站自动化系统配置描述语言。包括装置和系统属性的形式语言描述，基于 XML 技术的 SCL 语言。

7）IEC 61850-7-1：变电站和馈线设备的基本通信结构——原理和模型。包含信息模型、服务模型、映射模型的基本原理，是 IEC 61850-7-2、IEC 61850-7-3 及 IEC 61850-7-4 所有内容的概述。

8）IEC 61850-7-2：变电站和馈线设备的基本通信结构—抽象通信服务接口（abstract communication service interface，ACSI)。包括抽象通信服务接口的描述、抽象通信服务的规范、服务数据库的模型。ACSI 定义了与实际所用的通信协议无关的应用，它定义了相关通信服务、通信对象及参数。ACSI 提供了服务模型。这些模型定义了对象以及如何对这些对象进行访问。这些定义由各种各样的请求、响应及服务过程组成。服务过程描述了某个具体服务请求如何被服务器响应以及采取什么动作、在什么时候以什么方式响应。

9）IEC 61850-7-3：变电站和馈线设备的基本通信结构——公共数据级别和属性。包括抽象公共数据级别和属性的定义。这部分定义了 IEC 61850-7-4 中逻辑节点所使用的基本数据类型。

10）IEC 61850-7-4：变电站和馈线设备的基本通信结构——兼容的逻辑节点类和数据类。包括逻辑节点的定义、数据对象及其逻辑寻址。逻辑节点（logical node，LN）是构成系统功能的基础，这部分定义了基本逻辑节点类及其数据对象。

11）IEC 61850-8-1：定义了站控层和间隔层之间通信的抽象通信服务接口 ASCI 和 MMS 之间的映射关系。就是把抽象通信服务映射到具体的 MMS 通信协议上，即用

MMS 通信协议来具体实现抽象通信服务，目前 MMS 通信协议是 IEC 61850 实现的最主流映射，因此，有时也说 IEC 61850 采用 MMS 通信协议或 MMS 网络。

12）IEC 61850 - 9 - 1：定义了过程层和间隔层之间采样值传输服务（SAV）的 ACSI 映射到串行一发多收点对点连接上。

13）IEC 61850 - 9 - 2：定义了过程层和间隔层之间采样值传输服务（SAV）的 ACSI 映射到基于以太网的连接上。目前使用的光 TV、光 TA、合并单元、智能操作箱等过渡层设备在向间隔层装置上送采样值等信息时基本都采用这个基于以太网的 IEC 61850 - 9 - 2 映射方式。

14）IEC 61850 - 10：一致性测试。从 IEC 61850 通信体系的组成来看，这一体系对变电站自动化系统的网络和系统作出了全面、详细的描述和规范。

IEC 61850 与国内标准号的对应关系如表 4 - 1 所示。

表 4 - 1　　　　　　　　　IEC 61850 与国内标准号的对应关系

IEC 标准号	国内标准号	标准名称
IEC 61850 - 1	DL/Z 860.1—2004	变电站通信网络和系统　第 1 部分：概论
IEC 61850 - 2	DL/Z 860.2—2004	变电站通信网络和系统　第 2 部分：术语
IEC 61850 - 3	DL/Z 860.3—2004	变电站通信网络和系统　第 3 部分：总体要求
IEC 61850 - 4	DL/T860.4—2004	变电站通信网络和系统　第 4 部分：系统和项目管理
IEC 61850 - 5	DL/T 860.5—2006	变电站通信网络和系统　第 5 部分：功能通信要求和装置模型
IEC 61850 - 6	DL/T 860.6—2012	电力企业自动化通信网络和系统　第 6 部分：与智能电子设备有关的变电站内通信配置描述语言
IEC 61850 - 7 - 1	DL/T 860.71—2014	电力自动化通信网络和系统　第 7 - 1 部分：基本通信结构原理和模型
IEC 61850 - 7 - 2	DL/T 860.72—2013	电力自动化通信网络和系统　第 7 - 2 部分：基本信息和通信结构—抽象通信服务接口（ACSI）
IEC 61850 - 7 - 3	DL/T 860.73—2013	电力自动化通信网络和系统　第 7 - 3 部分：基本通信结构公用数据类
IEC 61850 - 7 - 4	DL/T 860.74—2014	电力自动化通信网络和系统　第 7 - 4 部分：基本通信结构兼容逻辑节点类和数据类
IEC 61850 - 7 - 410	DL/T 860.7410—2016	电力自动化通信网络和系统　第 7 - 410 部分：基本通信结构水力发电厂监视与控制用通信
IEC 61850 - 7 - 420	DL/T 860.7420—2012	电力企业自动化通信网络和系统　第 7 - 420 部分：基本通信结构 分布式能源逻辑节点
IEC 61850 - 7 - 510	DL/Z 860.7510—2016	电力自动化通信网络和系统　第 7 - 510 部分：基本通信结构水力发电厂建模原理与应用指南
IEC 61850 - 80 - 1	DL/T 860.801—2016	电力自动化通信网络和系统　第 80 - 1 部分：应用 DL/T 634.5101 或 DL/T 634.5104 交换基于 CDC 的数据模型信息导则

IEC 标准号	国内标准号	标准名称
IEC 61850 - 8 - 1	DL/T 860.81—2016	电力自动化通信网络和系统　第 8 - 1 部分：特定通信服务映射（SCSM）- 映射到 MMS
IEC 61850 - 90 - 1	DL/T 860.901—2014	电力自动化通信网络和系统　第 901 部分：DL/T 860 在变电站间通信中的应用
IEC 61850 - 9 - 2	Dl/T860.92—2016	电力自动化通信网络和系统　第 9 - 2 部分：特定通信服务映射（SCSM）- 基于 ISO/IEC 8802 - 3 的采样值
IEC 61850 - 10	DL/T 860.10—2006	变电站通信网络和系统　第 10 部分：一致性测试

（2）IEC 61850 的主要特点：

1）定义了变电站的信息分层结构。智能变电站的设备分为站控层、间隔层和过程层三层。这样分层的依据是变电站通信网络和系统协议 IEC 61850 标准草案提出的变电站内信息分层的概念。

2）采用了面向对象的数据建模技术。IEC 61850 标准采用面向对象的建模技术，定义了基于客户机/服务器结构数据模型。每个 IED 包含一个或多个服务器，每个服务器本身又包含一个或多个逻辑设备。逻辑设备包含逻辑节点，逻辑节点包含数据对象。数据对象则是由数据属性构成的公用数据类的命名实例。从通信来说，IED 同时也扮演客户的角色。任何一个客户可通过抽象通信服务接口（ACSI）和服务器通信并访问数据对象。

3）数据自描述。传统变电站在信息交互中大量的数据需要经人工定义或关联，不利于大数据的生成和处理。该标准定义了采用设备名、逻辑节点名、实例编号和数据类名建立对象名的命名规则；采用面向对象的方法，定义了对象之间的通信服务，比如，获取和设定对象值的通信服务，取得对象名列表的通信服务，获得数据对象值列表的服务等。面向对象的数据自描述在数据源就对数据本身进行自我描述，传输到接收方的数据都带有自我说明，不需要再对数据进行工程物理量对应、标度转换等工作。由于数据本身带有说明，所以传输时可以不受预先定义限制，简化了对数据的管理和维护工作。

4）网络独立。变电站内采用 IEC 61850，通过通信网络，只需要客户端配置服务器网络 IP 地址，变电站内各种应用可以得到各个设备的数据：由于数据具有自描述特征，所有测点名可用通信方式获得，无需人工配置，当变电站内增加或删除装置或应用时不需要进行通信配置；站内所有应用程序和智能设备采用相同的标准、数据格式、数据访问方式、命名规则和配置语言，采用标准的网络通信平台，提高了系统的灵活性、扩展性和互操作性。在系统集成时，应用程序不需处理大量不同的通信标准、数据格式和数据访问形式，也无需进行重复的变电站配置和对点工作，简化了维护工作量，同时也增强了变电站的可靠性和安全性。

4.3.2　IEC 61850 建模基础

IEC 61850 通过对全站 IED 设备统一建模，采用面向对象的建模技术和独立于网络结构的抽象通信服务接口，实现了智能装置之间互操作和信息共享，在不同厂家设备之间实现了无缝连接及互操作。抽象通信服务的数据模型如图 4 - 8 所示。

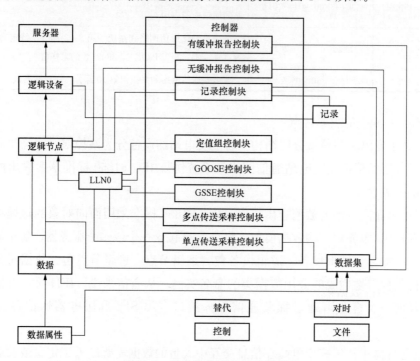

图 4 - 8　抽象通信服务的数据模型

IEC 61850 规范了数据的命名、数据定义、设备行为、设备的自描述特征和通用配置语言。同传统的 IEC 60870 - 5 - 103 标准相比，它不仅仅是一个单纯的通信标准，而是数字化变电站自动化系统的标准，它指导了变电站自动化的设计、开发、工程、维护等各个领域。该标准通过对变电站自动化系统中的对象统一建模，采用面向对象技术和独立于网络结构的抽象通信服务接口，增强了设备之间的互操作性，可以在不同厂家的设备之间实现无缝连接。智能化一次设备和数字式变电站要求变电站自动化采用 IEC 61850 标准。

IEC 61850 是至今为止最完善的变电站自动化标准，它不仅规范了保护测控装置的模型和通信接口，而且还定义了数字式 TA、TV、智能式开关等一次设备的模型和通信接口。采用 IEC 61850 国际标准可以大幅度提高变电站自动化技术水平、提高变电站自动化安全稳定运行水平，节约开发、验收、维护的人力、物力，实现完全的互操作。

1. IEC 61850 的几个重要缩略语

（1）LD（LOGICAL - DEVICE）：逻辑设备，代表典型变电站功能集的实体。

（2）LN（LOICAL - NODE）：逻辑节点，代表典型变电站功能的实体。

（3）CDC（Common DATA Class）：公用数据类（DL/T 860.73《变电站通信网络和系统 第 7 - 3 部分：变电站和馈线设备的基本通信结构公用数据类》）。

（4）Data：位于自动化设备中能够被读、写，有意义的结构化应用信息。

（5）DA（Data Attribute）：数据属性，数据属性（IEC 61850 - 8 - 1）命名。

（6）FC（Functional Constraint）：功能约束。

（7）FCDA（Functionally Constrained Data Attribute）：功能约束数据属性。

（8）互操作性：同一或不同制造商提供的两台或多台交换信息，并用这些信息正确地配合工作的能力。

（9）服务器：为客户提供服务或发出非请求报文的实体。

（10）客户端：向服务器请求服务以及接收来自服务器非请求报文的实体。

（11）MMS（Manufacturing Message Specification）：制造报文规范（ISO 9506）。

（12）SMV（Sampled Measured Value）：采样测量值。

（13）GSE（Generic Substation Event）：通用变电站事件。

（14）GSSE（Generic Substation Status Event）：通用变电站状态事件。

（15）GOOSE（Generic Object Oriented Substation Events）：通用面向变电站事件对象。

（16）Dataset：数据集。

（17）Report Control Block：报告控制块。

（18）BRCB（Buffered Report Control Block）：可缓冲报告。

（19）URCB（Unbuffered Report Control Block）：无缓冲报告。

2. 面向对象的建模

IEC 61850 采用面向对象的建模技术，数据模型具有自描述功能，基本模型如图 4 - 9 所示。而传统的协议都是面向信号的，是线性的点，以点号来识别，自描述性差。IEC 61850 将变电站中的应用功能分解为子功能，将这些子功能分配到专用设备中用于通信。这些子功能（也称为小实体）被定义成逻辑节点。可见逻辑节点是模型中的主要组成部分。

逻辑节点的语义由数据和数据属性表示。一个实际的物理设备（physical device，如保护装置、测控装置等）是由多个逻辑设备（logical device，LD）组成的，而一个逻辑设备中又包含多个逻辑节点（logical node，LN），每个逻辑节点包含多个数据对象（data object，DO），数据对象中又包含数据属性（data attribute，DA），即物理设备→逻辑设备→逻辑节点→数据对象→数据属性的层次结构，如

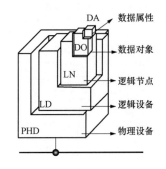

图 4 - 9　面向对象的模型结构示意图

图 4-10 所示。

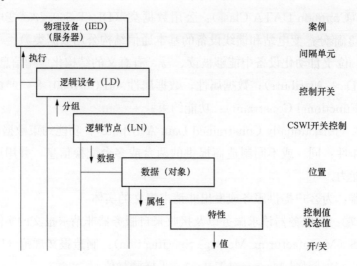

图 4-10 数据对象中包含数据属性的层次结构

4.3.3 IEC 61850 标准的服务

1. 重要术语

（1）抽象通信服务接口（ACSI）。抽象通信服务接口是一种虚拟接口，它为智能电子设备（IED）提供了抽象通信服务，例如连接、变量访问、非请求数据传输报告、设备控制以及文件传输服务。"抽象通信服务接口"换句话说，数据和服务与任何通信规约无关，它不定义具体的报文，而由它允许"映射"数据对象和服务到任一可满足数据和服务要求的其他规约。

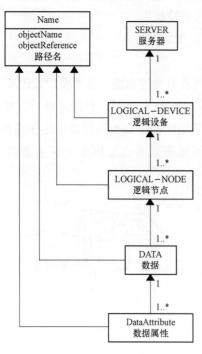

图 4-11 ASCI 基本概念类模型

（2）特定通信服务映射（SCSM）。一个抽象通信接口（ASCI）不但脱离了物理 IED，同时也脱离了具体的通信实现方法，为了将此抽象接口和实际的通信方法相结合，必须定义映射方法，即 SCSM 的内容。

在图 4-11 的 ASCI 基本概念类模型中，定义了服务器、逻辑设备、逻辑节点、数据、数据属性的分层结构，服务器（server）代表设备外部的可视性能，包含了逻辑设备、逻辑节点、数据和数据属性。此外，逻辑节点中还可包含数据集、报告和记录、定值控制块等对象类。在实际应用中，逻辑设备、逻辑节点、数据、数据属性都有自己的对象名（实例名）。

2. 变电站自动化系统逻辑接口。

变电站自动化系统（SAS）接口模型如图 4 - 12 所示。

主要接口的含义如下：

（1）接口 1、6。间隔层和变电站层之间交换保护数据。

（2）接口 3。间隔层内交换数据。

（3）接口 4、5。过程层和间隔层之间交换数据。

（4）接口 7。为变电站层提供可扩展的技术服务。

（5）接口 8。在间隔层之间直接交换数据，特别是快速功能（例如联锁）。

（6）接口 9。变电站层之间交换数据。

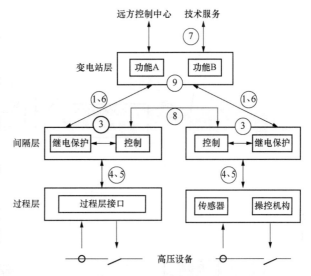

图 4 - 12　变电站自动化系统（SAS）接口模型

变电站自动化系统的分层结构和接口对功能逻辑进行了合理地分配和分解，使抽象的问题得到具体地解决，是抽象服务的基础。实际应用中的数据交换是通过定义逻辑节点、数据、数据属性来完成的。用服务来定义信息数据交换。服务是一种交换数据的方法。许多服务直接对信息模型的属性进行操作。

3. 服务信息模型

IEC 61850 标准的服务实现主要分为 MMS 服务、GOOSE 服务、SMV 服务三个部分。其中，MMS 服务用于装置和后台之间的数据交互，GOOSE 服务用于装置之间的通信，SMV 服务用于采样值传输。在装置和后台之间涉及双边应用关联，在 GOOSE 报文和传输采样值中涉及多路广播报文服务。双边应用关联传送服务请求和响应（传输无确认和确认的一些服务）服务，多路广播应用关联（仅在一个方向）传送无确认服务。IEC 61850 标准的服务如图 4 - 13 所示。

如果把 IEC 61850 标准的服务细化，主要有报告（事件状态上送）、日志历史记录上送、快速事件传送、采样值传送、遥控、遥调、定值读/写服务、录波、保护故障报告、时间同步、文件传输、取代，以及模型的读取服务。细化服务和模型之间的关系如图 4 - 14 所示。

从用户使用角度来看，IEC 61850 标准的实现主要分为客户端（后台）、服务器端（装置）、配置工具三个部分。配置文件是联系三者的纽带。

（1）MMS 服务。MMS 即制造报文规范，是 ISO/IEC 9506 标准所定义的一套用于工业控制系统的通信协议。MMS 是由 ISO TC184 开发和维护的网络环境下计算机或

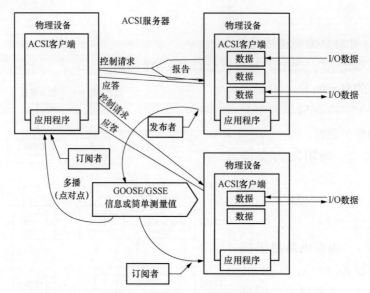

图 4-13 IEC 61850 标准的服务

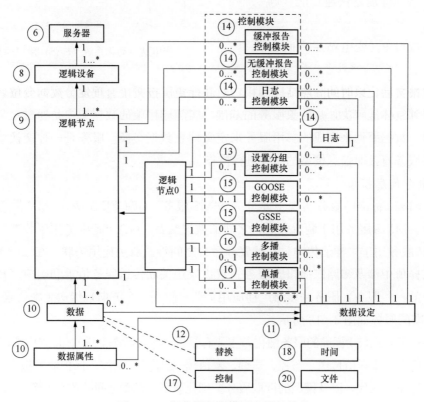

图 4-14 细化服务和模型之间的关系

IED 之间交换实时数据和监控信息的一套独立的国际标准报文规范。它独立于应用和设备的开发者。MMS 特点介绍如下。

1）它定义了交换报文的格式；结构化、层次化的数据表示方法；可以表示任意复杂的数据结构；ASN.1 编码可以适用于任意计算机环境。

2）定义了针对数据对象的服务和行为。

3）为用户提供了一个独立于所完成功能的通用通信环境。

（2）GOOSE 服务。IEC 61850 标准中定义的面向通用对象的变电站事件（GOOSE）以快速的以太网多播报文传输为基础，代替了传统的智能电子设备（IED）之间硬接线的通信方式，为逻辑节点间的通信提供了快速且高效、可靠的方法。

GOOSE 服务支持由数据集组成的公共数据交换，主要用于保护跳闸、断路器位置，联锁信息等实时性要求高的数据传输。GOOSE 服务的信息交换基于发布/订阅机制基础上，同一 GOOSE 网中的任一 IED 设备，既可作为订阅端接收数据，也可以作为发布端为其他 IED 设备提供数据。这样可以使 IED 设备之间通信数据的增加或更改变得更加容易实现。

1）GOOSE 收发机制。为了保证 GOOSE 服务的实时性和可靠性，GOOSE 报文采用与基本编码规则（BER）相关的 ASN.1 语法编码后，不经过 TCP/IP 协议，直接在以太网链路层上传输，并采用特殊的收发机制。

GOOSE 报文发送采用心跳报文和变位报文快速重发相结合的机制。在 GOOSE 数据集中的数据没有变化的情况下，发送时间间隔为 T_0 的心跳报文，报文中的状态号（Stnum）不变，顺序号（Sqnum）递增。当 GOOSE 数据集中的数据发生变化时，发送一帧变位报文后，以时间间隔 T_1、T_2、T_3 进行变位报文快速重发。数据变位后的报文中状态号（Stnum）增加，顺序号（Sqnum）从零重新开始。

GOOSE 接收可以根据 GOOSE 报文中的允许生存时间 TATL（time allow to live）来检测链路中断。GOOSE 数据接收机制可以分为单帧接收和双帧接收两种。智能操作箱使用双帧接收机制，收到两帧 GOOSE 数据相同的报文后更新数据。其他保护和测控装置使用单帧接收机制，接收到变位报文（Stnum 变化）以后，立刻更新数据。当接收报文中状态号（Stnum）不变时，使用双帧报文确认来更新数据。

2）GOOSE 报警功能。GOOSE 对收发过程中产生的异常情况进行报警，主要分为 GOOSE A 网/B 网断链报警，GOOSE 配置不一致报警，GOOSE A 网/B 网网络风暴报警。

GOOSE A 网/B 网断链报警：在两倍的报文允许生存时间 TATL 内没有收到正确的 GOOSE 报文，就产生 GOOSE A 网/B 网断链报警。

GOOSE 配置不一致报警：GOOSE 发布方和订阅方中 GOOSE 控制块的配置版本号等属性必须一致，否则产生 GOOSE 配置不一致报警。

GOOSE A 网/B 网网络风暴报警：当 GOOSE 网络中产生网络风暴，网络端口流量超过正常范围，出现异常报文时，会产生 GOOSE A 网/B 网网络风暴报警。

3）GOOSE 检修功能。当装置的检修状态置 1 时，装置发送的 GOOSE 报文中带有测试（test）标志，接收端就可以通过报文的 test 标志获得发送端的置检修状态。当发送端和接收端置检修状态一致时，装置对接收到的 GOOSE 数据进行正常处理。当发送端和接收端置检修状态不一致时，装置可以对接收到的 GOOSE 数据做相应处理，以保证检修的装置不会影响到正常运行状态的装置，提高了 GOOSE 检修的灵活性和可靠性。

（3）SMV 服务。采样值的传输所交换的信息是基于发布/订阅机制。发布方将值写入发送缓冲区；在接收侧订户从当地缓冲区读值。在值上加上时标，订户可以校验值是否及时刷新。通信系统负责刷新订户的当地缓冲区。

在一个发布方和一个或多个订阅方之间有两种交换采样值方法。一种方法采用 MULTI - CAST - APPLICATION ASSOCIATI0N（多路广播应用关联控制块 MSVCB）。另一种方法采用 TWO - PARTY - APPLICAT10N - ASSOCIATION（双边应用关联，即单路传播采样值控制块 USVCB）。按规定的采样率对输入进行采样。由内部或者通过网络实现采样的同步。采样存入传输缓冲区。

SV 服务为了快速传输，IEC 61850 - 9 - 2 通信服务映射把应用层的数据单元 SV PDU 经过表示层的编码后直接映射到数据链路层，以基于 MAC 地址的报文直接发布出去，此种传输方式保证了快速性。SV 服务的一个重要参数是采样计数器（smpcnt）。该参数应该在 0 至（采样率－1）的范围内顺序增加，如果设置采样率为 4000Hz，则其 SV 服务的采样计数器从 0～3999，不能跳变或越限，每整秒重新计数。该计数器的数值不能重复或者跳变，若重复则可能是发送机制有问题，若跳变则可能是网络状况不好。

网络嵌入式调度程序将缓冲区的内容通过网络向订户发送，采样率为映射特定参数。采样值存入订户的接收缓冲区。一组新的采样值到达了接收缓冲区就通知应用功能。IEC 61850 9 - 2 报文类似于 GOOSE 报文，以组播的方式在交换机上被转发到同组的端口。

4.3.4　IEC 61850 标准配置流程

1. IEC 61850 配置文件

IEC 61850 配置文件是指描述通信相关的智能电子设备（IED）配置和参数、通信系统配置、开关场（功能）结构及它们之间关系的文件。规定文件格式的主要目的是：可以兼容的方式，在不同厂家提供的 IED 配置工具和系统配置工具间交换智能电子设备能力描述和变电站自动化系统描述。系统应具备的配置文件包括以下几方面。

（1）ICD 文件。IED 能力描述文件，由装置厂商提供给系统集成厂商，该文件描述了 IED 提供的基本数据模型及服务，但不包含 IED 实例名称和通信参数。

（2）SSD 文件。系统规格文件，全站唯一，该文件描述了变电站一次系统结构以及相关联的逻辑节点，最终包含在 SCD 文件中。

（3）SCD 文件。全站系统配置文件，全站唯一，该文件描述了所有 IED 的实例配置和通信参数、IED 之间的通信配置以及变电站一次系统结构，由系统集成厂商完成。SCD 文件应包含版本修改信息，明确描述修改时间、修改版本等内容。

（4）CID 文件。IED 实例配置文件，每个装置有一个，由装置厂商根据 SCD 文件中本 IED 相关配置生成。

2. IEC 61850 配置工具

IEC 61850 配置工具分为系统配置工具和装置配置工具，配置工具应能对导入、导出的配置文件进行一致性检查，生成的配置文件应能通过 SCL 的 Schema 验证，并生成和维护配置文件的版本号和修订版本号。

系统配置工具负责生成和维护 SCD 文件，支持生成或导入 SSD 和 ICD 文件，其中应保留 ICD 文件的私有项，对一次系统和 IED 的关联关系、全站的 IED 实例，以及 IED 间的交换信息进行配置，完成系统实例化配置，并导出全站 SCD 配置文件。

装置配置工具负责生成和维护装置 ICD 文件，并支持导入全站 SCD 文件以提取需要的装置实例配置信息，完成装置配置并下装配置数据到装置。同一厂商应保证其各类型装置 ICD 文件的数据模板 Data Type Templates 的一致性。装置配置工具应至少支持系统配置工具进行以下实例配置：①通信参数，如通信子网配置、网络 IP 地址、网关地址等；②IED 名称；③GOOSE 配置，如 GOOSE 控制块、GOOSE 数据集、GOOSE 通信地址等；④DOI 实例值配置；⑤数据集和报告的实例配置。

3. IEC 61850 配置流程

工程实施过程中，系统集成商提供系统配置工具，并根据用户的需求负责整个系统的配置及联调，装置厂商提供装置配置工具，并负责装置的配置及调试。系统配置工具是系统级配置工具，独立于 IED。它导入装置配置工具生成的 IED 能力描述文件以及系统规格文件，按照系统配置的需要，增加 IED 所需要的实例化配置信息和系统配置信息。当上述配置完成后，系统配置工具应导出全站系统配置文件，并将该文件反馈给装置配置工具。装置配置工具导入配置完成的全站系统配置文件，生成 IED 工程调试运行所需要的 CID 实例配置文件，并下载最终配置文件到 IED 中，具体流程如图 4-15 所示。

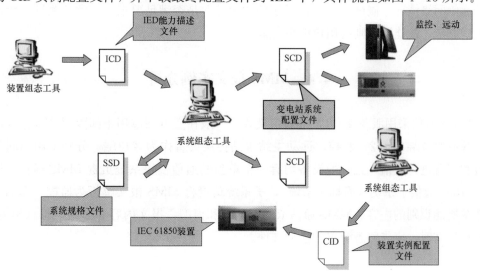

图 4-15　IEC 61850 配置流程

4.3.5 IED 设备之间的互操作性

制定 IEC 61850 标准的重要驱动力是实现变电站内各种智能 IED 设备之间的互操作性及互换性，IED 设备的互操作性可以最大限度地保护用户原来的软/硬件投资，实现不同厂家产品集成。在 IEC 61850 标准中互操作性被表述为："来自同一厂家或不同厂家的智能装置 IED 之间交换信息和正确使用信息协同操作的能力。"

互操作性强调信息和服务语义的确定性，而确定性需要面向专用领域的针对性，对于 IEC 61850 来说，就是面向变电站自动化领域的针对性。它一方面与语义约定的层次有关，一个变电站的数据可以被赋予"模拟量""信号量"的语义；也可以被赋予"电压""电流"的语义；如果与保护相关还可以被赋予"距离一段出口""距离一段阻抗定值"的语义。依据信息语义具有偏序关系的理论，信息语义相对数据对象含义的逼近程度代表了信息语义的不同约定层次，也决定了互操作性所需要的信息相互理解程度，信息和服务的语义约定越有针对性，互操作性就越强，反之则越弱，早期的通信协议不能很好地支持互操作性的原因之一就是语义约定的层次较低。语义确定件另一方面还与自动化功能的应用背景有关。例如，上面的"距离一段出口"显然就是针对"距离保护"。

为保证互操作性，需要开展两类试验与测试：一致性测试（conformance test）和性能测试（performance test）。IEC 61850 - 10 中专门定义了一致性测试方法：一致性测试属于证书测试（certification test），目的是测试 IED 是否符合特定标准；性能测试属于应用测试（application test），其侧重于将 IED 置于实际应用系统中，以测试整个应用系统是否满足运行性能要求。以保护系统的应用测试为例，需要利用来自多个厂家的新型互感器、合并单元、交换机以及数字式保护构成全数字化保护系统，模拟各种电网运行情况及通信网络情况，测试整个保护系统的"四性"是否满足要求。一致性测试一般由授权机构完成，性能测试则由用户组织实施。

4.4 MMS 报文实例分析

MMS 通信采用服务端/客户端通信模式，一般在变电站应用中间隔层装置作为服务端，开放服务端口 102，监控、远动主站等站控层设备作为客户端，分别采用不同的实例号和装置进行通信，且一般设备均有一个单独的通信模块系统负责 MMS 通信，称作 IEC 61850 通信子系统（简称子系统），子系统负责将 MMS 报文解析为监控、远动等设备系统所能识别的内容。MMS 通信依赖于映射和模型，报文内容和模型是息息相关的，在分析报文时，应先熟悉装置的模型文件。

4.4.1 初始化

1. 关联报文

报文过滤后如图 4 - 16 所示，显示"Initiate Request"，是 MMS 报文的客户端初始化请求报文，对应到 IEC 61850 模型中就是"关联请求"报文，即请求建立通信连接，接下来一条"Initiate Response"是初始化响应，对应到 IEC 61850 就是"关联响应"，即服务端响应关联请求，双方建立握手连接。

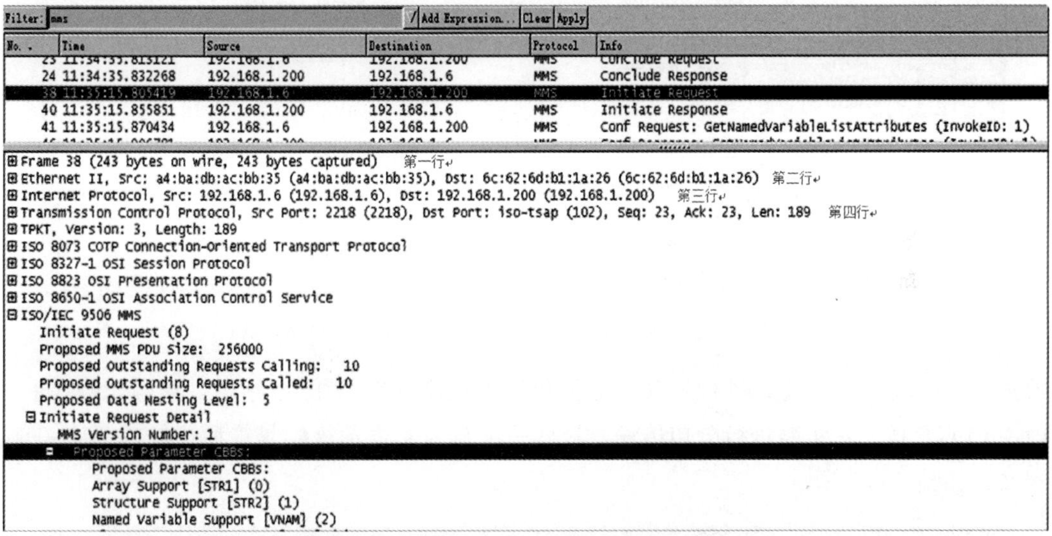

图 4 - 16 MMS 报文中的报文大小与端口

再分析第一帧 MMS 报文，如图 4 - 16 所示，存报文分析栏中的第一行信息中，"Frame 38（243 bytes on wire，243 bytes captured）"表示该帧报文有 243 个字节。第二行 Ethernet II 中是目标 MAC 地址和源端 MAC 地址。

第三行"Internet Protocol"中是 IP 协议的内容，如 IP 版本、报文头长度以及源端 IP 地址和目标 IP 地址。

第四行"Transmission control protocol"中是 TCP 协议内容，如源端口号、目标端口（服务端的通信端口为 102，如果客户端连不上服务端，可用 telnet 命令测试服务端的 102 端口是不是已开启，来初步定位通信问题）、校验等。

第五行"TPKT，Version：3"是 RFC1006 规范的定义，建立 RFC1006 规范的目的是为了在 TCP/IP 协议集之上实现或支持 ISO/OSI7 层互联模型中的上三层通信协议。实现 RFC1006 规范是要在 TCP/IP 网络 socket 编程的基础上，增加对 ISO 传输层信息报文的描述。报文内容是 03 00 00 bd，03 是版本号，第二位 00 保留，第三位和第四位是长度，如图 4 - 17 所示。

第六行 ISO 8073 COTP（Connection - Oriented Transport Protocol），COTP 是一种

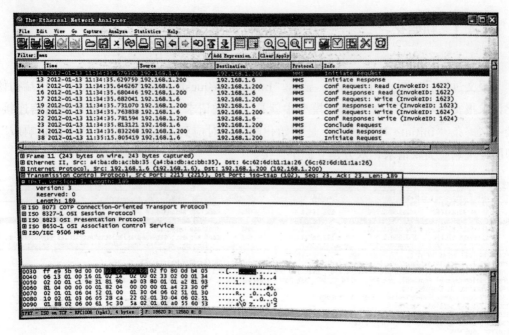

图 4-17 MMS 报文中的 TPKT 和 Version 部分

数据分割传输协议，以太网1帧 TCP 数据包最大长度一般是 1500 字节，超过 1500 的一般由 COTP 按一定策略进行分包传输，最后一字节为 1 表示该帧是最后一帧或只有一帧报文，如图 4-18 所示。

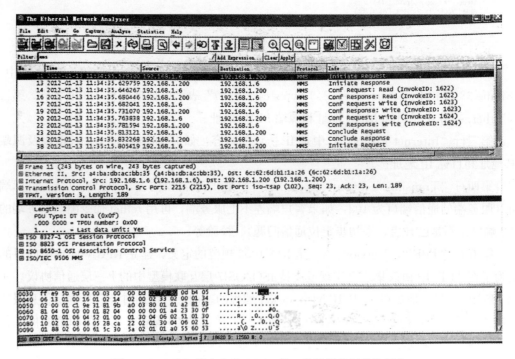

图 4-18 MMS 报文中的 COTP 是一种数据分割传输部分

第七行"ISO 8327 - 1 OSI Session Protocol"为会话层协议，第八行"ISO 8823 OSI Presentation Protocol"为表示层协议，第九行"ISO 8650 - 1 OSI Association control service"为关联控制服务，如图4 - 19所示。

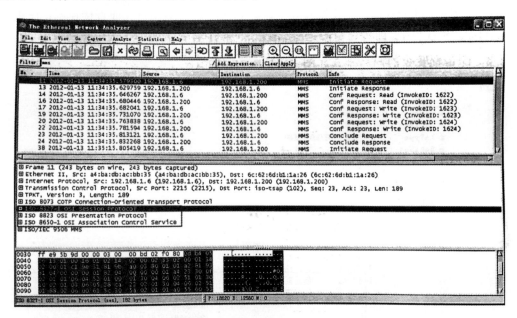

图4 - 19   MMS报文中的会话层、表示层和关联控制服务

第十行ISO/IEC 9506 MMS报文具体内容，如图4 - 20所示。

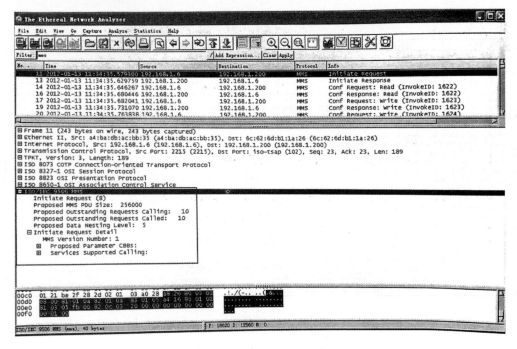

图4 - 20   MMS报文内容

2. 读取控制模式

子系统在初始化时，检查 IED 是否配置有控制数据，包括复归、压板、开关控制等，也就是模型中 FC＝CO 的数据。如果有控制数据，子系统需要读取每路控制的控制模式，模型中为 ctlModel 的数据。子系统对复日控翻 ctlModel 默认为 1，即直接控制；压板开关 ctlModel 默认为 4，即带预置令的控制模式。图 4-21 所示为装置模型中控制模式，为 LEDRs 中的 ctlModel 内容。

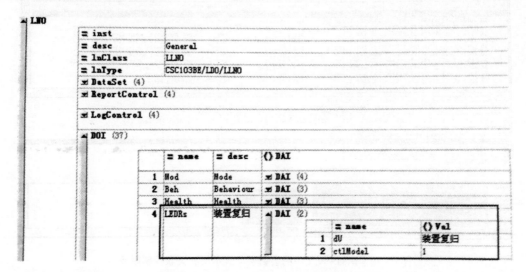

图 4-21　模型文件 LEDRs 的内容

读控制模式如图 4-22 所示。

No.	Time	Source	Destination	Protocol	Info
831	10:21:18.319995	10.100.100.1	10.100.100.25	MMS	Initiate Request
833	10:21:18.370438	10.100.100.25	10.100.100.1	MMS	Initiate Response
834	10:21:18.442819	10.100.100.1	10.100.100.25	MMS	Conf Request: Read (InvokeID: 1)
835	10:21:18.471589	10.100.100.25	10.100.100.1	MMS	Conf Response: Read (InvokeID: 1)

```
⊞ Frame 834 (131 bytes on wire, 131 bytes captured)
⊞ Ethernet II, Src: 00:16:d3:39:9c:e6 (00:16:d3:39:9c:e6), Dst: 08:00:0a:64:64:19 (08:00:0a:64:64:19)
⊞ Internet Protocol, Src: 10.100.100.1 (10.100.100.1), Dst: 10.100.100.25 (10.100.100.25)
⊞ Transmission Control Protocol, Src Port: 1396 (1396), Dst Port: iso-tsap (102), Seq: 211, Ack: 178, Len: 77
⊞ TPKT, Version: 3, Length: 77
⊞ ISO 8073 COTP Connection-Oriented Transport Protocol
⊞ ISO 8327-1 OSI Session Protocol
⊞ ISO 8327-1 OSI Session Protocol
⊞ ISO 8823 OSI Presentation Protocol
⊟ ISO/IEC 9506 MMS
    Conf Request (0)
    Read (4)
    InvokeID: InvokeID: 1
  ⊟ Read
    ⊟      List of Variable
      ⊟         VariableSpecification
        ⊟      Object Name          ─── 一个Object Name确定一个要读取的数据
          ⊟         Domain Specific
            ⊟ DomainName:
                DomainName: SF_220CSC02LD0   ─── LD路径名
            ⊟ ItemName:
                ItemName: LLN0$CF$LEDRs$ctlModel   ─── 数据路径名
```

图 4-22　读控制模式

装置响应报文如图 4 - 23 所示。

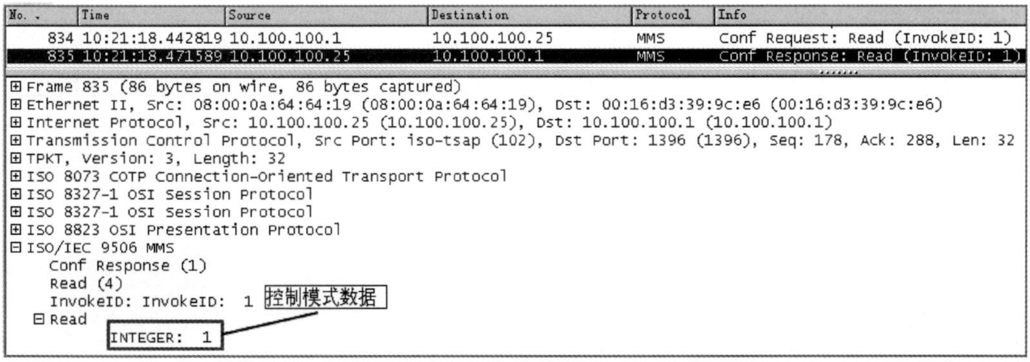

图 4 - 23　装置响应读控制模式

3. 读取数据集成员（get named variable list attributes）

子系统在初始化时，会读取每个 IED 的数据集所包含的成员，此时 IED 返回的成员是运行时数据集包含的成员。必须与 IED 提供的静态模型文件 ICD 完全一致，子系统才能在以后收到报告数据时正确解析。但由于各种原因，有时两者并不一致。因此，子系统在初始化时先验证数据集成员运行时与静态模型是否一致，如果不一致，则子系统不再继续进行连接。

Client request 报文分析如图 4 - 24 所示。

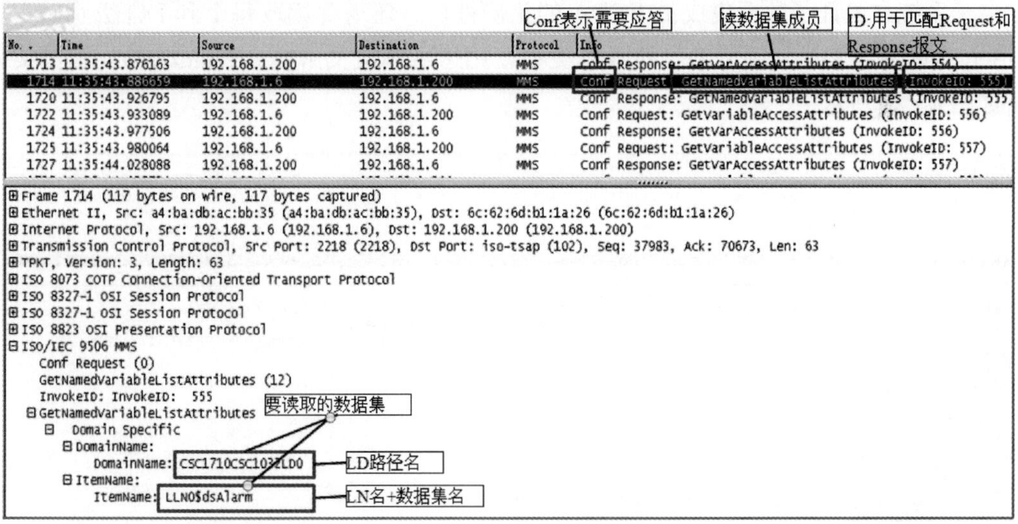

图 4 - 24　读数据集成员

IED response 报文分析如图 4 - 25 所示。

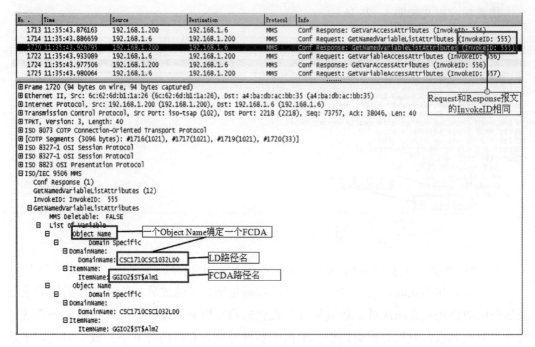

图 4-25　装置响应读数据集成员

4.4.2　读取数据类型（get variable access attributes）

子系统在验证了数据集成员 FCDA 的正确性后，还需要读取每个到 DO 级别的 FC-DA 包含的下级 DA 及每个 DA 的数据类型，用于后续报文解析。Client request 报文分析如图 4-26 所示。

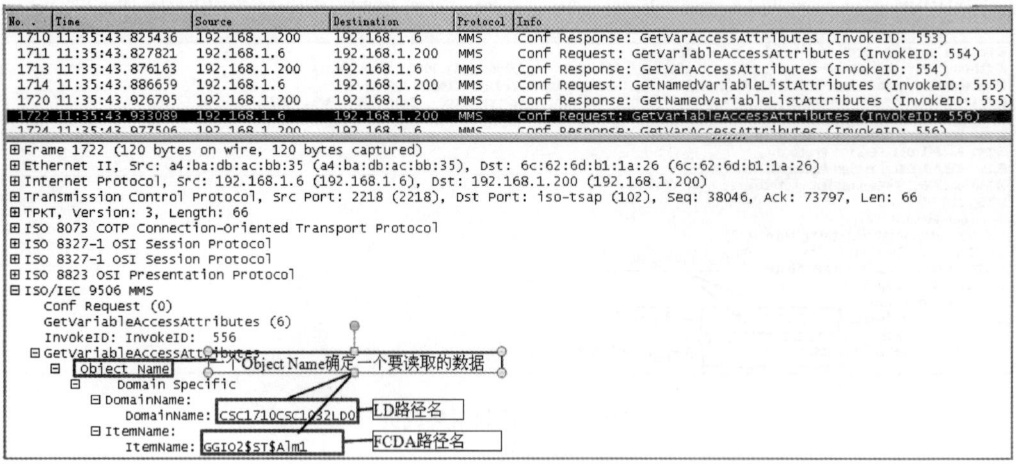

图 4-26　读数据类型

IED response 报文分析如图 4-27 所示。

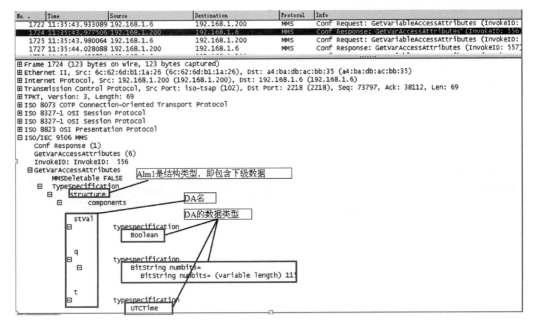

图 4 - 27　装置响应读数据类型

4.4.3　报告相关

报告是通信中很重要的内容，可以把报告的获取方式归纳为定时触发、预设方式触发和客户端定制三种。在 IEC 61850 中，报告由报告控制块控制，报告上送的都是数据集（DataSet）所引用的数据。当报告控制块所监视的数据集里的数据属性发生变化（数据值改变、数据的晶质改变或数据得到了更新等）时，就会触发产生 1 个报告。在实际运行中装置的事件、告警、遥信变位等都是通过报告的形式上送到子站或主站的。

报告控制块分成以下两种：①BUFFERED - REPORT - CONTROL - BLOCK（BRCR 缓存报告控制块）：将数据变化、品质变化或数据刷新等引起的内部事件立即发送报告或存储事件到一定数量后传输，这样由于传输数据流控制约束或连接断开不会丢失数据值。BRCR 提供时间顺序功能。②UNBUFFERED - REPORT - CONTROL - BLOCK（URCR 非缓存报告控制块）：将数据变化、品质变化或数据刷新等引起的内部事件立即发送报告。如果关联不存在或传输数据流不够快到足以支持报告传输，将丢失事件。

1. 缓存报告

缓存报告的细节描述如表 4 - 2 所示。

表 4 - 2　　　　　　　　　　　缓存报告的细节描述

属性名	属性类型	功能约束及 TrgOp	值域
BRCBName（BRCB 实例名）	ObjectName	BR 缓存报告	
BRCBRef（BRCB 路径名）	ObjectReference	BR 缓存报告	

属性名	属性类型	功能约束及 TrgOp	值域
报告处理器特定			
RptID（报告标识符） 引起产生报告的 BRCB 客户特定报告标识符	VISIBLE SRTRING65	BR 缓存报告	
Rpt Ena（报告使能）	BOOLEAN	BR 缓存报告 dchg	
DatSet（数据集引用）	ObjectReference	BR 缓存报告 dchg	
ConfRev（配置版本号）	INT32U	BR 缓存报告 dchg	
OptFlds（任选域）	PACKED LIST	BR 缓存报告 dchg	
sequence - number＝TRUE，SeqNum（序号）将包含在报告中	BOOLEAN		
report - time - stamp＝TRUE，RptTim（时标）将包含在报告中	BOOLEAN		
reason - for - inclusion＝TRUE，ReasonCode（原因）将包含在报告中	BOOLEAN		
data - set - name＝TRUE，DatSet（数据集名称）将包含在报告中	BOOLEAN		
data - reference＝TRUE，DataRef（数据路径）或 DataAttrRef 将包含在报告中	BOOLEAN		
buffer - overflow＝TRUE，BufOvfl 将包含在报告中	BOOLEAN		
EntryID＝TRUE，EntryID 将包含在报告中	BOOLEAN		
BufTim（缓存时间）	INT32U	BR 缓存报告 dchg	
规定由 BRCR 的 dchg 或 qchg 或 dudp 引起的内部提示的缓存时间间隔（单位毫秒），在此时间内 BRCR 存储内部提示到单个报告中			
SeqNum（顺序号） 为报告使能设置为 TRUE 的每 1 个 BRCR 规定是顺序号，每次产生和发送时由 BRCR 将序号加 1	INT8U	BR 缓存报告	
TrgOpEna（触发任选项使能） dchg，数据变化；　qchg，品质变化： dudp，数据刷新（有新数值，但不一定是变化数值） integrity，完整性，定时上送； general - interrogation，总召	Trigger Conditions 触发条件	BR 缓存报告 dchg	

续表

属性名	属性类型	功能约束及 TrgOp	值域
IntgPd（完整性周期） 若 TrgOpEna 设置为 integrity 完整性，此属性表示以毫秒为单位产生完整性报告的周期。若该值＝0，表示不发完整性报告	INT32U	BR 缓存报告 dchg	
GI（总召唤） GI 属性表示请求启动总召唤过程，设置为 TRUE 后，BRCR 启动总召唤过程，完成总召唤后由 BRCR 自动设置 GI 属性为 FALSE	BOOLEAN	BR 缓存报告	
PurgeBuf（清除缓存） 请求舍弃缓存事件，设为 TRUE 后，BRCR 舍弃还没送到客户端的全部缓存报告；舍弃缓存报告后，BRCR 自动将此属性设为 FALSE	BOOLEAN	BR 缓存报告	
EntryID（条目标识符）	EntryID	BR 缓存报告	

Services：
Report 发送报告
GetBRCBValues 读 BRCR 属性
SetBRCBValues 写 BRCB 属性

2. 非缓存报告

除了 URCBName、URCBRef，RptEna 和 Resv 之外，所有其他属性与 BRCB 属性相同，如表 4-3 所示。

表 4-3　　　　　　　　　　　非缓存报告描述

属性名	属性类型	功能约束及 TrgOp	值域
URCBName（URCB 实例名）	ObjectName	RP 非缓存报告	
URCRRef（URCB 路径名）	ObjectReference	RP 非缓存报告	
报告处理器特定			
RptID（报告标识符） 引起产生报告的 URCB 客户特定报告标识符	VISIBLE SRTRING65	RP 非缓存报告	
RptEna（报告使能）	BOOLEAN	RP 缓存报告 dchg	
Resv（保留）	BOOLEAN	RP 非缓存报告	
DatSet（数据集引用）	ObjectReference	RP 非缓存报告 dchg	
ConfRev（配置版本号）	INT32U	RP 非缓存报告 dchg	
OptFlds（任选域）	PACKED LIST	RP 非缓存报告 dchg	
Reserved	BOOLEAN		

续表

属性名	属性类型	功能约束及 TrgOp	值域
sequence - number＝TRUE，SeqNum（序号）将包含在报告中	BOOLEAN		
time - of - entry	BOOLEAN		
reason - for - inclusion＝TURE，ReasonCode（原因）将包含在报告中	BOOLEAN		
data - set - name ＝TRUE，DatSet（数据集名称）将包含存报告中	BOOLEAN		
date - reference＝TRUE，DataRef（数据路径）或 DataAttrRef 将包含在报告中	BOOLEAN		
Reserved	BOOLEAN		
reserved	BOOLEAN		
BufTim（缓存时间） 规定由 URCR 的 dchg 或 qchg 或 dudp 引起的内部提示的缓存时间间隔（单位 ms），在此时间内 BRCR 存储内部提示到单个报告中	INT32U	RP 非缓存报告 dchg	
SeqNum（顺序号） 为报告使能设置为 TRUE 的每 1 个 URCR 规定是顺序号，每次产生和发送时由 BRCR 将序号加 1	INT8U	RP 非缓存报告	
TrgOpEna（触发任选项使能） dchg，数据变化； qchg，品质变化； dudp，数据刷新； integrity，完整性，定时上送； general－interrogation，总召	TriggerConditions 触发条件	RP 非缓存报告 dchg	
IntgPd（完整性周期） 若 TrgOpEna 设置为 integrity 完整性，此属性表示以毫秒为单位产生完整性报告的周期。若该值＝0，表示不发完整性报告	INT32U	RP 非缓存报告 dchg	
GI（总召唤） GI 属性表示请求启动总召唤过程，设置为 TRUE 后，BRCR 启动	BOOLEAN	RP 非缓存报告	
总召唤过程，完成总召唤后由 BRCR 自动设置 GI 属性为 FALSE			

162

续表

属性名	属性类型	功能约束及 TrgOp	值域
Services：			
Report 发送报告			
GetURCBValues 读 URCB 属性			
SetURCBValues 写 URCB 属性			

（1）报告的使能与设置。

1）读取报告使能状态。每个客户端均有一个独立的实例号，子系统会根据配置的报告控制块，逐一进行初始化，对装置报告的使能状态进行设置，如图 4-28 所示。

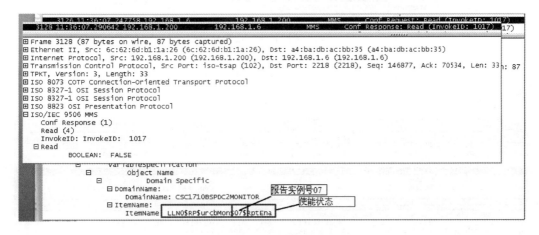

图 4-28　读取报告使能状态

2）读取装置的报告控制块 RptID，如图 4-29 所示。

图 4-29　读取装置的报告控制块 RptID

3）读取报告对应的数据集，如图 4-30 所示。

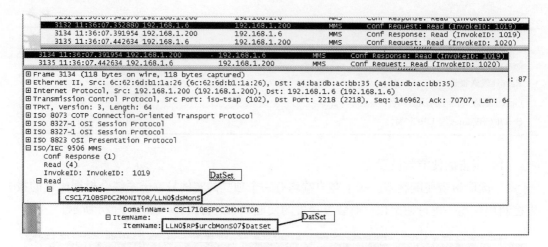

图 4-30　读取报告对应的数据集

4）RptEna 置为 false。在 RptEna 为 false 的情况下，才能设置报告控制块的属性，如图 4-31 所示。

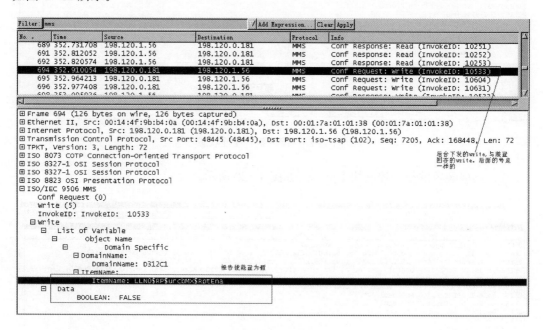

图 4-31　将 RptEna 置为 false

装置回写成功，如图 4-32 所示。

5）设置报告触发条件 Trgops。通过设置报告的触发条件，对装置上送遥测、遥信的报告的方式进行使能，报告上送方式主要分为数据变化、数据品质变化、数据更新、周期上送和总召唤上送，如图 4-33 所示为设置报告触发条件 Trgops。

6）设置数据域（optFlds）。通过设置数据域 optFlds，可以选择装置上送 MMS 报文

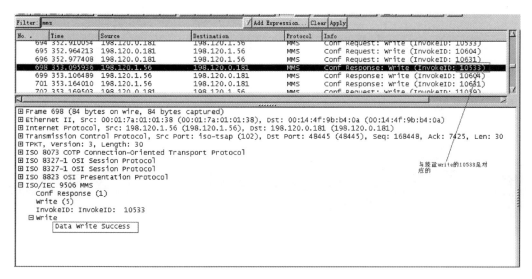

图 4 - 32　装置响应将 RptEna 置为 false 命令

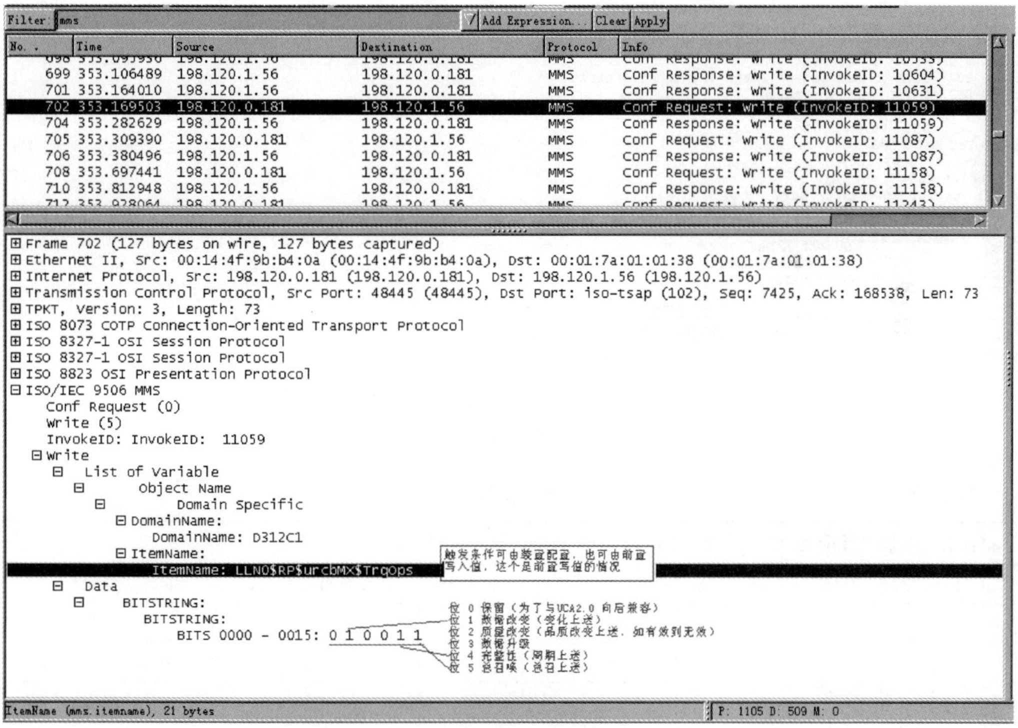

图 4 - 33　设置报告触发条件 Trgops

的结构和内容，默认触发选项为（7900）16。每位的含义见表 4 - 4，表中第一条对应报文中左侧第一位。要求 IED 上送的报告中，数据分别为报告序号、报告生成时间、报告上送原因（本次报告中包含数据集中的哪些数据）、数据集名称、条目号（IED 端累计的报告序号），报文如图 4 - 34 和图 4 - 35 所示。

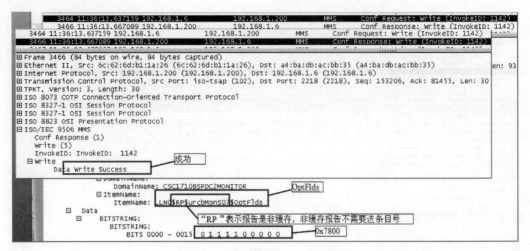

图 4 - 34   设置数据域 optFlds 报文 1

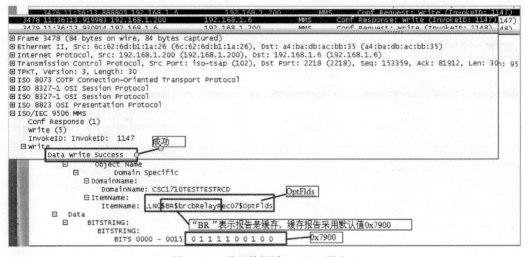

图 4 - 35   设置数据域 optFlds 报文 2

表 4 - 4   **optFlds 各位含义**

报告上送数据属性配置（2 个字节，16 位，从高到低，第 0 位保留）

0	1	2	3	4	5	6	7	0	1	2	⋯	十六进制表示（H）	说明
	1											4000	序号
		1										2000	报告生成的时标
			1									1000	原因
				1								0800	数据集名称
					1							0400	数据集的路径
						1						0200	缓冲溢出标志
							1					0100	条目号
								1				0080	配置号

166

7）使能报告。client 使能报告后，IED 就开始根据报告触发条件上送报文了，如图 4‑36 所示。

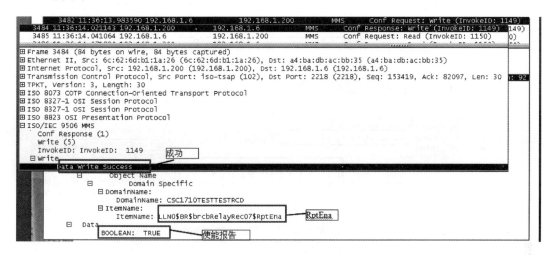

图 4‑36　使能报告

（2）总召报文。子系统与装置连接成功后，会对所有报告进行一次总召。client 写 GI（General Interrogation）的值为 TRUE，装置上送整个报告对应的全部数据。

1）发起总召。图 4‑37 所示为子系统对装置的 Alarm 告警控制块发起总召，装置回复 Data、write success 确认报文。

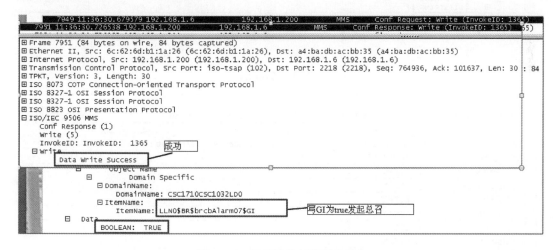

图 4‑37　子系统发起总召唤报文

2）上送总召。图 4‑38 所示为装置上送的 Alarm 告警数据集总召报文，总召报文的特征是状态变化字节 BITSTRING 全部为 1，原因是总召要求数据集中的全部数据都上送。

品质数据 Q 的含义如图 4‑39 所示。

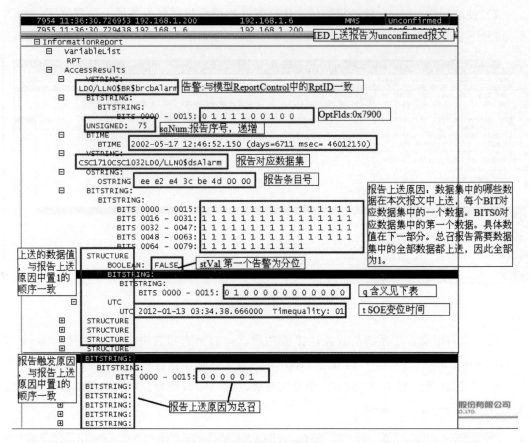

图 4 - 38　装置上送总召唤报文

Table 1 – Quality

Quality Type Definition			
Attribute Name	**Attribute Type**	**Value/Value Range**	**M/O/C**
	PACKED LIST	Bit0-bit1 数据状态:00 good ,01Invalid ,10 reserved ,11 questionable	
validity	CODED ENUM	good | invalid | reserved | questionable	M
detailQual	PACKED LIST		M
overflow	BOOLEAN		M
outOfRange	BOOLEAN		M
badReference	BOOLEAN		M
oscillatory	BOOLEAN		M
failure	BOOLEAN		M
oldData	BOOLEAN		M
inconsistent	BOOLEAN		M
inaccurate	BOOLEAN		M
source Bit11 数据来源 0：过程值 1：取代值	CODED ENUM	process | substituted DEFAULT process	M
test Bit12检修状态	BOOLEAN	DEFAULT FALSE	M
operatorBlocked B..13闭锁状态	BOOLEAN	DEFAULT FALSE	M

图 4 - 39　MMS 报文中品质 Q 的含义

（3）上送遥信报告。

1）图 4-40 所示为装置上送的遥信报文，具体为 LDO/LLN0 $ BR $ brcbALarm 报告控制块，对应的数据集中共有 79 个数据，上送的是前 3 个遥信，其具体含义需要查看数据集模型，上送的第一个告警值为 TRUE（合位），数据品质为无效，报告上送原因为数据变化。

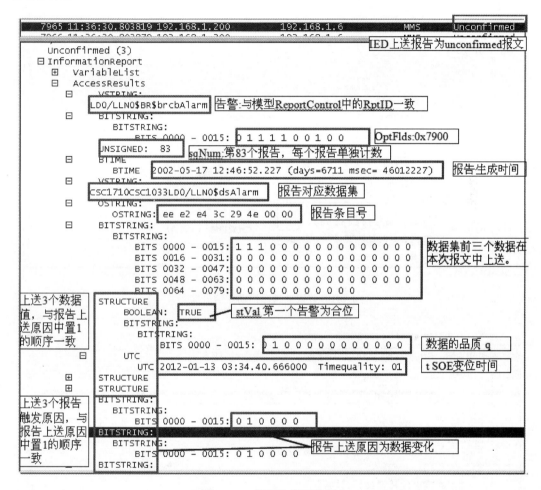

图 4-40　装置上送遥信报文

2）装置上送保护动作信号报告如图 4-41 所示。

（4）上送遥测报告。图 4-42 所示为装置上送的遥测数据集报告，从 BITSTRING 中可以看到上送的是数据集中的第 31 和第 34 个数据，数据的值分别为 4.328979 和 1.323975，上送原因为变化上送。

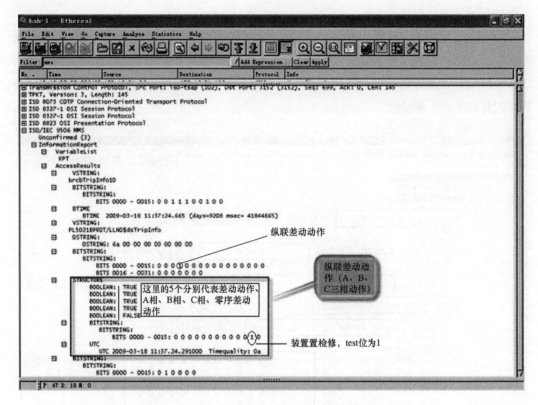

图 4-41　装置上送保护动作信号报文

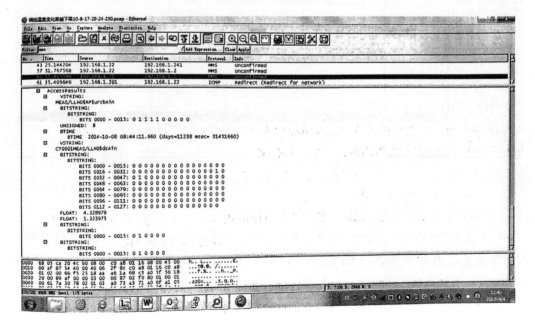

图 4-42　装置上送遥测报文

4.4.4　控制相关

1. 预置（预选、预令）write

如图 4 - 43 所示，ctlModel 为 4 的控点，如断路器和隔离开关为带预置的控制，cli-ent 先发预置命令再发执行命令。预置和执行命令均为 write 命令。IED 收到预置令后只要通过合法性检查（状态是否已经达到目标态，当前是否正在执行控令过程中等）即认为预置成功，返回 write 的 response。

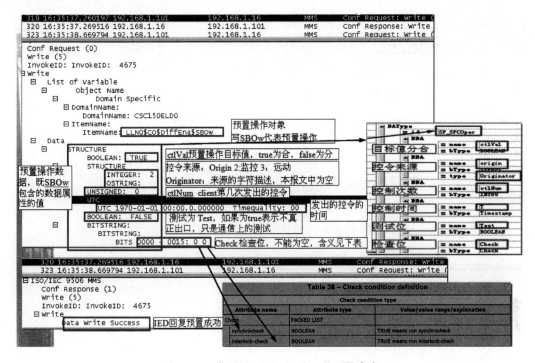

图 4 - 43　带预置 ctlModel 为 4 的遥控命令

如图 4 - 44 所示，ctlModel 为 1 的控点如复归 LEDRS，为直接控制模式，即没有预置的过程，直接写 Oper 进行执行。IED 收到执行令后成功发给下级 CPU 即返回执行成功。

2. 控制操作结束报告（Information Report）

对于 ctlModel 为 4 的控制对象，每次控制操作结束后 IED 都应发送一个 Information Report 报告通知 client 端本次操作的最终结果。ctlModel 为 1 的遥控不发送此报文。IED 应根据所控目标的状态是否已经正确变位来判断本次操作是否成功来组织操作结束报文 Information Report，通信子系统只有收到此报文才认为一次控制结束，并根据 Information Report 判断控制结果。如果 IED 不发送 Information Report，子系统认为控制失败，图 4 - 45 所示为装置回复报文。

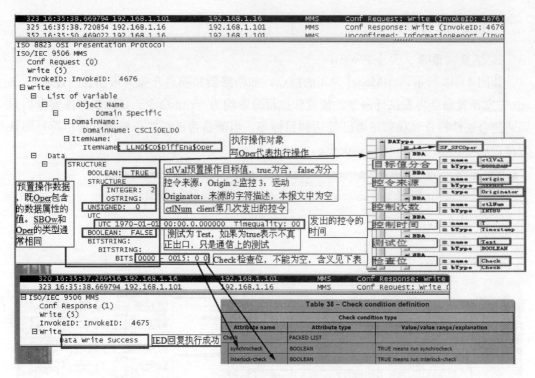

图 4 - 44　ctlModel 为 1 的直控遥控命令

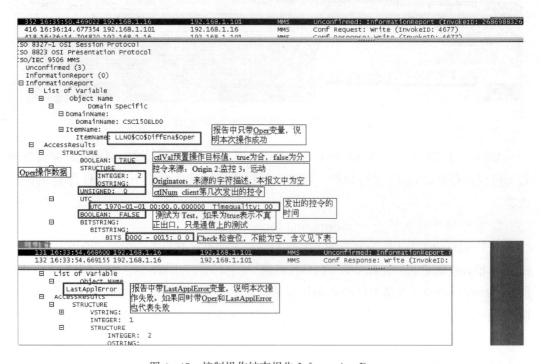

图 4 - 45　控制操作结束报告 Information Report

4.5 Goose 和 SV 报文实例分析

1. GOOSE 遥信报文

GOOSE 遥信报文主要传输断路器、隔离开关的位置，现场一次设备的状态信号及保护、自动装置的信息。以智能终端传输断路器位置来举例。由 SCD 文件可以查询到智能终端传输断路器位置的控制块是 gocb0，其 APPID 是 1003，如图 4-46 所示。

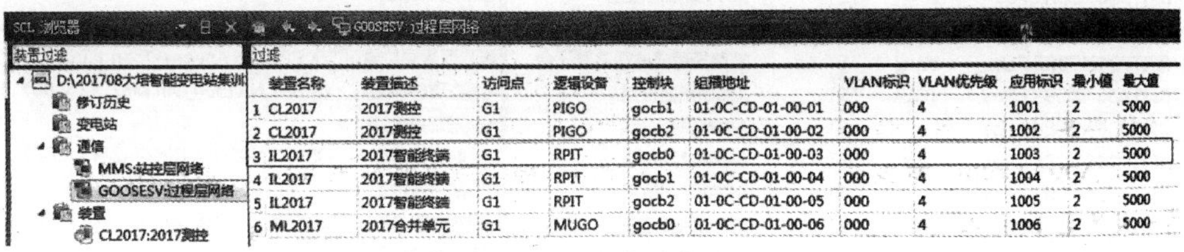
SCL 浏览器
GOOSESV 过程层网络
装置过滤
过滤
D:\201708大培智能变电站集训
修订历史
变电站
通信
MMS:站控层网络
GOOSESV:过程层网络
装置
CL2017:2017测控
装置名称 | 装置描述 | 访问点 | 逻辑设备 | 控制块 | 组播地址 | VLAN标识 | VLAN优先级 | 应用标识 | 最小值 | 最大值
1 CL2017 | 2017测控 | G1 | PIGO | gocb1 | 01-0C-CD-01-00-01 | 000 | 4 | 1001 | 2 | 5000
2 CL2017 | 2017测控 | G1 | PIGO | gocb2 | 01-0C-CD-01-00-02 | 000 | 4 | 1002 | 2 | 5000
3 IL2017 | 2017智能终端 | G1 | RPIT | gocb0 | 01-0C-CD-01-00-03 | 000 | 4 | 1003 | 2 | 5000
4 IL2017 | 2017智能终端 | G1 | RPIT | gocb1 | 01-0C-CD-01-00-04 | 000 | 4 | 1004 | 2 | 5000
5 IL2017 | 2017智能终端 | G1 | RPIT | gocb2 | 01-0C-CD-01-00-05 | 000 | 4 | 1005 | 2 | 5000
6 ML2017 | 2017合并单元 | G1 | MUGO | gocb0 | 01-0C-CD-01-00-06 | 000 | 4 | 1006 | 2 | 5000

图 4-46 GOOSE 控制块

选择该控制块报文展开如图 4-47 所示。

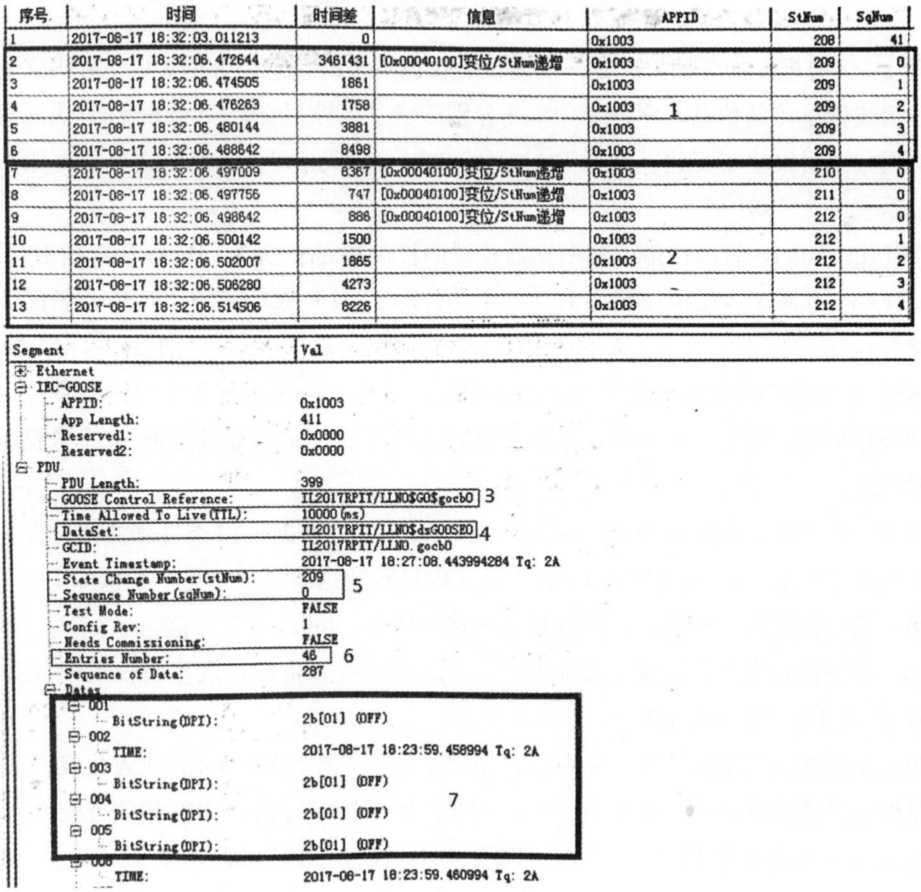
序号 | 时间 | 时间差 | 信息 | APPID | StNum | SqNum
1 | 2017-08-17 18:32:03.011213 | 0 | | 0x1003 | 208 | 41
2 | 2017-08-17 18:32:06.472644 | 3461431 | [0x00040100]变位/StNum递增 | 0x1003 | 209 | 0
3 | 2017-08-17 18:32:06.474505 | 1861 | | 0x1003 | 209 | 1
4 | 2017-08-17 18:32:06.476263 | 1758 | | 0x1003 | 209 | 2
5 | 2017-08-17 18:32:06.480144 | 3881 | | 0x1003 | 209 | 3
6 | 2017-08-17 18:32:06.488642 | 8498 | | 0x1003 | 209 | 4
7 | 2017-08-17 18:32:06.497009 | 8367 | [0x00040100]变位/StNum递增 | 0x1003 | 210 | 0
8 | 2017-08-17 18:32:06.497756 | 747 | [0x00040100]变位/StNum递增 | 0x1003 | 211 | 0
9 | 2017-08-17 18:32:06.498642 | 886 | [0x00040100]变位/StNum递增 | 0x1003 | 212 | 0
10 | 2017-08-17 18:32:06.500142 | 1500 | | 0x1003 | 212 | 1
11 | 2017-08-17 18:32:06.502007 | 1865 | | 0x1003 | 212 | 2
12 | 2017-08-17 18:32:06.506280 | 4273 | | 0x1003 | 212 | 3
13 | 2017-08-17 18:32:06.514506 | 8226 | | 0x1003 | 212 | 4
1
2
Segment | Val
Ethernet
IEC-GOOSE
APPID: 0x1003
App Length: 411
Reserved1: 0x0000
Reserved2: 0x0000
PDU
PDU Length: 399
GOOSE Control Reference: IL2017RPIT/LLN0GOgocb0 3
Time Allowed To Live(TTL): 10000(ms)
DataSet: IL2017RPIT/LLN0$dsGOOSE0 4
GCID: IL2017RPIT/LLN0.gocb0
Event Timestamp: 2017-08-17 18:27:08.443994284 Tq: 2A
State Change Number(stNum): 209
Sequence Number(sqNum): 0 5
Test Mode: FALSE
Config Rev: 1
Needs Commissioning: FALSE
Entries Number: 46 6
Sequence of Data: 287
Datas
001
BitString(DPI): 2b[01] (OFF)
002
TIME: 2017-08-17 18:23:59.458994 Tq: 2A
003
BitString(DPI): 2b[01] (OFF)
004
BitString(DPI): 2b[01] (OFF) 7
005
BitString(DPI): 2b[01] (OFF)
006
TIME: 2017-08-17 18:23:59.460994 Tq: 2A

图 4-47 GOOSE 变化位置报文

智能终端的位置数据集如图 4 - 48 所示。

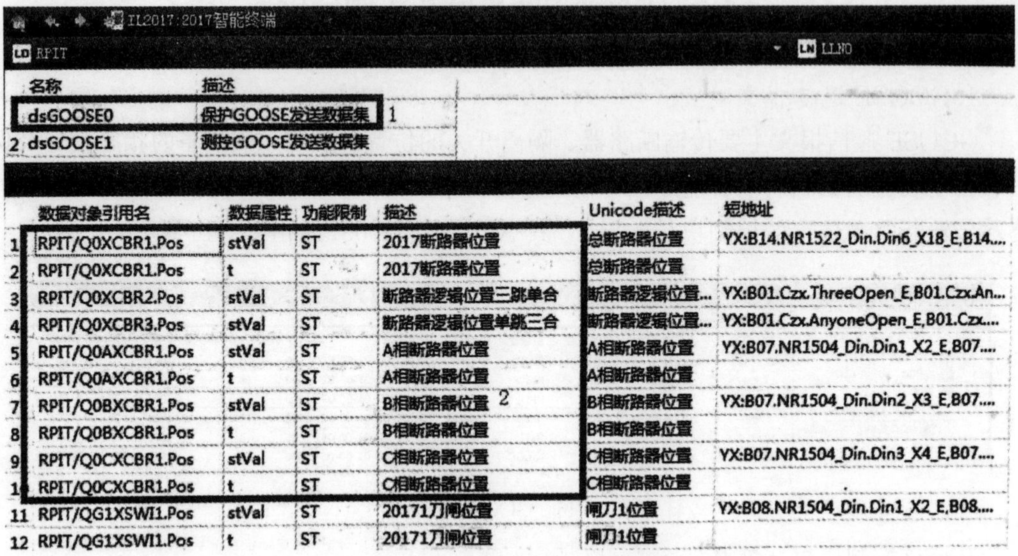

	名称	描述
1	dsGOOSE0	保护GOOSE发送数据集
2	dsGOOSE1	测控GOOSE发送数据集

	数据对象引用名	数据属性	功能限制	描述	Unicode描述	短地址
1	RPIT/Q0XCBR1.Pos	stVal	ST	2017断路器位置	总断路器位置	YX:B14.NR1522_Din.Din6_X18_E,B14....
2	RPIT/Q0XCBR1.Pos	t	ST	2017断路器位置	总断路器位置	
3	RPIT/Q0XCBR2.Pos	stVal	ST	断路器逻辑位置三跳单合	断路器逻辑位置...	YX:B01.Czx.ThreeOpen_E,B01.Czx.An...
4	RPIT/Q0XCBR3.Pos	stVal	ST	断路器逻辑位置单跳三合	断路器逻辑位置...	YX:B01.Czx.AnyoneOpen_E,B01.Czx....
5	RPIT/Q0AXCBR1.Pos	stVal	ST	A相断路器位置	A相断路器位置	YX:B07.NR1504_Din.Din1_X2_E,B07....
6	RPIT/Q0AXCBR1.Pos	t	ST	A相断路器位置	A相断路器位置	
7	RPIT/Q0BXCBR1.Pos	stVal	ST	B相断路器位置	B相断路器位置	YX:B07.NR1504_Din.Din2_X3_E,B07....
8	RPIT/Q0BXCBR1.Pos	t	ST	B相断路器位置	B相断路器位置	
9	RPIT/Q0CXCBR1.Pos	stVal	ST	C相断路器位置	C相断路器位置	YX:B07.NR1504_Din.Din3_X4_E,B07....
10	RPIT/Q0CXCBR1.Pos	t	ST	C相断路器位置	C相断路器位置	
11	RPIT/QG1XSWI1.Pos	stVal	ST	20171刀闸位置	闸刀1位置	YX:B08.NR1504_Din.Din1_X2_E,B08....
12	RPIT/QG1XSWI1.Pos	t	ST	20171刀闸位置	闸刀1位置	

图 4 - 48　智能终端的位置数据集

图 4 - 48 方框 1 内 5 帧报文是一次变位后快速重传的信息，方框 2 内 7 帧报文是又一次变位后快速重传的信息，序号 7、8、9 分别传输了 3 帧报文，SqNum=0，表示每一帧都有数据集条目发生了变化。选取 StNum =209、SqNum=0 这帧报文展开，如右下窗口内显示。

APPID：1003，智能终端传输断路器位置的控制块是 gocb0，其 APPID 是 1003。

图 4 - 48 方框 3 内显示控制块信息：IL2017RPIT/LLNO/GO/GOCBO，智能终端传输断路器位置的控制块是 gocb0。方框 4 内显示数据集信息：IL2017RPIT/LLNO/dsGOOSEO 是智能终端传输断路器位置的数据集，方框 2 内是数据集条目再次变位后传输的 GOOSE 报文。图 4 - 48 方框 2 内是在 SCD 文件中查阅的该数据集前 10 个数据条目是断路器位置。

图 4 - 48 方框 5 内显示 StNum=209、SqNum=0，数据集内条目有变化；方框 6 内显示数据集条目数，46 代表共 46 条；方框 7 内显示数据集具体信息，解析如下：

第一条是断路器 3 相合位，用双位置字符串传输，OFF 代表分位。

第二条是断路器 3 相合位的发生时间，用 UTC 时间传输，发生变位的时间是 2017 年 8 月 17 日 18：23：59.458994。

第三条是断路器逻辑位置三跳单合，用双位置字符串传输，OFF 代表分位。

第四条是断路器逻辑位置单跳三合，用双位置字符串传输，OFF 代表分位。

第五条是断路器 A 相合位，用双位置字符串传输，OFF 代表分位。

StNum=212、SqNum =0 这帧报文展开来看如图 4 - 49 所示，报文具体的条目变化是：

序号	时间	时间差	信息	APPID	StNum	SqNum	大小
1	2017-08-17 18:32:03.011213	0		0x1003	208	41	425
2	2017-08-17 18:32:06.472644	3461431	[0x00040100]变位/StNum递增	0x1003	209	0	425
3	2017-08-17 18:32:06.474505	1861		0x1003	209	1	425
4	2017-08-17 18:32:06.476263	1758		0x1003	209	2	425
5	2017-08-17 18:32:06.480144	3881		0x1003	209	3	425
6	2017-08-17 18:32:06.488642	8498		0x1003	209	4	425
7	2017-08-17 18:32:06.497009	8367	[0x00040100]变位/StNum递增	0x1003	210	0	425
8	2017-08-17 18:32:06.497756	747	[0x00040100]变位/StNum递增	0x1003	211	0	425
9	2017-08-17 18:32:06.498642	886	[0x00040100]变位/StNum递增	0x1003	212	0	425
10	2017-08-17 18:32:06.500142	1500		0x1003	212	1	425

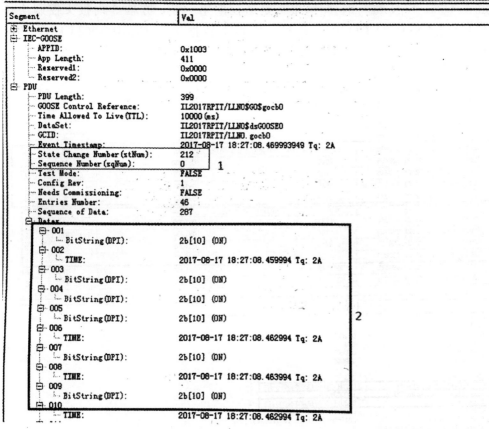

Segment	Val
⊞ Ethernet	
⊟ IEC-GOOSE	
└ APPID:	0x1003
└ App Length:	411
└ Reserved1:	0x0000
└ Reserved2:	0x0000
⊟ PDU	
└ PDU Length:	399
└ GOOSE Control Reference:	IL2017RPIT/LLN0GOgocb0
└ Time Allowed To Live(TTL):	10000(ms)
└ DataSet:	IL2017RPIT/LLN0$dsGOOSE0
└ GCID:	IL2017RPIT/LLN0.gocb0
└ Event Timestamp:	2017-08-17 18:27:08.469993949 Tq: 2A
└ State Change Number (stNum):	212
└ Sequence Number (sqNum):	0
└ Test Mode:	FALSE
└ Config Rev:	1
└ Needs Commissioning:	FALSE
└ Entries Number:	46
└ Sequence of Data:	287
⊟ Data	
⊟ 001	
└ BitString(DPI):	2b[10] (ON)
⊟ 002	
└ TIME:	2017-08-17 18:27:08.459994 Tq: 2A
⊟ 003	
└ BitString(DPI):	2b[10] (ON)
⊟ 004	
└ BitString(DPI):	2b[10] (ON)
⊟ 005	
└ BitString(DPI):	2b[10] (ON)
⊟ 006	
└ TIME:	2017-08-17 18:27:08.462994 Tq: 2A
⊟ 007	
└ BitString(DPI):	2b[10] (ON)
⊟ 008	
└ TIME:	2017-08-17 18:27:08.463994 Tq: 2A
⊟ 009	
└ BitString(DPI):	2b[10] (ON)
⊟ 010	
└ TIME:	2017-08-17 18:27:08.462994 Tq: 2A

图 4-49 GOOSE 变化位置报文 2

第一条是断路器 3 相合位，用双位置字符串传输，ON 代表合位。

第二条是断路器 3 相合位的发生时间，用 UTC 时间传输，发生变位的时间是 2017 年 8 月 17 日 18：27：08.459994。

第五条是断路器 A 相合化，用双位置字符串传警．ON 代表合位。

第七条是断路器 B 相合位，用双位置字符串传输．ON 代表合位。

第九条是断路器 C 相合位，用双位置字符串传输．ON 代表合位。

这帧报文表示 3 个分相的开关都是合位，之后数据集条目不再变化，接下来传输心跳报文。

2. GOOSE 遥控报文

智能变电站的遥控过程与常规站略有不同，监控主机或者远方主站进行遥控操作时，在站控层通过 MMS 报文传输到测控装置，测控装置解析遥控报文后，转换为 GOOSE 报文按照虚端子配置传送给相应的智能终端，智能终端根据 GOOSE 报文启动相应出口回路，驱动 GIS 机构的继电器，控制断路器或者隔离开关分合。

图 4-50 方框 1 内是 5 帧遥控动作报文，方框 2 内是 5 帧遥控复归报文。方框 1 内报文 StNurn＝36、SqNum＝0，此帧报文是遥控的第一帧，方框 3 内报文控制块是 CL2017PIGOfl. LNO/GO/GOCB2，方框 4 内报文数据集是 CL2017PIGO/LLNO/ds-GOOSE2。

序号	时间	时间差	信息	APPID	StNum	SqNum
1	2017-08-17 18:32:02.996711	0		0x1002	35	41
2	2017-08-17 18:32:07.998608	5001897		0x1002	35	42
3	2017-08-17 18:32:13.000256	5001648		0x1002	35	43
4	2017-08-17 18:32:18.001990	5001734		0x1002	35	44
5	2017-08-17 18:32:21.176838	3174848	[0x00040100]变位/StNum递增	0x1002	36	0
6	2017-08-17 18:32:21.178666	1828		0x1002	36	1
7	2017-08-17 18:32:21.180416	1750	1	0x1002	36	2
8	2017-08-17 18:32:21.184335	3919		0x1002	36	3
9	2017-08-17 18:32:21.192834	8499		0x1002	36	4
10	2017-08-17 18:32:21.676827	483993	[0x00040100]变位/StNum遥增	0x1002	37	0
11	2017-08-17 18:32:21.678658	1831		0x1002	37	1
12	2017-08-17 18:32:21.680409	1751	2	0x1002	37	2
13	2017-08-17 18:32:21.684327	3918		0x1002	37	3
14	2017-08-17 18:32:21.692827	8500		0x1002	37	4
15	2017-08-17 18:32:26.694575	5001748		0x1002	37	5
16	2017-08-17 18:32:31.696241	5001666		0x1002	37	6

```
Segment                              Val
⊞ Ethernet
⊟ IEC-GOOSE
   ┈ APPID:                          0x1002
   ┈ App Length:                     234
   ┈ Reserved1:                      0x0000
   ┈ Reserved2:                      0x0000
⊟ PDU
   ┈ PDU Length:                     223
   ┈ GOOSE Control Reference:        CL2017PIGO/LLNO$GO$gocb2        3
   ┈ Time Allowed To Live(TTL):      10000(ms)
   ┈ DataSet:                        CL2017PIGO/LLNO$dsGOOSE2        4
   ┈ GCID:                           CL2017PIGO/LLNO.gocb2
   ┈ Event Timestamp:                2017-08-17 18:33:13.413994670 Tq: 0A
   ┈ State Change Number(stNum):     36
   ┈ Sequence Number(sqNum):         0
   ┈ Test Mode:                      FALSE
   ┈ Config Rev:                     1
   ┈ Needs Commissioning:            FALSE
   ┈ Entries Number:                 38
   ┈ Sequence of Data:               114
   ⊟ Datas
      ⊟ 001
         ┈ BOOL                      TRUE        5
      ⊟ 002
         ┈ BOOL:                     FALSE
      ⊟ 003
         ┈ BOOL:                     FALSE
```

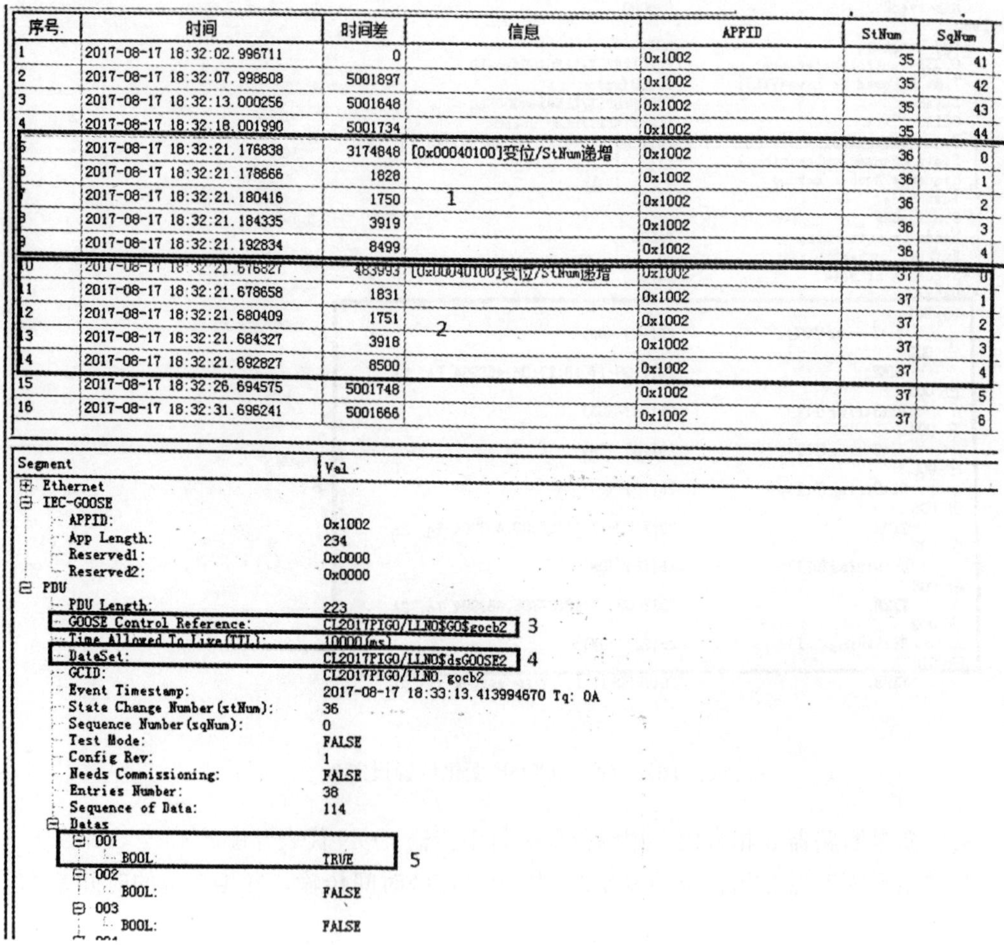

图 4-50 GOOSE 遥控报文

由 SCD 文件查到发送遥控的数据集是测控的 dsGOOSE2，该数据集的部分数据条目如图 4 - 51 所示。该数据集第一条是遥控 01 分闸，在本站对应断路器分闸。该点是 TRUE 代表断路器分闸动作，该点是 FALSE 代表断路器分闸复归。测试位为 FALSE，代表未投检修。

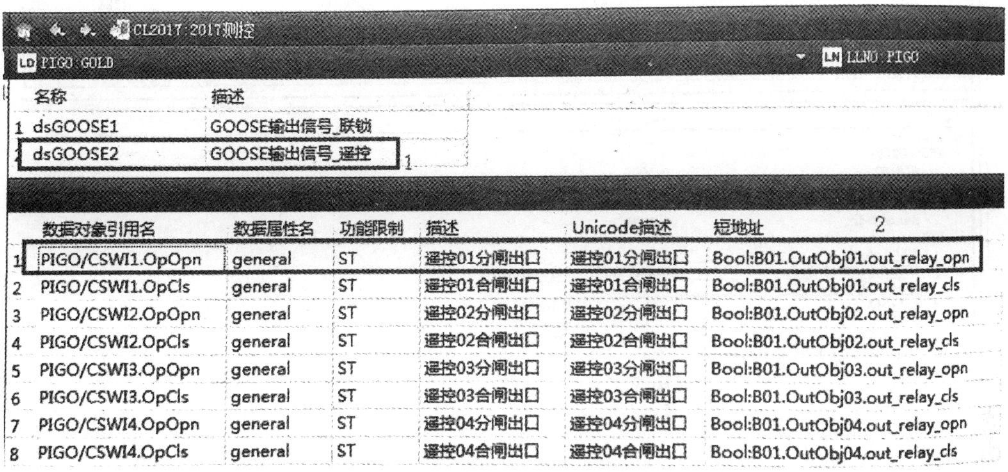

	名称	描述
1	dsGOOSE1	GOOSE输出信号_联锁
2	dsGOOSE2	GOOSE输出信号_遥控

	数据对象引用名	数据属性名	功能限制	描述	Unicode描述	短地址
1	PIGO/CSWI1.OpOpn	general	ST	遥控01分闸出口	遥控01分闸出口	Bool:B01.OutObj01.out_relay_opn
2	PIGO/CSWI1.OpCls	general	ST	遥控01合闸出口	遥控01合闸出口	Bool:B01.OutObj01.out_relay_cls
3	PIGO/CSWI2.OpOpn	general	ST	遥控02分闸出口	遥控02分闸出口	Bool:B01.OutObj02.out_relay_opn
4	PIGO/CSWI2.OpCls	general	ST	遥控02合闸出口	遥控02合闸出口	Bool:B01.OutObj02.out_relay_cls
5	PIGO/CSWI3.OpOpn	general	ST	遥控03分闸出口	遥控03分闸出口	Bool:B01.OutObj03.out_relay_opn
6	PIGO/CSWI3.OpCls	general	ST	遥控03合闸出口	遥控03合闸出口	Bool:B01.OutObj03.out_relay_cls
7	PIGO/CSWI4.OpOpn	general	ST	遥控04分闸出口	遥控04分闸出口	Bool:B01.OutObj04.out_relay_opn
8	PIGO/CSWI4.OpCls	general	ST	遥控04合闸出口	遥控04合闸出口	Bool:B01.OutObj04.out_relay_cls

图 4 - 51 测控装置 POOSE 遥控数据集

3. GOOSE 模拟量传输

智能终端采集温湿度、直流量等模拟量用浮点数传输。以某主变压器本体智能终端为例，其采集的温度通过智能终端的 gocb2 控制块传输，其 APPID 为 1005，选取该控制块报文如图 4 - 51 所示。图中方框 1 是控制块引用名，IL2017RPIT/LLNO/GO/GOCB2。方框 2 是数据集，此处是 IL2017RPIT/LLNO/dsGOOSE2。在 SCD 配置文件中主变压器本体智能终端有 3 个数据集，其中 dsGOOSE2 的内容如图 4 - 52 所示，该数据集内共有 6 个数据条目。方框 3 表示 StNum=1224、SqNum=11，数据集条目一直没有变化，SqNum 序列号一直在递增。方框 4 显示具体的条目信息，温度用浮点数传输，此处的值是 0.02。

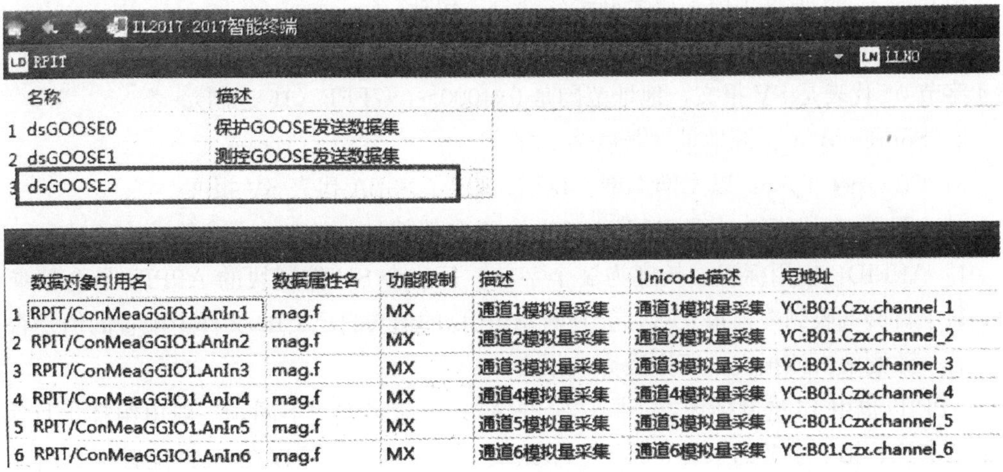

	名称	描述
1	dsGOOSE0	保护GOOSE发送数据集
2	dsGOOSE1	测控GOOSE发送数据集
3	dsGOOSE2	

	数据对象引用名	数据属性名	功能限制	描述	Unicode描述	短地址
1	RPIT/ConMeaGGIO1.AnIn1	mag.f	MX	通道1模拟量采集	通道1模拟量采集	YC:B01.Czx.channel_1
2	RPIT/ConMeaGGIO1.AnIn2	mag.f	MX	通道2模拟量采集	通道2模拟量采集	YC:B01.Czx.channel_2
3	RPIT/ConMeaGGIO1.AnIn3	mag.f	MX	通道3模拟量采集	通道3模拟量采集	YC:B01.Czx.channel_3
4	RPIT/ConMeaGGIO1.AnIn4	mag.f	MX	通道4模拟量采集	通道4模拟量采集	YC:B01.Czx.channel_4
5	RPIT/ConMeaGGIO1.AnIn5	mag.f	MX	通道5模拟量采集	通道5模拟量采集	YC:B01.Czx.channel_5
6	RPIT/ConMeaGGIO1.AnIn6	mag.f	MX	通道6模拟量采集	通道6模拟量采集	YC:B01.Czx.channel_6

图 4 - 52 智能终端遥测数据集

GOOSE 遥测报文如图 4 - 53 所示。

序号.	时间	时间差	信息	APPID	StNum	SqNum
1	2017-08-17 18:32:04.476183	0		0x1005	1224	10
2	2017-08-17 18:32:09.477581	5001398		0x1005	1224	11
3	2017-08-17 18:32:14.478976	5001395		0x1005	1224	12
4	2017-08-17 18:32:19.480372	5001396		0x1005	1224	13
5	2017-08-17 18:32:24.481769	5001397		0x1005	1224	14
6	2017-08-17 18:32:29.483264	5001495		0x1005	1224	15

Segment	Val
⊞ Ethernet	
⊟ IEC-GOOSE	
· APPID:	0x1005
⊳ App Length:	163
⊳ Reserved1:	0x0000
⊳ Reserved2:	0x0000
⊟ PDU	
· PDU Length:	152
· GOOSE Control Reference:	IL2017RPIT/LLN0GOgocb2 1
· Time Allowed To Live(TTL):	10000(ms)
· DataSet:	IL2017RPIT/LLN0$dsGOOSE2 2
· GCID:	IL2017RPIT/LLN0.gocb2
· Event Timestamp:	2017-08-17 18:26:36.422994554 Tq: 2A
· State Change Number (stNum):	1224
· Sequence Number (sqNum):	11 3
· Test Mode:	FALSE
· Config Rev:	1
· Needs Commissioning:	FALSE
· Entries Number:	6
· Sequence of Data:	42
⊟ Data:	
⊟ 001	
· FLOAT:	0.02
⊟ 002	
· FLOAT:	0
⊟ 003	
· FLOAT:	0 4
⊟ 004	
· FLOAT:	0.02
⊟ 005	
· FLOAT:	0
⊟ 006	
· FLOAT:	0

图 4 - 53 GOOSE 遥测报文

4. SV 报文

SV 报文按照功能分成以太网参数部分、IEC 61850 - 9 - 2 参数部分、PDU 参数部分、PDU 内容部分，如图 4 - 54 所示。

（1）图 4 - 54 方框 1 内是以太网参数部分。包括：

1) Destination MAC：目的地址。长度为 6 字节，前 3 个字节固定为 01 - 0C - CD，第 4 字节 04 代表是 SV 报文，地址范围是 0x4000～0x7FFF（16 进制）。

2) Source MAC：源地址。长度为 6 字节。

3) Ethernet Type：以太网类型。IEEE 规定了 88BA 代表 SV 报文。

（2）图 4 - 54 方框 2 内是 IEC 61850 - 9 - 2 参数部分，包含 4 个参数：

1) APPID：应用标识。长度为 2 个字节，每一个 SV 控制块的 APPID 是全站唯一的。每个订阅端收到一帧报文后，会判断 APPID 的值与自己 CID 文件中配置的值是否一致，若一致则解析该报文，否则丢弃该报文。

APPID 也用 16 进制标识，不同厂家的 APPID 命名方式不同，一般由组播地址第 4 字节的末位、第 5 字节的末位、第 6 字节组成，全站唯一。可以在 SCD 配置工具内设置每个控制块的 VLAN 优先级（一般默认为 4 级）可以减小 SV 报文的时延。

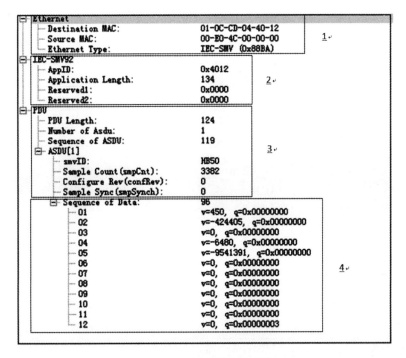

图 4 - 54　SV 报文展开解析

2）App Length：长度字段。长度为 2 个字节，标识数据帧从 APPID 开始到 APDU 结束共有 416 字节。

3）Reserved1、Reserved2：保留位。共 4 个字节，默认值是 00 00 00 00。

（3）图 4 - 54 中方框 3 内是 PDU 参数部分，包含 8 个参数，DATA 可以再展开：

1）PDU Length：PDU 的长度。此处表示有 404 字节。

2）ASDU Number；PDU 内包含的 ASDU 数目与采样率有关。

3）Sequence of ASDU：ASDU 包含的字节数，此处是 397 个字节。

4）SVID：控制块引用名。由逻辑设备名称、逻辑节点名、控制块名级联，表明该帧报文传输的具体内容是哪个逻辑设备的控制块发出的。此处是合并单元 ML2017MUSV/LL-NO/SMVCB0。

5）Sample count：采样计数器。即本帧报文的序列号。用于检查数据帧是否连续刷新。

6）Config Rev：配置版本号。此标识很重要，只要 SCD 配置有更改，配置版本都要变化。

7）Sample sync：同步标识位。反映合并单元的同步状态，当守时精度不满足同步要求时，该参数为 FALSE。

8）Sequence of data：数据集包含的字节数。此处是 352 个字节。也标明数据集成员个数，由于每个通道占用 8 个字节，所以此帧报文的通道数是 44，表明此数据集有 44 个成员，相应的报文的 DATA 部分有 44 个数据条目。

（4）图 4 - 54 中方框 4 内是 DATA 数据集条目。按照 SCD 文件的配置传输具体的条目数值。各条目的含义、类型都是由 SCD 配置中的数据集模板定义的。每个通道都包含瞬时值和品质位，分别占 4 个字节。瞬时值折算为实际值时，电压量每个单位代表 10mV，电流量每个单位代表 1mA。品质位用 4 个字节标识，能标明该数据是否有效、是否溢出、是否越限、是否是老数据、是否检修态、是否是合成信息，具体的品质信息如表 4-5 所示。

表 4-5   SV 服务的品质位

Bit0-1：validity（有效）	Bit2：overflow（溢出）	BIT3：OUT0FRANGE（超值域）
00：good（好）		
01：invalid（无效）	0：无溢出	0：正常
10：reserved（保留）	1：溢出	1：超值域
11：questionable（可疑）		
Bit4：badReference（坏基准值）	Bit5：oscillatory（抖动）	Bit6：failure（故障）
0：正常	0：无抖动	0：无故障
1：坏基准值	1：有抖动	1：有故障
Bit7：oldData（旧数据）	Bit8：inconsistent（不一致）	Bit9：inaccurate（不精确）
0：无超时	0：一致	0：精确
1：数据超时	1：不一致	1：不精确
Bit10：source（源）	Bit11：test（测试）	Bit12：opb（操作员闭锁）
0：process 过程	0：运行	0：不闭锁
1：substituted（被取代）	1：测试	1：闭锁
Bit13：derived（连接互感器）		
0：已连接		
1：未连接		

其中常见的是否有效、是否旧数据等。如图 4-55 所示，品质的报文后两个字节是 00 03，共 16 位，其中 14 位有效，即 00000000000011 从高位到低位排列，bit1-0=11 questionable 为可疑数据。

```
⊟ quality: 0x00000003, validity: questionable, source: process
    .... .... .... .... .... ..... .... ..11 = validity: questionable (0x00000003)
    .... .... .... .... .... ..... .... ..0. = overflow: False
    .... .... .... .... .... ..... .... .0.. = out of range: False
    .... .... .... .... .... ..... ...0 .... = bad reference: False
    .... .... .... .... .... ..... ..0. .... = oscillatory: False
    .... .... .... .... .... ..... .0.. .... = failure: False
    .... .... .... .... .... ..... 0... .... = old data: False
    .... .... .... .... .... ...0 .... .... = inconsistent: False
    .... .... .... .... .... ..0. .... .... = inaccurate: False
    .... .... .... .... .... .0.. .... .... = source: process (0x00000000)
    .... .... .... .... .... 0... .... .... = test: False
    .... .... .... .... ...0 .... .... .... = operator blocked: False
    .... .... .... .... ..0. .... .... .... = derived: False
```

图 4-55   品质报文

5 变电站监控系统相关设备

为保障变电站监控系统的安全、可靠运行，在变电站中还包括许多用于监控或辅助系统运行的设备，起到为变电站监控系统提供安全稳定的电源和统一的时钟等作用。本章重点介绍变电站监控系统常见的辅助设备。

5.1 不间断电源

不间断电源（Uninterruptible Power System，UPS）负责变电站内服务器、操作员站、交换机、调度数据网、电能量采集器、遥视和二次安防等设备的可靠交流供电。为保证变电站的安全可靠运行，通过不间断电源实现供电的持续性，同时满足设备对供电电压、频率、波形等电能质量的要求。

目前，我国市电供电电源质量一般为：电压波动为±10%，频率为50Hz±0.5Hz。市电电网中接有各种功率因数的设备，因设备特性产生的各种谐波会对电网形成污染或干扰，影响电能质量，甚至有导致计算机设备电源中断、硬件损坏的风险；电网电压跌落，可能使设备硬件提前老化、文件数据受损；电网过电压或欠电压、浪涌等，可能会损坏驱动器、存储器、逻辑电路，产生不可预料的软件故障；噪声电压和瞬变电压叠加，可能损坏逻辑电路和文件数据等。

5.1.1 UPS 工作原理

UPS按其工作方式分类可分为后备式、在线互动式及在线式三大类；按其输出容量大小划分为：小型容量为3kVA以下，中型容量为3VA～10kVA，大型容量为10kVA以上；按输入/输出方式可分为单相输入/单相输出、三相输入/单相输出、三相输入/三相输出三类。目前在变电站中广泛应用的主要是在线式中小容量UPS。所谓在线式，是指不管电网电压是否正常，负载所用的交流电都经过逆变电路，即逆变电路始终处于在线工作状态。在线式UPS由整流滤波电路、逆变器、隔离变压器、静态开关和控制监测、显示告警及保护电路组成，能将自电网的干扰大幅度衰减；同时因逆变器具有较强的稳压功能，在线式UPS能给负载提供干扰小、稳压精度高、可靠性高的电源。

在线式 UPS 的系统架构如图 5 - 1 所示。

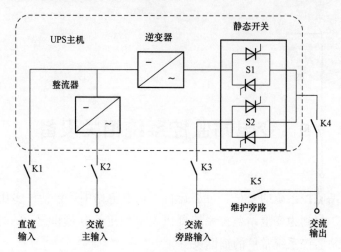

图 5 - 1　在线式 UPS 系统架构

正常运行模式：正常情况下，交流主输入经整流器转为直流后，再经逆变器转为交流，最后经静态开关 S1 至交流输出，以消除谐波污染，提高电能质量。该模式下，电能传输路径及各开关状态如图 5 - 2 所示。

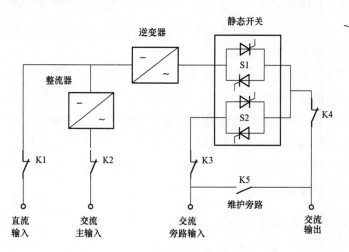

图 5 - 2　正常运行模式

逆变工作模式：一旦整流器故障或交流主输入消失，逆变器会将直流输入进行逆变后输出。该模式下交流输出由直流输入提供，电能传输路径及各开关状态如图 5 - 3 所示。

旁路工作模式：当逆变器故障或直流输入及交流主输入消失时，逆变器输出消失，控制器会将静态开关 S1 关断，同时控制 S2 导通，交流输出由交流旁路输入通过旁路静态开关 S2 提供。电能传输路径及各开关状态如图 5 - 4 所示。

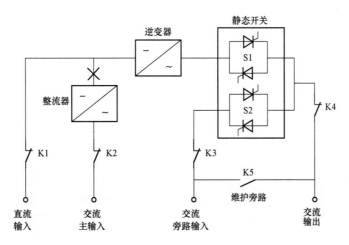

图 5-3　逆变工作模式

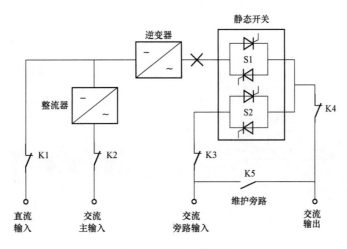

图 5-4　旁路工作模式

维护旁路工作模式：当 UPS 设备需进行更换或维护时，可先断开 K1 及 K2，使 UPS 进入旁路工作模式，以确保维护旁路开关 K5 闭合后交流输出同源。待维护旁路开关 K5 闭合后可将 UPS 输出开关 K4 断开，最后再将交流旁路输入开关 K3 断开，该模式下交流输出完全转为交流旁路输入经维护旁路提供，如图 5-5 所示。

对 UPS 柜进行运维操作时需注意操作顺序。UPS 正常运行时，输入开关 K1、K2 不得与维护旁路开关 K5 同时闭合，避免两不同步电源并列运行。

5.1.2　UPS 冗余系统

UPS 不间断供电是建立在 UPS 设备正常工作的前提下，但 UPS 本身也是电子设备，存在故障的可能。在 UPS 实际应用中，为了提高系统运行的可靠性，往往需要将多台 UPS 进行冗余连接，这种冗余连接技术有串联冗余（热备用连接）、并联冗余两种方式。

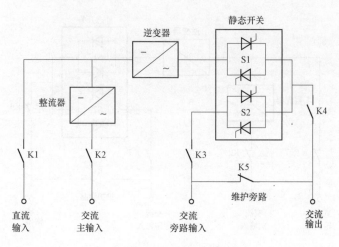

图 5 - 5　维护旁路工作模式

（1）串联冗余供电。串联冗余（热备用）连接相对比较简单，稳定度和可靠性也较高，它只需将一台 UPS（UPS1）的旁路输入端与市电断开，连接到另一台 UPS（UPS2）的输出端，如图 5 - 6 所示。

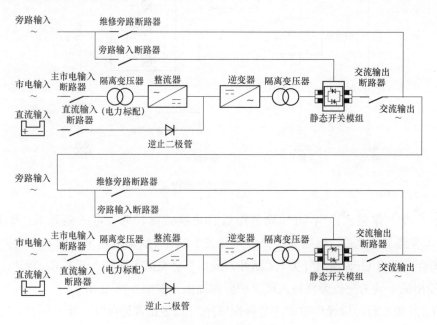

图 5 - 6　串联冗余模式

正常情况下 UPS1 向负载供电，UPS2 处于热备用状态空载运行，当 UPS1 故障时，UPS2 投入运行接替 UPS1 向负载供电，仅两台 UPS 的逆变器均发生故障时，负载才转换至备用 UPS 的静态旁路电源供给，即市电经由备用 UPS 的静态旁路输出供负载使用。由于热备用连接不存在均流问题，系统运行较为稳定可靠。

串联冗余连接的过载能力、动态和扩容能力较差。但大容量 UPS 一般过载能力非常强，125% 额定负载可坚持 5min，150% 额定负载可以坚持 10s，大于 150% 额定负载可坚持 200ms，动态为 60ms±5%。这个指标已和并联技术的指标相同，所以在用户对系统可靠性要求非常严格的情况下，建议采用热备用方式连接 UPS。

串联冗余连接技术简单可靠，其缺点在于若主机在较长时间内没有出现故障，则从机一直空载运行，从而造成主从机元器件的老化严重不均，当主机出现故障后将负载转到从机，可能会由于从机瞬间无法承受突加的重载而将负载甩给市电。

（2）并联冗余供电。并联冗余连接是指多台 UPS 输出并列运行均分负载，当一台 UPS 发生故障时，自动退出运行，负荷全部转移到正常运行的另几台 UPS，负载供电不受影响。两台 UPS 并联运行接线如图 5-7 所示。

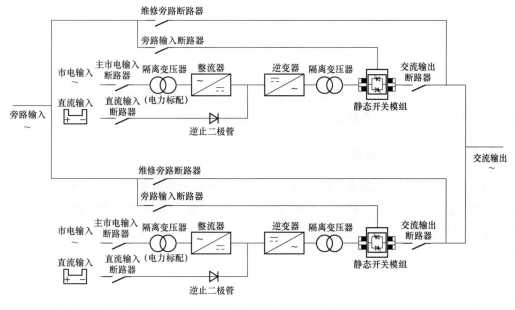

图 5-7　并联冗余模式

并联运行须保证每台 UPS 输出电压的相位、幅值完全相同，避免产生并联环流。UPS 模块并联的同步方式有两种：一种是各个模块分别独立地与市电同步；另一种是各个模块共用一个同步电路与市电同步，各模块的基准正弦电压须分别独立产生。前一种方法同步过程时间长，电路较复杂；后一种方法同步时间短，电路较简单，有利于冗余并联。在并联控制器中设置了一个共用同步电路使 UPS 中的本机振荡器与市电同步。经过同步的振荡器信号分别送到各台 UPS 的基准正弦波电压发生器中，使各台 UPS 的输出电压幅值、频率、相位和波形完全相同。UPS 并列冗余除控制输出电压、相位同步外，还要实现并联各 UPS 的负载均分，须进行均流控制。一般采用基于平均电流法的均流控制，电流传感器测量 UPS 输出总电流以及各 UPS 输出电流的瞬时值，并将计算结果反馈给控制电路，使输出电流尽量均分。

并联冗余连接 UPS 供电可靠性高，可扩展能力强，各台 UPS 负荷均衡，元器件老化均匀。但冗余连接对各台 UPS 容量、型号有特殊要求，并需增加并机控制部件，技术难度较高，一旦并机控制部件故障，可能会造成供电中断。

5.2 时间同步装置

电力系统是一个实时系统，各级调度机构、发电厂、变电站、监控中心等都需要有精确的时间同步，确保实时数据采集时间一致性，提高线路故障测距、相量和功角动态监测、机组和电网参数校验的准确性，从而提高电网事故分析和稳定控制的水平，提高电网运行效率和可靠性，适应我国大电网互联，智能电网的发展需要。如不同变电站之间的相量测量装置（PMU）利用时间同步技术来测量线路两端的电气量相位差，两台 PMU 装置时钟相差 1ms 将产生 18 度测量误差，导致电网安全预警系统误报警，严重时会导致电网解列事故。在电力系统应用的每一套监控系统、每一台智能电子设备均有自身的时钟系统，由于元器件选择、制造工艺及环境温度等影响，这些设备自带的内部时钟精度一般不高，长时间运行后累计误差会越来越大，影响其正常使用。因此，电力系统的运行与控制需要有一套精确的时间同步装置。

5.2.1 时间同步装置的基本概念

（1）时间（周期）与频率。时间（周期）与频率互为倒数关系，两者密不可分。时间标准的基础是频率标准，所以有人把晶体振荡器叫"时基振荡器"。钟是由频标加上分频电路和钟面显示装置构成的。四种实用的时间频率标准源（简称钟）分别为晶体钟、铷原子钟、氢原子钟、铯原子钟。

（2）常用的时间坐标系。时间的概念包含时刻（点）和时间间隔（段）。时间坐标系是由时间起点和时间尺度单位（秒）定义所构成。常用的时间坐标系有世界时（universal，UT）、地方时（local mean time，LMT）、原子时（atomic time，AT）、协调世界时（universal time coordinated，UTC）和全球定位系统（global positioning system，GPS）时等。

（3）定时、授时、时间同步与守时。定时是指根据参考时间标准对本地钟进行校准的过程。授时指采用适当的手段发播标准时间的过程。时间同步是指在母钟与子钟之间时间一致的过程。守时是指将本地钟已校准的标准时间保持下去的过程，国内外守时中心一般都采用由多台铯原子钟和氢原子钟组成的守时钟组来进行守时，守时钟组中长期运行性能表现最好的一台被定主钟（MC）。

（4）时间同步装置的参考时间源。时间同步装置的参考时间源分为公共卫星时间系统和地面区域时间系统。公共卫星时间系统以卫星系统作为参考时间源，其优点是构建时间同步网相对容易，同步网不受地域限制。但由于卫星系统属于微波无线传递，信号容易受外界因素干扰，如大气、电离层反射、城市楼群多径反射，甚至是人为干扰。目前卫星系统主要有北斗（中国）、GPS（美国）、GLONASS（俄罗斯），授时精度均＜100ns。

5.2.2　时间同步装置的结构模式

时间同步装置因可靠性、授时对象数量、使用场合不同而有多种结构形式，在电力系统应用的典型结构模式有以下几种。

（1）最简式时间同步装置。最简式时间同步装置由一台主时钟、信号传输介质组成，为被授时设备/系统对时，如图 5-8 所示。这种对时装置结构简单，对时对象少，一般用于县调自动化主站系统、小型变电站监控系统。根据需要和技术要求，主时钟可留有接口，用来接收上一级时间同步装置下发的有线时间基准信号。

（2）主从式时间同步装置。主从式时间同步装置由一台主时钟、多台从时钟、信号传输介质组成，为被授时设备/系统对时，如图 5-9 所示。这种对时装置含有多台扩展时钟，对时对象多，并可方便实现不同楼层机房（小室）内设备的对时，一般用于中等规模变电站监控系统。根据需要和技术要求，主时钟可留有接口，用来接收上一级时间同步装置下发的有线时间基准信号。

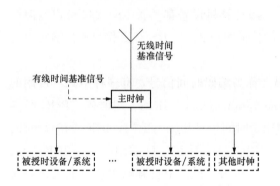

图 5-8　最简式时间同步系统的组成

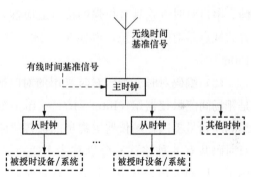

图 5-9　主从式时间同步系统的组成

（3）主备式时间同步装置组成。主备式时间同步装置由两台主时钟、多台从时钟、信号传输介质组成，为被授时设备/系统对时，如图 5-10 所示。这种系统因采用双主钟构成冗余模式，具有较高的运行可靠性，一般应用于自动化主站重要系统，重要变电站监控系统等场合。根据需要和技术要求，主时钟可留有接口，用来接收上一级时间同步装置下发的有线时间基准信号，以级联组

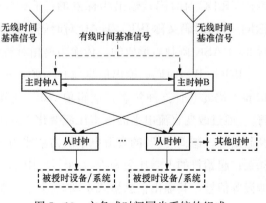

图 5-10　主备式时间同步系统的组成

网形式运行。

5.2.3 对时方式及接口

变电站内部的对时方式主要有脉冲对时、串口对时、编码对时、网络对时四类。

(1) 脉冲对时。脉冲对时又称硬对时，是时钟系统常用的对时输出信号，其实质是一个同步于 UTC 标准秒沿的脉冲跳变信号。脉冲对时信号又分为秒脉冲、分脉冲、小时脉冲、天脉冲信号等。以秒脉冲对时为例，通常的被对时设备中对时间分辨要求较高的，其内部含有一个秒计数器，该计数器可以为程序提供 1s 内任何时刻的具体时间值，如毫秒值、微秒值等，为保证同步精确性，该秒计数器通常由硬件的秒脉冲同步信号来清零同步，由于脉冲的同步过程通常都是由硬件逻辑完成，因此属于硬对时范畴。

(2) 串口对时。串口对时的时间格式串口报文内容包括年、月、日、时、分、秒，也可包含有用户指定的其他内容，如接收 GPS 卫星数、告警信号等。报文信息的格式有 ASCII 码、BCD 码、或十六进制码等。时间格式串口报文中的时间为北京时间，每秒输出 1 帧，帧头为"♯"或"％"字符，与秒脉冲（1PPS）的前沿对齐，偏差小于 5ms。其中帧头为"♯"的帧为标准时间报文帧，帧头为"％"的帧为带频率描述的时间报文帧。串口对时方式具有很强的接口适应性，一般计算机设备都具备 RS - 232 接口。但该方式缺点是对时距离短，例如 RS - 232 接口的传输距离 30m，RS - 422 接口的传输距离为 150m。

(3) 编码对时。编码对时采用的对时码又称为编码时间信号，有多种格式，常用的是靶场间测量仪器组（Inter - Range Instrumentation Group，IRIG）对时码。IRIG 时同编码序列是美国靶场仪器组提出的被普遍应用于时间信息传输的编码，IRIG 的串行时间对时码共有 6 种格式，分别称为 IRIG - A、IRIG - B、IRIG - D、IRIG - E、IRIG - G、IRIG - H 对时码，其中，IRIG - B 对时码的应用最为广泛，根据其输出接口电气参数又分为非调制 IRIG - B AC 对时码和调制 IRIG - B 对时码。非调制 IRIG - B 对时码又称 IRIG - B DC 对时码，输出为标准的 TTL 电平，主要用于传输距离不大的场合。调制 IRIG - B 对时码又称 IRIG - B AC 对时码．其输出由 IRIG - B DC 对时码对 1kHz 正弦波进行 3∶1 ASK 调制后形成的，传输距离相对较远。

IRIG - B 对时码的输出信息每秒一帧，每帧有 100 个码元，每个码元占有的时间是 10ms。码元共有三种状态：逻辑值"0"（或称空码）、逻辑"1"，起始符（或称标识符）。通过改变直流电平的占空比或变化 1000Hz 调制信号的幅值来表示逻辑"1"与"0"及起始符。逻辑"1"的直流电平的占空比为 50％∶50％；逻辑"0"的占空比为 20％∶80％；起始符的占空比为 80％∶20％。IRIG - B 时间码包含了秒段、分段、小时段和日期段等信号，其输出信息格式见图 5 - 11。每帧信息均以起始符开头，也以其表示每帧信息的结束，帧头的上升沿标志新的一秒的开始，一帧中每段码元的含义如下：

1) PR：准时同步沿，该脉冲的前沿同步于每一秒的开始。

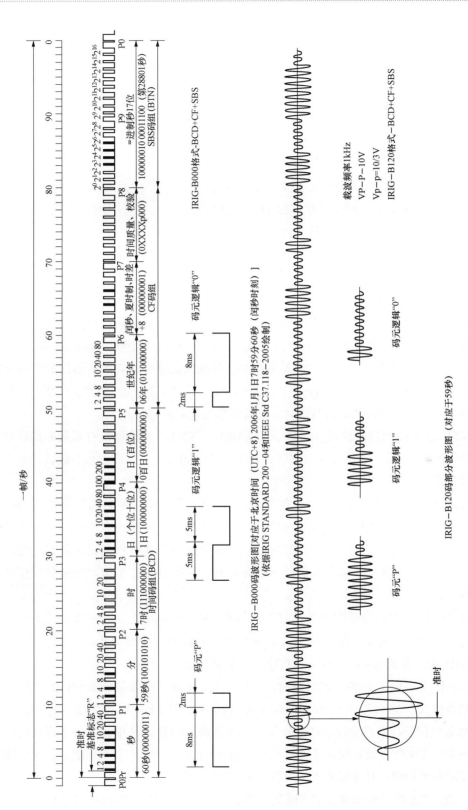

图 5 - 11 IRIG - B 时间码输出格式

2）P0-P9：字参考标记。

3）NC：未定义的位。常 0。

4）NP：索引标记。

5）S00-S02：秒的个位（BCD 先低后高）。

6）S10-S13：秒的十位（BCD 先低后高）。

7）M00-M03：分的个位（BCD 先低后高）。

8）M10-M12：分的十位（BCD 先低后高）。

9）H00-H03：小时的个位（BCD 先低后高）。

10）H10-H11：小时的十位（BCD 先低后高）。

11）D00-D03：天数的个位（BCD 先低后高）。

12）D10-D13：天数的十位（BCD 先低后高）。

13）D20-D21：天数的百位（BCD 先低后高）。

14）T00-T16：当天 00：00：00 起到当前时刻的总秒数（HEX 先低后高）。

作为应用广泛的时间码，B 型码具有以下主要特点：携带信息量大，高分辨率。对时精度达 1μs；调制后的 B 码适用于远距离传输；具有接口标准化，国际通用等特点。

（4）NTP 网络对时。网络对时是利用网络传输通道进行的对时，通用的网络对时主要有网络时间协议（Network Time Protocol，NTP）、IEEE 1588 两种。网络对时接口通用性强、可利用已有的网络进行对时、支持网络远程对时等特点。

NTP 是用来使计算机时间同步化的一种协议，它可以使计算机对其服务器或时钟源（如石英钟、GPS 等）做同步化，提供高精准度的时间校正，且可由加密确认的方式来防止协议攻击。

NTP 对时报文时间信息的传输使用 UDP 协议。每一个时间包内包含最近一次事件的时间信息、包括上次事件的发送与接收时间、传递现在事件的当地时间，以及此包的接收时间。在收到上述包后即可计算出时间的偏差量与传递资料的时间延迟。时间服务器利用一个过滤演算法，以及先前八个校时资料计算出时间参考值，判断后续授时包的精确性。

NTP 网络对时精度受网络环境、IED 装置 CPU 处理性能等因素影响较大。在局域网环境下，网络传输延时相对固定，对时精度相对较高，组网简单，广泛应用于 SCA-DA/EMS 系统和变电站监控系统站控级层设备对时。

（5）PTP（IEEE 1588）网络对时。IEEE 1588 对时（网络化测量和控制系统的精确时间同步协议）通常又称为 Precision Time Protocol（PTP）对时。与 NTP 对时相比，PTP 体系结构的特别在于软硬件部分与协议的分离。PTP 硬件单元由一个高度精确的实时时钟和一个能够生成时间印章的单元（Time Stamper Unit，TSU）组成。软件部分通过与实时时钟和硬件时钟印章单元的联系来实现时间同步。

IEEE 1588 的同步原理决定了时间同步的精度主要取决于时间戳的精度。通过在物理层放置硬件电路加盖时间戳，这样可以避免协议栈上部较大的时间抖动，消除报文传输中的网络延迟。由于主从时钟不同步的原因除了网络延迟外还有时钟偏差，可以采用频率可调时钟来校正从时钟相对主时钟的时钟偏差，根据从时钟处得出的自身与主时钟的偏差计算出相应的频率补偿值，从而控制时钟计数器的数值达到与主时钟的同步。硬件电路从物理层获得每个发送和接收报文的比特流，并记录时间戳信息，判断其是否为 IEEE 1588 相关协议报文，如果是相关报文，则把时间戳信息传送给上层软件，否则丢弃该报文的时间戳信息。对于 100M 以太网，由于采用 4B/SB 编码和 Scrambler 技术，只能在物理层与数据链路层之间的 MII 层加盖时间戳信息。

IEEE 1588v2 基于 Ethernet/IPv4/v6/UDP 等协议之上，共定义了 3 种基本时钟类型：普通时钟（OC）、边界时钟（BC）和透明时钟（TC）。

普通时钟是单端口器件，可以作为主时钟或从时钟。如 GPS 装置可作为主时钟，IED 装置作为从时钟。典型应用如图 5-12 所示。

边界时钟是多端口器件，可连接多个普通时钟或透明时钟。如网络交换机作为边界时钟的多个端口中，有一个作为从端口，连接到主时钟或其他边界时钟的主端口，其余端口作为主端口连接从时钟或下一级边界时钟的从端口，或作为备份端口。典型应用如图 5-13 所示。

图 5-12 普通时钟
典型应用

透明时钟连接主时钟与从时钟，作为透明时钟的网络交换机对主从时钟之间交互的同步消息进行透明转发，并且计算同步消息（如 Sync、Delay_Req）在本地的缓冲处理时间，并将该时间写入同步消息的 Correction Field 字节块中。从时钟根据该字节中的值和同步消息的时戳值 Delay 和 Offset 实现同步。典型应用如图 5-14 所示。

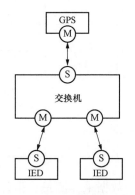

图 5-13 边界时钟典型应用

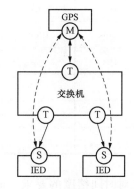

图 5-14 透明时钟典型应用

由于 PTP 体系结构使用了软硬件与协议的分离的技术，并采用了最佳时钟算法（Best Master Clock Algorithm），具有较高的对时精度，广泛地适用于智能变电站 PMU、采样合并单元（MU）等智能设备的精确对时。

5.2.4　时间信号传输介质

时间信号传输介质应保证时间同步装置发出的时间信号传输到被授时设备时，能满足它们对时间信号质量的要求，常见的传输介质有以下几种。

同轴电缆：用于室内高质量地传输 TTL 电平时间信号，如 1PPS、1PPM、1PPH、IRIG-B（DC）码 TTL 电平信号，传输距离不长于 15m。

屏蔽控制电缆：传输 RS-232C 串行口时间报文，传输距离不长于 15m；传输静态空接点脉冲信号，传输距离不长于 150m；传输 RS-422、RS-485、IRIG-B（DC）码信号，传输距离不长于 150m。

音频通信电缆：用于传输 IRIG-B（AC）码信号，传输距离不长于 1km。

双绞线：用于传输网络时间报文，传输距离不长于 100m。

光纤：用于远距离传输各种时间信号和需要高准确度对时的场合。主从时钟之间的传输宜使用光纤。

5.2.5　监控系统对时方式的选择

（1）时间同步装置不同对时接口精度比较。时间同步装置不同的接口类型、传输介质各有其优缺点，对时精度也各不相同。各种对时方式的时间同步精度对比见表 5-1。

表 5-1　　　　　　　　　　时间同步接口类型、传输介质与对时精度对照表

接口类型介质	光纤	RS-485（422）	静态空接点	TTL	信号调制	以太网
1PPS	1μs	1μs	3μs	1μs		
1PPM	1μs	1μs	3μs	1μs		
1PPH	1μs	1μs	3μs	1μs		
串口时间报文	10ms	10ms	3μs			
IRIG-B（DC）	1μs	1μs		1μs		
TRIG-B（AC）					20μs	
NTP						1ms
PTP						100ns

（2）监控系统对时间精度的要求。监控系统的数据采样测量、事件记录、历史数据存储等均需要有一个精确的时钟信息，系统内各计算机之间的相对时间要同步，同时系统的绝对时间也要精确。根据不同的系统对时间同步的精度要求不同，选择合适的对时方式进行对时，具体内容见表 5-2。

表 5 - 2　　　　　　　　　　　自动化业务对时钟精度要求表

电力系统常用设备或系统	时间同步精度要求	推荐使用的时间和同步信号
线路行波故障测距装置	优于 $1\mu s$	IRIG - B 或 1PPS＋串口对时报文或 PTP
同步相量测量装置	优于 $1\mu s$	IRIG - B 或 1PPS＋串口对时报文或 PTP
交流采样合并单元	优于 $1\mu s$	IRIG - B 或 1PPS＋串口对时报文或 PTP
雷电定位系统	优于 $1\mu s$	IRIG - B 或 1PPS＋串口对时报文或 PTP
故障录波器	优于 1ms	IRIG - B 或 1PPS/1PPM＋串口对时报文或 PTP
事件顺序记录装置	优于 1ms	IRIG - B 或 IPPS/1PPM＋串口对时报文或 PTP
微机保护装置	优于 10ms	IRIG - B 或 1PPS/1PPM＋串口对时报文或 PTP
安全自动装置	优于 10ms	1RIG - B 或 1PPS/1PPM＋串口对时报文或 PTP
SCADA、EMS、DMS 主站系统	优于 1s	网络对时 NTP 或串口对时报文
电能量采集主站系统及采集装置	优于 1s	网络对时 NTP 或串口对时报文
负控主站系统及监控终端装置	优于 1s	网络对时 NTP 或串口对时报文
电子挂钟	优于 1s	网络对时 NTP 或串口对时报文
调度生产和企业管理系统	优于 1s	网络对时 NTP 或串口对时报文

5.2.6　北斗卫星定位系统简介

北斗卫星定位系统是由中国建立的区域导航定位系统。北斗一号卫星定位系统由四颗北斗定位卫星（两颗工作卫星、2 颗备用卫星）、地面控制中心为主的地面部分、北斗用户终端三部分组成。北斗定位系统可向用户提供全天候、24h 的即时定位服务，授时精度可达数十纳秒（ns），北斗导航系统三维定位精度约几十米，授时精度约 100ns。

（1）"北斗一号"系统工作原理。"北斗一号"卫星定位系统测出用户到第一颗卫星的距离，以及用户到两颗卫星距离之和，从而得出用户处于一个以第一颗卫星为球心的一个球面和以两颗卫星为焦点的椭球面之间的交线上。另外，中心控制系统从存储在计算机内的数字化地形图查寻到用户高程值，又可得出用户处于某一与地球基准椭球面平行的椭球面上。从而中心控制系统可最终计算出用户所在点的三维坐标，这个坐标经加密后发送给用户。

（2）"北斗一号"卫星定位系统的特点。"北斗一号"卫星定位系统由地球赤道平面上角距约 60 度的 2 颗地球同步卫星和中心控制系统构成。该系统是覆盖我国本土的区域导航定位系统，范围为东经 70°～140°，北纬 5°～55°。该系统采用主动式双向测距二维导航，用户的定位申请送至中心控制系统，经解算出用户三维数据之后再发回用户，其间信息传递经地球同步静止卫星中转，再加上卫星转发和中心控制系统计算处理，时间延迟长，对高速运动中的物体，系统实时定位性能较差。此外，"北斗一号"卫星定位系统具备的短信通信功能。

（3）二代"北斗"。正在建设的二代"北斗"是我国自主发展、独立运行的全球卫星定位系统，不是北斗一号的简单延伸，更类似于 GPS 全球定位系统。北斗二号卫星导航系统空间段将由 5 颗静止轨道卫星和 30 颗非静止轨道卫星组成,提供开放服务和授权服务。开放服务是在服务区免费提供定位、测速和授时服务,定位精度为 10m,授时精度为 50ns,测速精度为 0.2m/s。授权服务是向授权用户提供更安全的定位、测速、授时和通信服务以及系统完好性信息。2012 年 12 月 27 日,北斗卫星导航系统成功完成 16 颗卫星组网,并向亚太大部分地区正式提供区域服务,包括定位、导航、双向授时和短报文信息服务。2018 年 12 月 27 日,中国北斗导航系统基本完成建设,开始提供全球服务。这标志着北斗系统服务范围由区域扩展为全球,北斗系统正式迈入全球时代。

5.2.7 GPS 时间同步装置结构及原理

(1) GPS 时间同步装置结构。GPS 时间同步装置一般由 GPS 接收守时单元、时间处理单元、信号输出接口单元、辅助测量单元、工作电源五部分组成,其结构框图如图 5-15 所示。GPS 系统中每个 GPS 卫星上都装有铯原子钟作星载钟,并与地面测控站构成一个闭环的自动修正系统,确保全部卫星的时间精确性。卫星通过高频无线电信号将时间信息发送到地面,为地面 GPS 接收装置提供时间同步。

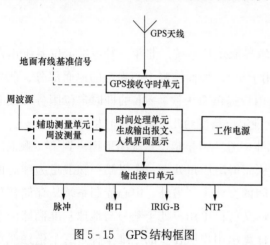

图 5-15 GPS 结构框图

(2) GPS 接收守时单元。卫星接收模块在锁定卫星的情况下,每秒会输出一个脉冲。该脉冲的前沿(即秒沿)是精确同步于 UTC 的,因此其秒间隔也是准确的 1s。当卫星信号失锁时,其输出的秒沿就不再具备参考价值。守时电路的作用是在卫星秒失效后,持续送出每秒的秒脉冲,作为时钟系统产生各类对时信号的参考准时沿。

(3) 时间处理单元。时间处理单元解析 GPS 卫星接收单元传来的信号,将当地时间转换成满足各种接口标准(RS-232/RS-422/RS-485 等)要求的输出和时间编码输出(IRIG-B 码、ASCII 码等)。同时还接收处理辅助测量单元送出的周波信号,检测装置输入输出模块的配置,提供参数配置界面,以及坐标、日期、时间、卫星接收情况等信息显示。

5.3 同步相量测量装置

5.3.1 电网实时动态监测技术

相量测量装置(phasor measurement unit,PMU)是用于进行同步相量的测量和输出及进行动态记录的装置，PMU 的出现和应用使得电网调控中心对电力系统动态行为的掌握更为直接和深入。PMU 能够以上万次/秒的速率采集电流、电压信息，通过计算获得测点的功率、相位、功角等信息，并以每秒上百帧的频率向主站发送。利用标准时钟作为数据采样的基准时钟源，保证全网数据的同步性。可见，在当前技术条件下，采用基于标准时钟信号的同步相量测量技术和现代通信技术，对地域广阔的电力系统进行实时动态监测和分析，并采取新的稳定控制策略，是解决大电网稳定监控问题最为有效的途径。

5.3.2　PMU 装置的技术实现

PMU 的核心特征包括基于标准时钟信号的同步相量测量、失去标准时钟信号的守时能力、PMU 与主站之间能够实时通信并遵循相关通信协议。目前随着信息通信等技术的发展，同步相量测量技术在国内得到很大发展和广泛应用，逐渐形成了一个新的技术领域。与 RTU、测控装置等传统测量设备相比，PMU 的关键在于相角和功角的测量，而有效值等量的测量则与之无异。这里的相角是指母线电压或线路电流相对于系统参考轴之间的夹角，某台发电机的功角是指该发电机内电动势与机端正序电压相量的夹角。

1. 相角测量原理

相角测量原理基本可分为两大类：一类是过零检测法，另一类是离散 Fourier 变换法。

（1）过零检测法。过零检测法用精确的计时器把被测工频信号的过零点和相邻的 50Hz 标准信号的过零点的时差记录下来并转化成角度，得到相对于标准 50Hz 信号的相位。相当于由测量装置内部计时器建立周期为 20ms 的时间信号。测量角度时，时间上采用秒脉冲同步。

如图 5 - 16 所示，被测信号过零时刻分别为 t_i 和 t_{i+1}，与 t_i 时刻相邻的 50Hz 标准信号为 $20i$ 时刻。那么，被测信号 t_i 时刻相对于标准信号的角度为

$$\theta = \frac{360}{t_{1-1} - t}(20i - t_i) \qquad (5 - 1)$$

过零检测法原理简单，软硬件实现容易，但此方法假定系统频率是稳定不变的，而实际系统中电压频率是波动的；并且电压过零点的谐波影响和过零检测电路的不一致性都可能会引起测量误差。

（2）离散 Fourier 变换法。离散 Fourier 变换法可以在交流信号含有谐波的影响时把基波提取出来，它在每个周期（采样窗口）内对交流信号进行采样，计算出对应于当前采样窗口的基波相量，傅里叶变换后

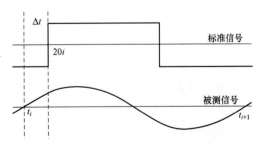

图 5 - 16　相量测量的过零检测法原理图

的各次谐波相量包含幅值和相位。节点交流信号经低通滤波器、模数（A/D）转换进入CPU，由 A/D 转换单元对三相电压、电流瞬时信号进行采样，设每个周期采 N 点数据，得到采样值序列：$\{x_1, x_2, \cdots, x_N\}$，经离 DFT 变换得到三相的电压、电流相量为

$$X = \frac{\sqrt{2}}{N} \sum_{k=1}^{N} x_n e^{-j\frac{2k\pi}{N}} \tag{5-2}$$

再将式（5-2）变换为零序、正序和负序相量（其中 $a = e^{j\frac{2\pi}{3}}$），即

$$\begin{bmatrix} x_0 \\ x_1 \\ x_2 \end{bmatrix} = \frac{1}{3} \begin{bmatrix} 1 & 1 & 1 \\ 1 & a & a^2 \\ 1 & a^2 & a \end{bmatrix} \begin{bmatrix} x_a \\ x_b \\ x_c \end{bmatrix}$$

在应用 DFT 算法时，对于等时间间隔采样，当信号频率偏离额定频率时，由于采样频率与信号频率不同步，周期采样信号的相位在始端和终端不连续，会出现频率泄漏，将会产生计算误差。为避免采样频率与信号频率不同步造成的误差，应采用等角度采样原则，实时跟踪被测信号频率并动态地调整采样率，以确保 DFT 算法的每一个采样数据窗都能反映被测信号的一个完整周期。

2. 功角测量原理

发电机内电势和机端电压正序相量之间的夹角称为发电机功角，是表征电力系统安全、稳定运行的重要状态变量之一，是电网扰动、振荡和失稳轨迹的重要记录数据。功率测量原理上也可分为两大类：一类是电气量估计法，另一类是直接测量法。

（1）电气量估计法。根据发电机内电动势和机端电压及阻抗关系，利用发电机参数（如 X_d 等）及测量的发电机机端电压、电流或功率等电气量，来估算发电机功角及发电机内电动势。其最简化的情况就是基于稳态相量图的解析法，如图 5-17 所示，取 d，q 轴方向分别与实、虚轴一致，可得

$$\delta = \arctan\left(\frac{\dfrac{P}{X_d}}{\dfrac{U^2}{X_d} + Q} \right) \tag{5-3}$$

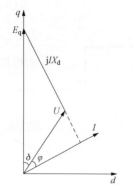

图 5-17　隐极式发电机稳态
运行相量图

随着系统运行方式的变化，所采用的参数也会改变，并且在暂态过程中，机端电压、电流中包含大量的暂态分量，发电机与互感器可能会产生磁饱和，这些因素都会给计算结果带来很大的误差。因此该方法测量结果受机组参数影响，精度较低，只适宜稳态测量。

（2）直接测量法。直接测量 E_q 的相位较困难，但由于转子位置与 E_q 存在着固定的相位关系，故可以采用转子位置代替 E_q。而发电机机端电压正序相量 U_g 可由相量测量装置测得，于是容易得到 E_q、U_g 间的夹角，即功角。

直接测量法要求现场机组具备键相信号引出结点，键

相信号以前主要用于对发电机转子轴振动进行监测，在发电机转子转到固定位置时，发出一定幅度的脉冲。通过测量该信号，结合发电机的转速，可以得到转子的实际位置。直接测量法不受机组参数和暂态过程影响，内电动势测量精度较高，但工程实施较为复杂。

3. 基本技术功能要求

PMU 能同步测量和连续记录安装点的三相基波电压、三相基波电流、电压电流的基波正序相量、频率和开关量信号；安装在发电厂时具有测量和连续记录发电机内电动势和发电机功角的功能，还能够测量发电机的励磁电压、励磁电流和转速信号。

在实时监测方面，PMU 装置实时传送的动态数据的输出时延，即实时传送的动态数据时标与数据输出时刻之时间差，应不大于 30ms。装置动态数据的实时传送速率应可以整定，至少具有 25、50、100 次/s 的可选速率。

在动态数据记录方面，PMU 装置能按照《电力系统实时动态监测系统技术规范》的要求存储动态数据，保存时间应不少于 14 天。装置动态数据的最高记录速率不低于 100 次/s，并具有多种可选记录速率，并且记录速率是实时传送速率的整数倍。

此外，当 PMU 装置监测到电力系统发生扰动时（如监测到电压、电流、频率、相角差越限，功率振荡，保护或安全自动装置动作等情况时），装置应能结合时标建立事件标识，并向主站发送实时记录告警信息，以方便用户获取事件。

5.3.3 PMU 数据通信

PMU 数据通信包括 PMU 装置与 PMU 子站之间的通信及 PMU 子站与调度主站之间的通信。PMU 子站与主站之间数据传输通道主要采用电力调度数据网络，若不具备网络通信条件，可采用专用通信通道，要求通信速率不低于 19. 2kbit/s。主站之间的通道带宽应不低于 2Mbit/s。在进行数据传输时，PMU 装置应按照时间顺序逐次、均匀、实时传送动态数据。传送的动态数据中应包含整秒时刻的数据，输出时延（实时传送的动态数据时标与数据输出时刻的时间差）应不大于 30ms。

PMU 子站与主站之间的通信定义了数据管道、管理管道、文件管道。数据流管道和管理管道的通信协议采用 TCP 协议。子站作为管理管道的服务器端，数据流管道的客户端；主站作为管理管道的客户端，数据流管道的服务器端。数据流管道指子站和主站之间，或 PMU 装置和数据集中器之间实时同步数据的传输通道。数据传输为单向传输，只能是子站到主站，或者 PMU 装置到数据集中器；管理管道指子站和主站之间，或者 PMU 装置和数据集中器之间管理命令、记录数据和配置信息等的传输通道。数据传输为双向传输。

离线数据传输管道与管理管道和数据管道相分离，是独立的 TCP 连接。离线数据传输管道中传送的信息包括传输指令帧、事件标识帧和离线数据帧。主要用于获取动态数据记录文件、暂态数据记录文件和事件标识。

PMU 装置与当地监控系统的通信协议可采用 IEC 61850 系列标准或 IEC 60870 - 5 -

103 标准，与主站之间通信时，底层传输协议采用 TCP 协议，应用层协议采用 IEEE 1344 规约，主要采用以下帧定义格式：

PMU 子站与主站交换的信息类型包括数据帧、配置帧、头帧和命令帧。前三种帧由 PMU 发出，后一种帧支持 PMU 与主站之间进行双向的通信。数据帧是 PMU 的测量结果；配置帧描述 PMU 发出的数据及数据的单位，是可以被计算机读取的文件。头文件由使用者提供，仅供人工读取。命令帧是计算机读取的信息，它包括 PMU 的控制、配置信息。所有的帧都以 2 个字节的同步字开始，其后紧随 2 字节的帧长度字节和 4 字节的世纪秒时标。所有帧以 CRC16 的校验字结束。CRC16 采用的生成多项式为 $X^{16} + X^{12} + X^5 + 1$ 来计算，初始值建议为 0。所有帧的传输没有分界符。同步字首先传送，校验字最后传送。多字节字最高位首先传送。帧同步字第二个字节的 4～6 位标志帧类型（000 为数据帧，001 为头帧，010 为配置帧 1，011 为配置帧 2，100 为命令帧）。

（1）数据帧主要由 PMU 根据 CFG-2 文件产生，内容包括数据时标、数据质量、相量、频率和功率。传送周期为 20ms，占用带宽为 200～500kbit/s。

（2）头帧是 ASCII 码文件，包含相量测量装置、数据源、数量级、变换器、算法、模拟滤波器等的相关信息。

（3）配置帧为 PMU 和实时数据提供信息及参数的配置信息，为机器可读的二进制文件。CFG-1 为系统配置文件（PMU 产生），包括 PMU 可以容纳的所有可能输入量，各相量数据的名称和转换系数，各模拟量的名称和转换系数，一个 PMU 装置只有 1 个 CFG-1 配置帧。CFG-2 为数据配置文件（推荐由主站产生），规定 PMU 实际传输的数据集合和传输速率，PMU 根据 CFG2 生成数据帧发送给主站。

（4）命令帧，负责主站对子站的管理，为子站和主站获得对方发来的指令，并根据指令进行相应的操作。其命令信息包含在命令帧的 CMD 中，用最后四位来表示具体的定义，如关闭数据传输（0001）、开始数据传输（0010）、发送头文件（0011）、发送 CFG-1（0100）、发送 CFG-2（0101）、以数据帧格式接收参考相量（10000）等。

5.4　电能采集装置

电能量采集装置主要采集电能表内的电量数据，并通过拨号、专线通道或数据网等方式实现电能量数据的转发。

5.4.1　电能计量装置

电能计量装置包括各种类型电能表、计量用电压/电流互感器二次回路、电能计量柜等。电能量计量表应采用结构模块化、测量组合化、高精度电子型电能计量表计。电能表按接入线路的方式可分为单相电能表、三相三线电能表和三相四线电能表，按准确度等级分可分有功多费率电能表，有 0.2S、0.2、0.5、0.5S、1.0、2.0，无功多费率电能表,有 2.0 级和 3.0 级,各准确度电能表对电流/电压互感器的准确度要求不同,互感器准确度应不低于电能表的准确度。电能表应能采集正/反向有功/无功电量,当前电压、电流、有功、无功及功率因数等潮流量,以及电能表最大需量、断相、失压等状态量。具备光接口、红外通信、射频通信、RS-485 总线系统等其他数据通信接口实现与外界的数据通信,支持部颁规约及其他通信规约。电能表的工作原理图如图 5-18 所示。

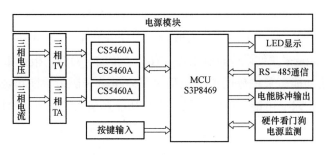

图 5-18 电能表工作原理图

在三相三线电路中,不论对称与否,可以使用两块功率表的方法测量三相功率(称为两表法)。两表法的一种接线方式如图 5-19 所示。

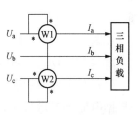

图 5-19 两表法接线方式

总功率为两个功率表的和,对于对称三相负载而言,总功率可以用公式 $P=P_1+P_2=U_{ab}I_a\cos(30°+\varphi)+U_{cb}I_c\cos(30°-\varphi)$ 来进行计算。对三相四线制而言,通常采用三表法进行功率计算。

电能表作为电能交易的计量点,部分用户仅单纯消耗电能,有的用户则可能向电网反送电能,同时送入和送出的电价是不同的,这就需要多功能电能量计量单向或双向有功电能,相应的电网输送到用户的无功包含有感性无功和容性无功,用户反输送到电网的无功也包含感性无功和容性无功。功率因数的考核是按潮流送进、送出考核的,这就要求同一潮流的感性无功和容性无功应进行绝对值相加,所以要求多功能电能表能计量单向或四象限无功电能。四象限无功定义如图 5-20 所示。图 5-20 中,参考矢量是电流矢量(取向右为正方向),电压矢量 U 随相角改变方向,电压 U 和电流 I 间的相角在数学意义上取正(逆时针方向)。

需量是一种平均功率计量或是在选择的需量周期内的平均功率,最大

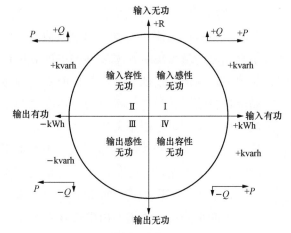

图 5-20 有功功率和无功功率的几何表示

需量指在指定的时间间隔内需量的最大值。要求多功能电能表应能测量正向有功或正反

向有功最大需量、各费率最大需量及其出现的日期和时间，并存储带有时标的数据。最大需量值应能由具备权限的人员手动清零。

5.4.2 电能量采集装置

电能量采集装置主要实现发电厂或变电站电能表数据采集，对电能表和有关设备的运行工况进行监测，并对采集的数据实现管理和远程传输。

电量采集终端采用的操作系统多数为嵌入式多任务操作系统，硬件设计上采用嵌入式主板或核心板。电能量采集终端应具有采集、存储、传输、对时、报警和事件记录等功能。

(1) 数据采集功能。采集数据类型包括采集电量总表码值、账单数据、各费率表码值、瞬时值、失压记录、电能表时间、最大需量功能及最大需量发生时间等各类信息。

(2) 数据存储功能。存储周期可任意设定，满足不同主站对电量数据不同的积分周期的需求。数据采集量全部带质量标志及时标存储，以满足主站对数据的采集及对数据有效性的判断。

(3) 数据通信功能。为适应电能表通信的要求，电量采集终端一般具有 RS-232/485/422、CS 电流环接口，一些终端还支持脉冲接口。与主站之间通信采用 IEC 60870-5-102 规约、DL/T 719—2002 规约或其他规约。

(4) 数据处理功能。终端具有电量预处理功能，能分时段对电量进行累计和存储，并根据电能表的运行状态对电量数据进行质量置位。终端具备自检功能，具有失电记录、报警功能，具有记录电能表通信中断、TV 失压等电能表异常故障信号。

(5) 数据维护功能。采集终端可以在现场通过液晶屏或者维护软件进行维护，同时具有远程维护功能。在调度端通过电话拨号通道、网络通道对终端进行远程维护、各种数据查询、状态查看、通信原码查看、参数设定及软件升级等工作。

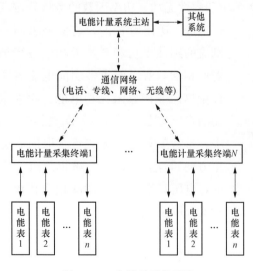

图 5-21 电能量采集系统

电量采集装置能够采集电能表的正向有功、反向有功、正向无功、反向无功电能量信息及电压、电流、功率、功率因数等实时信息。电能量采集装置采集到的电能表电能量值为二次值，表征实际电量值时需要在主站端进行倍率转换，倍率值为电压变比与电流变比的乘积。电能量采集装置与主站的通信可通过以太网和拨号通道完成；采集器能同时与多个主站进行通信，每个通信连接可以配置不同的数据集和数据周期，互不干扰。

电能量采集系统主要由电能计量采集终端、电能表计、通信线路和电能计量系统主站组成。结构如图 5-21 所示。

电能量采集系统主站是应用计算机通信和控制技术,实现电网电能量的远程自动采集、电量数据处理及电量统计分析的综合一体化数据处理平台。计量系统主站主要由通信系统、电量采集服务器、数据库服务器、应用服务器和应用工作站组成。其中采集服务器、数据库服务器、应用服务器一般采用冗余配置运行增强系统可靠性能。

电能计量采集终端安装在电厂、变电站内,把采集的电能表信息进行预处理、存储,经网络、拨号电话等方式传送给主站。同时,主站可以随时或定时召唤、抄取采集终端数据,进行处理,形成各类报表、曲线和历史数据库等,并且数据可与其他系统共享。

5.5 防误闭锁装置

电力生产中,电气误操作事故是电力系统频发性事故之一,能造成设备损坏、大面积停电和人身伤亡等重大事故。为了确保电力系统安全稳定运行,避免各类误操作事故的发生,必须实施防误闭锁及相关组织管理手段。

5.5.1 电力系统"五防"概念

(1) 防止带负荷分、合隔离开关(断路器、负荷开关、接触器合闸状态下不能操作隔离开关)。

(2) 防止误分合断路器、负荷开关、接触器(只有操作指令与操作设备对应时才能对被操作设备)。

(3) 防止接地开关处于闭合位置时合断路器、负荷开关(只有当接地开关处于分闸状态时,才能合隔离开关或手车进至工作位置)。

(4) 防止带电时误合接地开关(只有断路器处于分闸状态时,才能操作隔离开关或将手车从工作位置退至试验位置)。

(5) 防止误入带电间隔(只有间隔不带电时,才能开门进入隔室)。

5.5.2 防误闭锁的基本原理

目前防误闭锁装置的主要构成方案是:机械闭锁、电气回路闭锁、微机五防闭锁和间隔层联锁。

1. 机械闭锁

对于成套的高压开关设备应优先采用机械闭锁,对于敞开式设计的变电站,机械闭锁仅限于隔离开关与接地开关之间的闭锁,其可靠性一般较高。

2. 电气防误闭锁

电气防误操作是建立在二次操作回路上的一种防误功能,一般通过在断路器和隔离开关的控制回路中串接与其相关一次设备的辅助触点,实现相互联锁(通过电气回路和相关设备辅助触点的开闭组合连接来起到闭锁作用),闭锁过程中不需要辅助操作,闭锁功能可靠。

电气防误的优点是实时性强、操作简单、使用方便。缺点是：①断路器和隔离开关等一次设备提供的辅助触点有限且不同电压等级间的联系很不方便，相关闭锁回路设计容易出现多余闭锁或者闭锁不完善的情况；②这种闭锁方式需要接入大量的二次电缆，接线方式复杂，运行维护困难；③较多的辅助触点串入，辅助触点设备工作不可靠会直接影响电气联锁的可靠性；④电气闭锁回路一般只能防止断路器、隔离开关和接地开关的误操作，不能防止对误入带电间隔、误挂（拆除）接地线，不能实现完整的"五防"功能。

3. 微机防误闭锁

微机"五防"是一种利用计算机技术来防止高压开关设备电气误操作的装置，主要由主机、模拟屏、电脑钥匙、机械编码锁、电气编码锁等功能元件组成。现行微机防误闭锁装置闭锁的设备有断路器、隔离开关、地线、地线开关、遮栏网门（开关柜门）等。只有当设备的操作程序与软件编写操作闭锁规则程序一致时，才允许进行操作。

微机防误闭锁装置分为在线式和离线式两类。离线式系统的基本原理是：将停电、送电过程中电气设备操作的步骤和顺序以软件编程的方法注入电脑钥匙之中，通过钥匙液晶汉字显示和语音提示的方式对操作人员进行指导和警示，以确保操作过程的正确进行。在线式系统的基本原理是：在五防系统中对停电、送电过程中电气设备操作的步骤和顺序进行模拟操作和实际操作时，每操作一步，系统都要根据设备当前的运行状态进行校验分析，判断操作正确与否，如果正确，则允许继续进行下一步操作；如发现设备不具备操作条件，则系统自动闭锁，禁止操作，从而有效防止在某些特殊情况下（断路器、隔离开关、临时接地点等现场实际位置与系统反应的位置不一致时）可能发生的误操作。

微机防误闭锁装置一般不直接采用现场设备的辅助触点，其接线简单，通过防误闭锁系统微机软件规则库和现场锁具实现防误闭锁。微机防误闭锁装置可根据现场实际情况，编写相应的"五防"规则程序，从而实现较为完整的"五防"功能，杜绝不正常的操作行为发生；但在微机系统故障而解除闭锁时，"五防"功能将完全失去。另外，电动操作的隔离开关和接地开关的二次操作回路绝缘破坏容易导致断路器的误分和误合。

4. 间隔层联锁

变电站内站控层实时数据库中断路器、隔离开关等操作机构的位置信号从实际传到后台数据库，需要经历多个通信环节的影响，很难始终保持较高的实时性。在间隔层测控装置中实现防误操作最突出的特点就是实时性。

（1）间隔层防误闭锁依托于间隔测控装置与变电站内的监控网来实现，测控装置借助管理软件中的可编程逻辑控制器，画出所需的梯形图，然后通过串口下装到测控装置中，即可实现所需功能。间隔层防误闭锁分为间隔内闭锁和间隔间联锁，间隔内闭锁因为实时库就在装置本地而变得相当简单，间隔间联锁的信息一部分来源于装置本地，另一部分源于联锁装置。保证联锁装置信息的实时性，是间隔层防误闭锁的重点。

（2）间隔层装置间相互通信获取联锁实时信息，这是系统对间隔层测控装置提出的全新要求。显然通信在间隔层防误中扮演极其重要的角色，所以间隔层的网络应该是高速以太网，测控装置应该作为独立的以太网节点接入以太网。

装置联锁信息的获得方法有两种，一种是定时巡检，另一种是实时查询。定时巡检实现起来比较容易，但是为了保证实时性，巡检周期不能太长，这就增加了现场网络的负荷。实时查询是在遥控选择命令到达后启动联锁通信，所面临的问题是能否及时发送遥控返校信息。也可以采用两者相结合的方法，即巡检＋实时查询。网络中各个测控装置定时向其他测控装置广播本间隔的位置信号，时间间隔可以是几十秒或几分钟。当遥控命令到达后，测控装置启动联锁，在上一次广播到现在发生过位置变位的联锁间隔需要建立通信以获得最新的位置信息，其他未发生变位的测控间隔只需给出一个未发生变位的确认即可。这样可以大大减少联锁信息获得所需要的时间。

（3）间隔层联锁突出的优点是具有较高的实时性。此外，由于间隔层防误闭锁可以根据测控装置中电气设备的位置变化信息实现在线闭锁，站内后台或调控中心远方遥控操作时，间隔层防误闭锁功能可以有效地避免因位置信息上送不及时而造成的误操作。

（4）间隔层联锁存在的主要问题是变电站投运后，在变电站扩建、测控单元软件升级、测控单元异常处理后，受现场运行条件的限制，难以对测控单元的闭锁关系进行完整的传动验收。一方面需要在变电站基建过程中进行详尽的传动试验，确保闭锁逻辑的正确性；另一方面，可以考虑间隔层的闭锁逻辑在线验收问题，比如在测控单元间隔层增加一台可以进行模拟操作的工控机，专门用于校验间隔层闭锁逻辑的正确性。

5.5.3　微机防误闭锁装置的构成

目前变电站计算机监控系统的微机五防功能有三种实现模式：第一种是微机"五防"系统与监控系统完全独立；第二种是微机"五防"系统与监控系统采用通信接口方式进行通信；第三种是"五防"系统嵌入监控系统，由监控系统实现防误闭锁。下面分别予以简单介绍。

在变电站监控系统兴起之前，站内微机"五防"系统独立配置。全站断路器、隔离开关、接地开关、网门、地线状态，均由"五防"系统采集。"五防"系统由防误主机、电脑钥匙、机械编码锁、电气编码锁、模拟屏等功能元件组成。防误闭锁逻辑由专用维护软件编写后下装到"五防"主机运行，防误闭锁装置示意图如图 5 - 22所示。

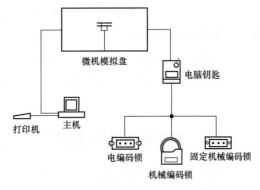

图 5 - 22　微机防误闭锁装置示意图

在"五防"模拟盘主机内预存了变电站所有要操作设备的操作条件。模拟盘上各模拟元件都有一对触点与主机相连。运行人员要操作时，首先在微机模拟盘上进行预演操作。在操作过程中，计算机根据预储的防误闭锁逻辑对每一个操作步骤进行判断，若操作正确，则发出操作正确的音响信号；若操作错误，则显示错误操作项的设备编号，并发出报警信号，直至错误项更正为止。预演操作结束后，通过打印机打印出操作票，并通过微机模拟盘上的光电传输接口将正确的操作程序输入电脑钥匙。

运行人员携带电脑钥匙到现场进行操作。操作时，正确的操作内容按模拟顺序显示在电脑钥匙的显示屏上，并通过探头检查操作的对象锁码是否正确，若正确则以闪烁或语音报读方式提示被操作设备是否正确，同时开放闭锁回路。每操作一步结束后，能自动显示下一步的操作内容。若走错间隔，则不能打开机械编码锁或电气编码锁，同时，电脑钥匙发出报警信号，提示操作人员。这种闭锁装置能较好地满足操作闭锁"五防"要求，并能节省大量为实现闭锁回路而敷设的控制电缆。

变电站监控系统兴起之后，微机"五防"可实现与监控系统互动配置，可在站控层设独立的"五防"工作站。系统进行逻辑计算所需断路器、隔离开关等设备的实时位置信息，由监控主机转发获取；所需要的网门、地线等信息由电脑钥匙以虚遥信的方式采集。所有一次设备操作的闭锁逻辑由"五防"机编制和运算。当有设备操作时，由"五防"工作站进行闭锁逻辑判定，满足条件后，电动设备的解锁命令由"五防"发送到监控主机，就地操作设备的解锁命令传送到电脑钥匙。

随着变电站监控技术的日趋完善，"五防"功能已能够嵌入监控系统，将"五防"与监控系统合并，实现一体化"五防"系统。一体化"五防"系统由站控层、间隔层和现场单元电气闭锁三层防误实现，如图 5-23 所示。

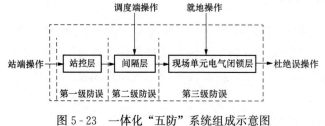

图 5-23　一体化"五防"系统组成示意图

监控系统新增加的"五防"功能模块以监控系统图形环境和实时库为数据基础，具有操作票智能生成与管理功能，并对变电站一次设备的远方及就地操作进行防误闭锁。一次设备的后台遥控操作通过与"五防"模块的实时数据共享和交换可靠地实现逻辑闭锁功能。对于一次设备的就地操作或无法电动操作的设备（如网门、地线等），则需要将操作票内的相关操作内容传输到电脑钥匙中，通过电脑钥匙实现一次设备就地操作的防误闭锁功能。

5.5.4　变电站防误闭锁逻辑

变电站内编写的微机防误闭锁逻辑只适应于设备运行时的正常倒闸操作，并不适用于设备检修的情况。变电站内线路间隔内各元件（除母线隔离开关外）的闭锁逻辑，只与本间隔设备有关，将开关视为导电设备；变压器各元件的闭锁逻辑要考虑各侧设备状态，将变压器本体视为导电设备；电容电抗等设备除本间隔设备外，还要考虑网门的开启和关闭。

下面以图 5-24 中某条 220kV 线路断路器、隔离开关的闭锁逻辑为例，做简要说明。

220kV 线路 2211-2 隔离开关 H：

（1）220kV 线路 2211-4 隔离开关＝1，220kV 线路 2211 断路器＝0，220kV 线路 2211-17 接地开关＝0，220kV 线路 2211-27 接地开关＝0，220kV 线路 2211-47 接地开关＝0，220kV 线路 2211 线路侧＝0；

（2）220kV 线路 2211-5 隔离开关＝1，220kV 线路 2211 断路器＝0，220kV 线路 2211-17 接地开关＝0，220kV 线路 2211-27 接地开关＝0，220kV 线路 2211-47 接地开关＝0，220kV 线路 2211 线路侧地线＝0。

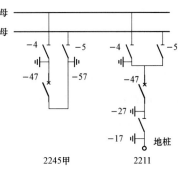

图 5-24　变电站一次系统示意图

说明：2211-2 隔离开关的分逻辑与合逻辑相同。考虑在设备非检修状态下，只有线路送电时才需要合该隔离开关，所以上述逻辑考虑了该线路在 4 母运行和 5 母运行两种情况。按照安规要求，送电时先合母线侧隔离开关再合线路侧隔离开关，故合 2211-2 隔离开关前，2211-4 隔离开关和 2211-5 隔离开关必定有一个在合位，且开关、接地开关和地线都处于分位。

220kV 线路 2211-4 隔离开关 H：

（1）220kV 线路 2211 断路器＝0，220kV 线路 2211-27 接地开关＝0，220kV 线路 2211-47 接地开关＝0，220kV 母线 224-7 接地开关＝0，220kV 线路 2211-2 隔离开关＝0，220kV 母联 2245 甲-4 隔离开关＝0，220kV 线路 2211-5 隔离开关＝0；

（2）220kV 线路 2211 断路器＝1，220kV 线路 2211-5 隔离开关＝1，220kV 母联 2245 甲断路器＝1，220kV 母联 2245 甲-4 隔离开关＝1，220kV 母联 2245 甲-5 隔离开关＝1，220kV 线路 2211-2 隔离开关＝1，220kV 线路 2211-27 接地开关＝0，220kV 线路 2211-47 接地开关＝0，220kV 母线 224-7 接地开关＝0

说明：2211-4 隔离开关的分逻辑与合逻辑相同。考虑在设备非检修状态下，只有线路送电或倒母线时才需要合该隔离开关。按照安规要求，送电时先合母线侧隔离开关再合线路侧隔离开关，故合 2211-4 隔离开关前 2211-2 隔离开关分位，且断路器、接地开关和地线都处于分位；倒母线时，两把母联隔离开关、母联断路器处于合位，本间隔接地开关地线以及母线接地开关都处于分位。

220kV 线路 2211-5 隔离开关 H：

（1）220kV 线路 2211 断路器＝0，220kV 线路 2211-27 接地开关＝0，220kV 线路

2211-47 接地开关=0，220kV 母线 225 甲-7 接地开关=0，220kV 线路 2211-2 隔离开关=0，220kV 母联 2245 甲-5 隔离开关=0，220kV 线路 2211-4 隔离开关=0；

（2）220kV 线路 2211 断路器=1，220kV 线路 2211－4 隔离开关=1，220kV 母联 2245 甲断路器=1，220kV 母联 2245 甲-4 隔离开关=1，220kV 母联 2245 甲-5 隔离开关=1，220kV 线路 2212-2 隔离开关=1，220kV 线路 2211-27 接地开关=0，220kV 线路 2211-47 接地开关=0，220kV 母线 225 甲-7 接地开关=0

说明：2211-5 隔离开关的逻辑结构与 2211-4 隔离开关类似。

220kV 线路 2211-17 接地开关 H：220kV 线路 2211-2 隔离开关=0，说明：2211-17 接地开关的分逻辑与合逻辑相同，它只合与之有电气连接的 2211-2 隔离开关相关。此外 2211 线路侧地线的逻辑与 2211-17 完全相同，主要用于室外线路引线接地。

220kV 线路 2211-27 接地开关 H：220kV 线路 2211 断路器=0，220kV 线路 2211-2 隔离开关=0，220kV 线路 2211-4 隔离开关=0，220kV 线路 2211-5 隔离开关=0，说明：2211-27 接地开关的分逻辑与合逻辑相同。它只合与之有电气连接的 2211 断路器、2211-2 隔离开关、2211-4 隔离开关、2211-5 隔离开关相关。

220kV 线路 2211-47 地刀 H：220kV 线路 2211 断路器=0，220kV 线路 2211-2 隔离开关=0，220kV 线路 2211-4 隔离开关=0，220kV 线路 2211-5 隔离开关=0！

说明：2211-47 接地开关的分逻辑与合逻辑相同。它只合与之有电气连接的 2211 断路器、2211-2 隔离开关、2211-4 隔离开关、2211-5 隔离开关相关。

6 调度数据网及电力监控系统网络安全防护

6.1 电力调度数据网

6.1.1 电网调度自动化系统

电网调度自动化系统主要由调度主站系统、信息传输系统、变电站端系统组成，如图 6-1 所示。

（1）调度主站系统。调度主站系统前置机完成电力系统运行数据的接收及预处理等功能，后台处理机完成数据的进一步处理、存储、系统监视与分析等高级应用功能。经过人机联系子系统呈现给调度人员，执行子系统对发电厂、变电站自动化系统进行远方控制和调节操作。

（2）信息传输系统。信息传输远动通信系统为信号采集和执行子系统与调度控制中心提供了信息交换的桥梁，由电力载波、微波、光传输设备等组成远动通道。随着通信技术的发展，传输方式正由模拟通信转向数字通信。数字通信的实现要依托于电力调度数据网，电力调度数据网是实现各级调度中心之间及调度中心与变电站之间实时生产数据传输和交换的基础设施。

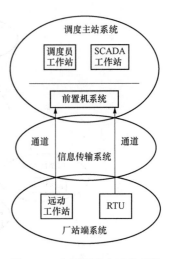

图 6-1 电网调度自动化系统

（3）变电站端系统。变电站端系统主要包括安装于发电厂和变电站自动化远方终端单元（RTU）以及发电厂、变电站计算机监控系统的远动工作站，变电站端系统负责采集各种表征电力系统运行状态的实时信息，如断路器状态、发电机功率、母线电压、变压器负荷等，并将采集到的实时信息经远动工作站上送各级调度自动化主站系统。同时，调度自动化变电站系统负责接收和执行上级调度中心发出的操作、调节和控制命令。

6.1.2 电力调度数据网概述

调度数据网（SGDnet）由双平面骨干网（包括核心区和子区）和各级调度接入网组

成，是为电力调度生产服务的专用数据网络，是实现各级调度中心之间及调度中心与变电站之间生产数据传输和交换的基础承载设施。

6.1.2.1 骨干网

调度数据网自 2003 年开始建设，网络设备已运行较长时间，设备容量和带宽容量已经无法满足数据传输的需求。

2010 年国家电网调度中心建立了新一平面和二平面网络，大幅提高了数据传输容量和网络通道的冗余性和可靠性。

6.1.2.2 接入网

根据国家电网调度数据网双平面和接入网总体技术方案，各级调度直调变电站组成相应接入网，按调度机构划分为国调接入网、网调接入网、省调接入网和地调接入网，其中县（区）调纳入地调接入网，各接入网相对独立。

接入网实现了本级别的变电站业务接入，同时，将第二套设备部署在下级接入网中，以实现不同接入网对变电站业务的双平面覆盖。

6.1.2.3 调度数据网结构分析

双平面整体模型如图 6-2 所示。

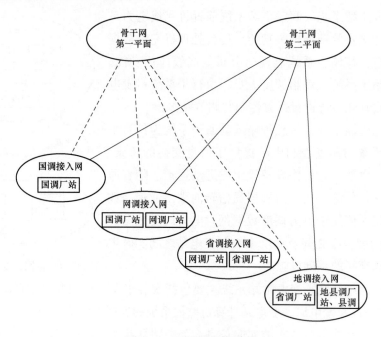

图 6-2 双平面整体模型

1. 骨干网架构

从节点性质上分析，一平面骨干网分为国调、网调、省调和地调。

每个大区均由相应分中心作为第一出口，每个大区又分别选择一个省调作为第二出口，当第一出口不可用时，可以作为备份出口转发。

2. 骨干网设计原则

(1) 拓扑可靠性。

1) $N-1$ 的电路可靠性：拓扑中去掉任何 1 条连线（电路），不影响节点的连通性。这就要求每个节点至少有两条不相关的电路与其他节点相连。

2) $N-1$ 的节点可靠性：拓扑中去掉任何 1 个节点，不影响其他节点的连通性。如国调节点故障应不影响其他节点的连通。

(2) 双出口。每个骨干层网络到核心层网络有两个出口，两个出口应位于不同的地理位置（至少不在一个机房内），防止因外部原因（如停电）造成两出口同时失效。两出口的外联电路中，至少有两条没有相关性。

(3) 流量优化。根据网络的流量和流向合理配置电路及其带宽。网络流量分布均匀，各电路带宽得到较充分的利用，不存在网络带宽瓶颈。应适度考虑在"$N-1$"的情况下网络的流量。

(4) 经济性。在保证可靠和畅通的前提下，网络电路的数量、总里程和带宽应尽可能减小，以降低网络的运行费用。

(5) 扩展性。网络电路和节点的增加、减少以及修改应不影响网络的总体拓扑。

3. 接入网架构

接入网与骨干网一样，采用先进的 IP/MPLS 体制及路由交换网络设备来进行专用承载网络的建设。利用 BGP/MPLS VPN 技术进行网络架构的整体设计，实现多种业务区分的三层隔离。接入网是独立的管理自治系统，因此内部网络设计相对独立。

接入网拓扑示意如图 6-3 所示。

4. 接入网设计原则

(1) 接入网内部采用两层或三层网络结构。

(2) 在网络规模较小、传输链路资源不受限制的情况下，接入网核心层节点直接与变电站接入层节点相连。

(3) 在网络规模较大或传输链路资源受限制的情况下，可在接入网核心层节点与变电站接入层节点间增加一层汇聚节点，汇聚节点原则上设在通信传输网上的枢纽节点。

(4) 原则上，各接入网核心层都设置成双核心结构。

5. 业务系统接入

(1) 业务系统接入——平面（见图 6-4）。国家电网调度数据网第一平面 CE 设备为三层交换机，其中现网分为实时交换机和非实时交换机，新网为实时交换机、非实时交换机和应急交换机。CE 设备分别与现网和新网的 PE 设备互联。现网和新网相应的交换机 CE 之间也通过链路捆绑技术互连，加强 CE 间可靠性，两台交换机为局域网用户提供两个方向的接入。

(2) 业务系统接入——二平面（见图 6-5）。国家电网调度数据网第二平面 CE 设备为三

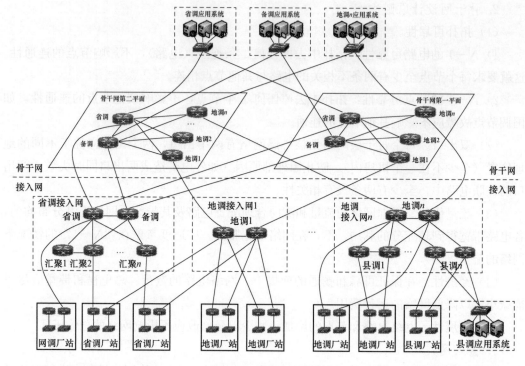

图 6-3　接入网拓扑

层交换机，分为实时交换机、非实时交换机和应急交换机。CE 设备分别与 PE 设备通过以太网链路捆绑技术互联，加强 CE 和 PE 间的可靠性，三台交换机为局域网用户提供接入。

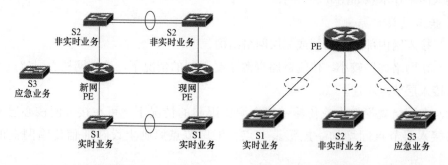

图 6-4　业务系统接入——平面　　　　图 6-5　业务系统接入—二平面

（3）业务系统接入 - 变电站端（见图 6-6）。变电站端有两套调度数据网设备，以国调接入网为例，国调直调变电站分别为国调接入网设备和网调接入网设备。每一套设备分别有一区和二区两台交换机提供业务接入，同区业务主机（不同 IP 地址）分别上联至不同接入网交换机错级备份。

（4）业务承载方式。调度自动化系统（包括 EMS、WAMS、RTU、PMU）采用双网卡配置服务器，分别连接至一、二平面，在两条通道上都可以接收和发送数据，优选来自某条通道的业务数据。当业务系统感知到一条通道中断时，可以切换使用另一条通

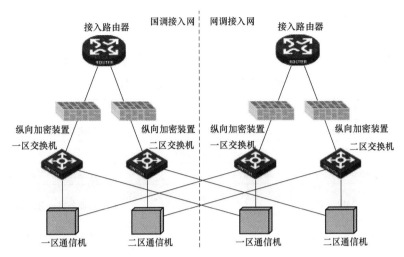

图 6-6 业务系统接入 - 变电站端

道传输业务数据，以保持业务的可用性和连续性。

调度数据网承载的业务如图 6-7 所示。

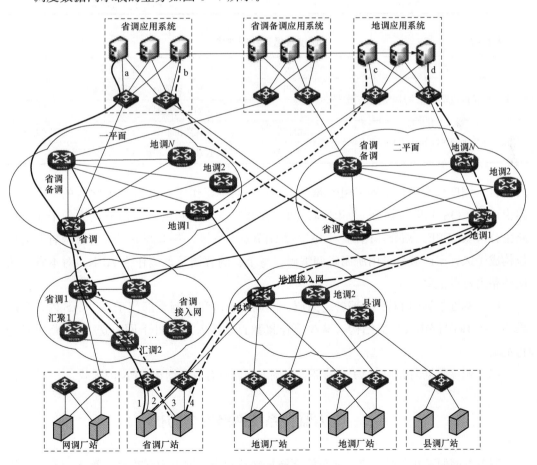

图 6-7 调度数据网承载的业务

211

6.1.3　电力调度数据网关键技术

调度数据网应用的主要网络技术如表 6-1 所示。调度数据网并网技术如表 6-2 所示。

表 6-1　　　　　　　　　　　调度数据网应用的主要网络技术

技术分类	网络技术	含义	应用场景
路由	OSPF	开放最短路径优先协议	网络基础架构 IP 三层联通
	BGP	（多协议扩展）边界网关路由协议	域间路由以及 VPN 路由的传递
	Route Policy	路由策略	控制路由的发送、接收
MPLS VPN	BGP/MPLS VPN	基于 BGP 的多协议标签交换虚拟专用网络	对业务进行分区隔离
	BGP/MPLS VP 跨域		骨干网和接入网对接
QoS	MPLS QoS	MPLS 服务质量保证	网络拥塞时对关键业务提供带宽区分保障
管理与维护	NTP	网络时钟协议	网络设备的时钟同步
	SNMP	简单网络管理协议	网管平台与设备的信息交互

表 6-2　　　　　　　　　　　调度数据网并网技术

关键节点	技术分类	主要要求
骨干网子区边界节点（ABR）	OSPF	区域正确划分、实现路由聚合
	BGP	正确设置反射器
接入网骨干网对接节点（ASBR）	路由控制	实现路由汇聚，禁止骨干网路由之间"串通"
	互连电路	封装格式、误码率、Tos 满足要求

（1）调度数据网骨干网 OSPF 部署。OSPF 的主要作用是保持骨干网内的节点 IGP 路由可达，OSPF 区域划分——国调、网、省调节点为核心层，地调节点为骨干层；按路由分区（OSPF）划分，国调、网调、省调节点为 0 区，各地调节点按所属网省调为单位构成子区，子区域号采用所属省调编码，每个省的省调及备调作为 ABR，对本省子区内的路由进行汇聚。

（2）调度数据网 BGP 的部署。国调、网调、省调和地调全部位于一个 AS 内，全网采用三级 BGP 路由反射器结构，减少全连接数目，接入网向骨干网发送 BGP 路由时进行汇聚。

（3）调度数据网 MPLS VPN 的部署。调度网内所有业务均在 VPN 内承载。

6.2　电力监控系统网络安全防护

随着电网的不断发展，信息之间的交换越来越频繁，因电力网络系统被入侵导致系统安令被威胁或泄密的事件并未杜绝，如何保证电力系统的安全稳定运行是调度自动化专业面临的紧迫问题。国家电力监管委员会第 5 号令《电力二次系统安全防护规定》和原国家经济贸易委员会第 30 号令《电网和电厂计算机监控系统及调度数据网络安全防护规定》是国家最早发布的电力二次系统安全防护的基本规定。

电力监控系统网络安全防护（以下简称网络安全防护）的总体原则为"安全分区、网络专用、横向隔离、纵向认证"。安全防护主要针对网络系统和基于网络的电力生产控制系统，重点强化边界防护，提高内部安全防护能力，保证电力生产控制系统及重要数据的安全。

根据《电力二次系统安全防护规定》的要求，电力网络系统安全防护总体原则的框架结构如图 6-8 所示。

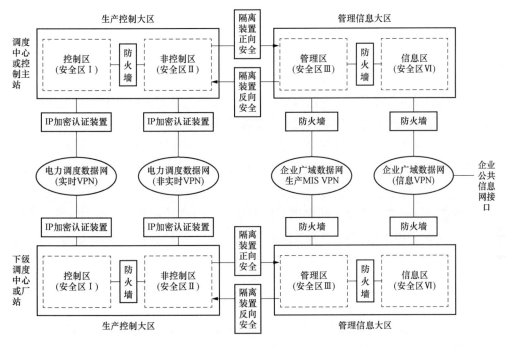

图 6-8　电力网络系统安全防护总体原则的框架结构

6.2.1　安全分区

安全分区是电力网络系统安全防护体系的结构基础。发电企业、电网企业和供电企业内部基于计算机和网络技术的应用系统，原则上划分为生产控制大区和管理信息大区。生产控制大区可以分为控制区（又称安全区Ⅰ）和非控制区（又称安全区Ⅱ）。

（1）生产控制大区的安全区划分。

1）控制区（安全区Ⅰ）。

控制区中的业务系统或其功能模块（或子系统）的典型特征是电力生产的重要环节，

直接实现对电力一次系统的实时监控，纵向使用电力调度数据网络或专用通道，是安全防护的重点与核心。

控制区的典型业务系统包括电力数据采集和监控系统、能量管理系统、广域相量测量系统、配电网自动化系统、变电站自动化系统、发电厂自动监控系统等，其主要使用者为调控员和运行操作人员，数据传输实时性为毫秒级或秒级，其数据通信使用电力调度数据网的实时子网或专用通道进行传输。该区内还包括采用专用通道的控制系统，如继电保护、安全自动控制系统、低频（或低压）自动减负荷系统、负荷管理系统等，这类系统对数据传输的实时性要求为毫秒级或秒级，其中负荷管理系统为分钟级。

2）非控制区（安全区Ⅱ）。

非控制区中的业务系统或其功能模块的典型特征是电力生产的必要环节，在线运行但不具备控制功能，使用电力调度数据网络，与控制区中的业务系统或其功能模块联系紧密。

非控制区的典型业务系统包括调控员培训模拟系统、水库调度自动化系统、继电保护及故障录波信息管理系统、电能量计量系统、电力市场运营系统等，其主要使用者分别为电力调控员、水电调度员、继电保护人员、电力市场交易员等。在变电站端还包括电能量远方终端、故障录波装置及发电厂的报价系统等。非控制区的数据采集频度是分钟级或小时级，其数据通信使用电力调度数据网的非实时子网。

（2）管理信息大区的安全区划分。管理信息大区是指生产控制大区以外的电力企业管理业务系统的集合。电力企业可根据具体情况划分安全区，但不应影响生产控制大区的安全。

（3）业务系统分置于安全区的原则。根据业务系统或其功能模块的实时性、使用者、主要功能、设备使用场所、各业务系统间的相互关系、广域网通信方式以及对电力系统的影响程度等，通常根据以下规则将业务系统或其功能模块置于相应的安全区：

1）实时控制系统、有实时控制功能的业务模块以及未来有实时控制功能的业务系统应置于控制区。

2）应当尽可能将业务系统完整置于一个安全区内。当业务系统的某些功能模块与此业务系统不属于同一个安全分区内时，可将其功能模块分置于相应的安全区中，经过安全区之间的安全隔离设施进行通信。

3）不允许把应当属于高安全等级区域的业务系统或其功能模块迁移到低安全等级区域；但允许把属于低安全等级区域的业务系统或其功能模块放置于高安全等级区域。

4）对不存在外部网络联系的孤立业务系统，其安全分区无特殊要求，但需遵守所在安全区的防护要求。

5）对于县调、配调、小型电厂和变电站的网络系统，可以根据具体情况不设非控制区、重点防护控制区。

（4）生产控制大区安全防护要求。

1）禁止生产控制大区内部的 E—mail 服务，禁止控制区内通用的 Web 服务。

2）允许非控制区内部业务系统采用 B/S 结构（Browser Server 结构，浏览器/服务器结构），但仅限于业务系统内部使用。允许提供纵向安全 Web 服务，可以采用经过安全加固且支持 HTTPS 的安全 Web 服务器和 Web 浏览工作站。

3）生产控制大区重要业务［如 SCADA/AGC（即 Supervisory Control And DataAcquisition/Automatic Generation Control，监控与数据采集/自动发电控制）、电力市场交易等］的远程通信必须采用加密认证机制，对已有系统应逐步改造。

4）生产控制大区内的业务系统间应该采取虚拟局域网（Virtual Local Area Network，VLAN）和访问控制等安全措施，限制系统间的直接互通。

5）生产控制大区的拨号访问服务，服务器和用户端均应使用经国家指定部门认证的安全加固的操作系统，并采取加密、认证和访问控制等安全防护措施。

6）生产控制大区边界上可以部署入侵检测系统（Intrusion Detection System，IDS）。

7）生产控制大区应部署安全审计措施，把安全审计与安全区网络管理系统、综合告警系统、IDS 管理系统、敏感业务服务器登录认证和授权、应用访问权限相结合。

8）生产控制大区应该统一部署恶意代码防护系统，采取防范恶意代码措施。病毒库、木马库以及 IDS 规则库的更新应该离线进行。

（5）管理信息大区安全防护要求。应当统一部署防火墙、IDS、恶意代码防护系统等通用安全防护设施。

（6）安全区拓扑结构。电力网络系统安全区连接的拓扑结构有链式、三角和星形结构三种。

1）链式结构中的控制区具有较高的累积安全强度，但总体层次较多。

2）三角结构各区可直接相连，效率较高，但所用隔离设备较多。

3）星形结构所用设备较少、易于实施，但中心点故障影响范围大。

三种结构均能满足电力网络系统安全防护体系的要求，可根据具体情况选用。

6.2.2 网络专用

电力调度数据网是为生产控制大区服务的专用数据网络，承载电力实时控制、在线生产交易等业务。安全区的外部边界网络之间的安全防护隔离强度应该与所连接的安全区之间的安全防护隔离强度相匹配。

电力调度数据网应当在专用通道上使用独立的网络设备组网，采用基于 SDH/PDH（Synchronous Digital Hierarchy/Plesiochronous Digital Hierarchy，同步数字系列/准同步数字系列）不同通道、不同光波长、不同纤芯等方式，在物理层面上实现与电力企业其他数据网及外部公用信息网的安全隔离。

电力调度数据网划分为逻辑隔离的实时子网和非实时子网，分别连接控制区和非控制区。可采用 MPLS-VPN（Multi-protocol Label Switching/Virtual Private Network，多协议标签交换/虚拟私有网络）技术、安全隧道技术、静态路由等构造子网。电力调度数据网应当采用以下安全防护措施：

（1）网络路由防护。按照电力调度管理体系及数据网络技术规范，采用虚拟专网技术，将电力调度数据网分割为逻辑上相对独立的实时子网和非实时子网，分别对应控制业务和非控制生产业务，保证实时业务的封闭性和高等级的网络服务质量。

（2）网络边界防护。应当采取严格的接入控制措施，保证业务系统接入的可信性。经过授权的节点允许接入电力调度数据网，进行广域网通信。数据网络与业务系统边界采用必要的访问控制措施，对通信方式与通信业务类型进行控制；在生产控制大区与电力调度数据网的纵向交接处应当采取相应的安全隔离、加密、认证等防护措施。对于实时控制等重要业务，应该通过纵向加密认证装置或加密认证网关接入调度数据网。

（3）网络设备的安全配置。网络设备的安全配置包括关闭或限定网络服务、避免使用默认路由、关闭网络边界 OSPF（Open Shortest PathFirst，开放式最短路径优先）路由功能、采用安全增强的 SNMPV2（SNMP 即 Simple Network Management Protocol，简单网络管理协议）及以上版本的网管协议、设置受信任的网络地址范围、记录设备日志、设置高强度的密码、开启访问控制列表、封闭空闲的网络端口等。

（4）数据网络安全的分层分区设置。电力调度数据网遵循安全分层分区设置的原则。省级以上调度中心和网调以上直调变电站节点构成调度数据网骨干网（简称骨干网）。省调、地调和县调及省、地直调变电站节点构成省级调度数据网（简称省网）。

县调和配网内部生产控制大区专用节点构成县级专用数据网。县调自动化、配网自动化、负荷管理系统与被控对象之间的数据通信可采用专用数据网络，不具备专网条件的也可采用公用通信网络（不包括因特网），且必须采取安全防护措施。

各层面的数据网络之间应该通过路由限制措施进行安全隔离。当县调或配调内部采用公用通信网时，禁止与调度数据网互联。保证网络故障和安全事件限制在局部区域之内。

企业内部管理信息大区纵向互联采用电力企业数据网或互联网，电力企业数据网为电力企业内联网。

6.2.3 横向隔离

横向隔离是电力网络安全防护体系的横向防线。采用不同强度的安全设备隔离各安全区，在生产控制大区与管理信息大区之间必须设置经国家指定部门检测认证的电力专用横向单向安全隔离装置，隔离强度应接近或达到物理隔离。电力专用横向单向安全隔离装置作为生产控制大区与管理信息大区之间的必备边界防护措施，是横向防护的关键设备。生产控制大区内部的安全区之间应当采用具有访问控制功能的网络设备、防火墙或者相当功能的设施，实现逻辑隔离。

按照数据通信方向，电力专用横向单向安全隔离装置分为正向型和反向型。正向安全隔离装置用于生产控制大区到管理信息大区的非网络方式的单向数据传输。反向安全隔离装置用于从管理信息大区到生产控制大区单向数据传输，是管理信息大区到生产控制大区的唯一数据传输途径。反向安全隔离装置集中接收管理信息大区发向生产控制大区的数据，进行签名验证、内容过滤、有效性检查等处理后，转发给生产控制大区内部的接收程序。专用横向单向隔离装置应该满足实时性、可靠性和传输流量等方面的要求。

通常严格禁止 E-mail，Web、telnet、rlogin（远程登录）、FTP（File Transfer Protocol，文件传输协议）等安全风险高的通用网络服务和以 B/S 或 C/S（Client/Server，客户机/服务器）方式的数据库访问穿越专用横向单向安全隔离装置，仅允许纯数据的单向安全传输。控制区与非控制区之间应采用国产硬件防火墙、具有访问控制功能的设备或相当功能的设施进行逻辑隔离。

6.2.4　纵向认证

纵向加密认证是电力网络系统安全防护体系的纵向防线。采用认证、加密、访问控制等技术措施实现数据的远方安全传输以及纵向边界的安全防护。对于重点防护的调度中心、发电厂、变电站，在生产控制大区与广域网的纵向连接处应当设置经过国家指定部门检测认证的电力专用纵向加密认证装置或者加密认证同关及相应设施，实现双向身份认证、数据加密和访问控制。

纵向加密认证装置及加密认证网关用于生产控制大区的广域网边界防护。纵向加密认证装置为广域网通信提供认证与加密功能，实现数据传输的机密性、完整性保护，同时具有类似防火墙的安全过滤功能。加密认证网关除具有加密认证装置的全部功能外，还应实现对电力系统数据通信应用层协议及报文的处理功能。

原则上，对于重点防护的调度中心和重要变电站两侧均应配置纵向加密认证装置。电力调度数字证书系统是基于公钥技术的分布式的数字证书系统，主要用于生产控制大区，为电力监控系统及电力调度数据网上的关键应用、关键用户和关键设备提供数字证书服务，实现高强度的身份认证、安全的数据传输以及可靠的行为审计。

电力调度数字证书分为人员证书、程序证书、设备证书三类。人员证书指用户在访问系统、进行操作时对其身份进行认证所需要持有的证书；程序证书指关键应用的模块、进程、服务器程序运行时需要持有的证书；设备证书指网络设备、服务器主机等，在接入本地网络系统与其他实体通信过程中需要持有的证书。电力调度数字证书系统的建设运行应当符合如下要求：

（1）统一规划数字证书的信任体系，各级电力调度数字证书系统用于颁发本调度中心及调度对象相关人员和设备证书。上、下级电力调度数字证书系统通过信任链构成认证体系。

（2）采用统一的数字证书格式和加密算法。

（3）提供规范的应用接口，支持相关应用系统和安全专用设备嵌入电力调度数字证书服务。

（4）电力调度数字证书的生成、发放、管理以及密钥的生成、管理应当脱离网络，独立运行。

6.2.5 物理隔离装置简介

1. 正向隔离

（1）割断穿透性 TCP 连接。正向安全隔离产品采用专用协议栈，割断了穿透性的 TCP 连接，将内网的纯数据通过单向数据通道发送到内网，同时只允许应用层不带任何数据的 TCP 包的控制信息传输到内网。如图 6-9 所示。

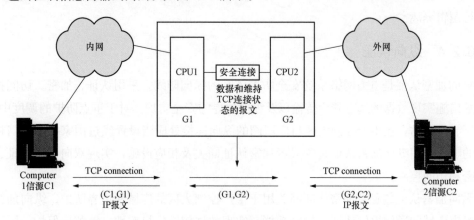

图 6-9　割断穿透性 TCP

（2）高速数据交换。隔离装置高速的数据交换能力极大地提高了调度中心监控系统数据转发的实时性，可以满足现在和今后系统升级的需要。

（3）综合告警信息处理（见图 6-10）。网络安全隔离装置具备完善的监控告警功能。隔离装置在受到异常攻击时，可以显示具体的攻击类型；同时设备通过标准告警接口输出告警信息，本地综合告警平台可以随时监控安全隔离设备的工作状态。

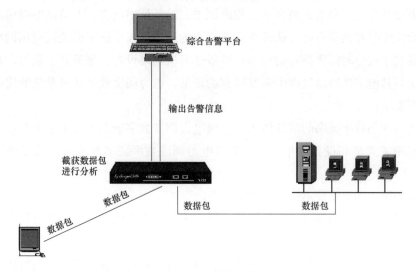

图 6-10　告警发送

（4）嵌入式内核安全裁减。采用专用安全操作系统，比一般的 Linux 操作系统更安全、稳定，性能更加优越。为了保证系统安全的最大化，将嵌入安全内核进行了裁剪。目前，内核中只包括用户管理、进程管理，裁剪掉 TCP/IP 协议栈和其他不需要的系统功能，进一步提高了系统安全性和抗攻击能力。安全隔离装置操作系统不能使用任何网络命令（包括 ifconfig、ping、telnet、arp 等，可以进入隔离装置的超级终端进行测试）提高了隔离装置的安全性。

（5）NAT 与虚拟主机 IP 技术。网络安全隔离系列产品完全支持透明工作模式，隔离装置本身没有 IP 地址，MAC 地址隐藏（无法通过标准的网络扫描方式获得），极大地提高了隔离产品的安全性。同时，正向安全隔离产品支持多种网络地址转换技术（NAT），包括静态地址转换、地址池和动态地址转换技术，充分隐藏内网监控系统的网络地址，保证内网监控系统的安全性。为了实现处于不同网段的主机之间相互访问，隔离装置采用了虚拟 IP 技术。所谓虚拟 IP，就是在隔离设备中针对两台主机，虚拟出两个 IP，内网的主机被设备虚拟一个外网的 IP，这样外网可以通过访问这个虚拟 IP 达到访问内网的目的，相反外网的主机被虚拟一个内网的 IP。有了以上两个虚拟 IP，内、外网之间的通信被映射为两个部分：内网对内网，外网对外网的通信。虚拟 IP 技术如图 6-11 所示。

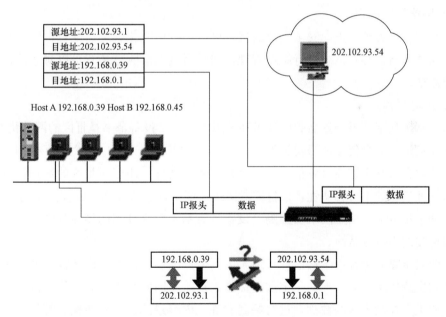

图 6-11　NAT 与虚拟主机技术

（6）基于状态检测的综合报文过滤（见图 6-12）。正向网络安全隔离产品采用基于状态检测技术的报文过滤技术，可以对出入报文的 MAC 地址、IP 地址、协议和传输端口、通信方向、应用层标记等进行高速过滤。状态检测技术采用的是一种基于连接的状态检测机制，将属于同一连接的所有包作为一个整体的数据流看待，构成连接状态表，通过规则表与状态表的共同配合，对表中的各个连接状态因素加以识别，连接状态表里的记录可以

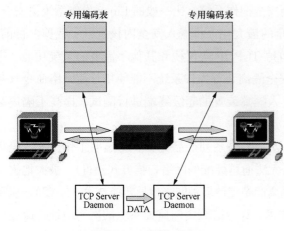

图 6-12 报文过滤

随意排列，提高系统的传输效率。因此，与传统包过滤技术相比，具有很好的系统性能和安全性，可以极大地提高数据包检测的效率。

（7）综合过滤策略支持：

1）源 IP 地址（范围）控制；

2）目的 IP 地址（范围）控制；

3）源 IP（范围）＋目的 IP 地址（范围）控制；

4）协议控制；

5）TCP、UDP 协议＋端口（范围）控制；

6）源 IP 地址（范围）＋TCP、UDP 协议＋端口（范围）控制；

7）目标 IP 地址（范围）＋TCP、UDP 协议＋端口（范围）控制；

8）MAC 地址绑定；

9）网络接口绑定。

（8）图形化管理。正向安全隔离装置，可以进行可视化管理与配置，网络管理员可以定制安全策略，并对系统进行维护管理，同时通过安全隔离装置可以对系统进行调试和链路监视。

2. 反向隔离

（1）基于数字证书的签名验证技术（见图 6-13）。设备证书是Ⅲ区的网关机与Ⅰ/Ⅱ区的网关机进行数据传输的身份证明，是一个经证书认证中心（电力调度控制中心）数字签名的包含公开密钥拥有者信息以及公开密钥的文件，用于对Ⅲ区的数据信息进行签名，以保证信息的不可否认性，设备证书格式及证书内容遵循 X.509 数字证书标准和电力数字证书规范。反向型网络安全隔离设备具有基于数字证书的签名与解签名功能，保证数据传输的不可否认性。

反向安全隔离装置用于从信息管理大区到生产控制大区的单向数据传递，是信息管理大区到生产控制大区的唯一一个数据传递途径。反向安全隔离装置集中接收信息管理大区发向生产控制大区的数据，进行签名验证、内容过滤、有效性检查等处理后，转发给生产控制大区内部的接收程序。具体过程如下：

信息管理大区内的数据发送端首先对需要发送的数据签名，然后发给反向安全隔离装置；反向安全隔离装置接收数据后，进行签名验证，并对数据进行内容过滤（包含 E 语言格式的检查）、有效性检查等处理；最后将处理过的数据转发给生产控制大区内部的接收程序。

（2）纯文本编码转换和识别技术。根据电力监控系统安全防护的要求，Ⅲ区发送的

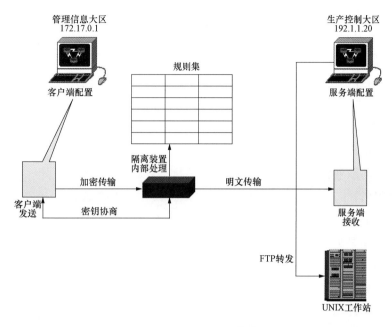

图 6-13 签名验证技术

文件必须为 E 语言格式的纯文本文件，并且数据发送端需要将纯文本文件中单字符的 ASCII 码（非控制字符）转换为对应的双字节码，并能正常显示。反向安全隔离装置提供了专用 API 函数，实现单字符的 ASCII 编码转换，最后得到转换后的双字节（对于可显示字符）编码文件。反向安全隔离装置对收到的数据进行纯文本的识别，根据数据包中纯文本的各种可能封装形式进行检测，如果数据包中数据为合法的纯文本，反向隔离装置都会按照编码范围正确的识别，保证进入内网的数据为纯文本数据，防止病毒进入内网。

（3）数据内容有效性检查。反向安全隔离装置配套传输软件支持调用本地病毒查杀引擎对已知病毒进行查杀，通过病毒检查后的文件，才会由文件发送端软件发送到内网，保证内网监控系统的安全。通过升级本地杀毒软件，保证外网发送端病毒查杀能力。

在进行反向文件发送的时候，首先指定某一待学习文件（该文件为符合电力安全防护要求的纯文本 E 语言文件），反向传输软件发送端的学习模块通过统计其内部的特殊字符的特征值（包括电力计划文件通用的数据类型、记录分隔符等），形成一个该文件格式的指纹模板，该模板保存至外网文件发送端。待发送某一文件时，首先计算此文件指纹，然后与已经获取的指纹模板进行匹配，如果成功则该文件合法，否则提示用户该文件不合法，写入日志。通过数据内容有效性检查，大大地提高了反向文件传输的安全性。

（4）高速安全数据交换。隔离装置高速的数据交换能力极大的提高了电力监控系统数据转发的实时性，可以满足现在和今后系统升级的需要。

（5）支持电力专用对称密码算法进行数据加密。在电力反向安全隔离系统中，采用专用算法芯片研发电力专用密码单元，来完成数据加密、解密、签名、验证等任务，从而保证外网向内外传输数据的私密性、完整性和不可否认性。加密单元的密钥存储器对关键密钥和算法进行安全存储，私钥在物理上保证永不出卡。

其主要功能为：

1）数据加密/解密；

2）支持单向散列；

3）数字签名；

4）数字验证；

5）对等实体鉴别；

6）用户访问权限控制。

支持的密码算法主要包括：

1）对称密码算法：电力专用密码算法；

2）公开密钥算法：RSA 公钥算法；

3）散列算法：专用散列算法；

4）保护算法：专用保护算法。

安全强度方面：

1）密码算法通过国家主管部门审查批准；

2）整机安全性设计方案通过国家主管部门审查批准；

3）完善的系统保护措施；

4）完善的密码算法保护体制；

5）完善的密钥保护体制，密钥不以明文方式出现在密码卡外；

6）完善的密钥管理体制；

7）提供三层密钥管理体制；

8）所有密码处理均在卡内由硬件实现，所有的密钥决不以明文的形式出现在卡外；

9）随机密钥：采用物理噪声源，生成工作密钥，确保一次一密；

10）口令保护；屏蔽罩保护。

（6）提供配套文件传输软件。反向安全隔离装置提供专用文件传输软件，用于安全Ⅲ区到安全区Ⅰ/Ⅱ的单向文件发送。反向隔离装置传输软件典型应用原理如图 6 - 14 所示。

客户端安装在外网，根据电力调度系统特殊需求，在文件传输的功能上具备定时发送多批文件（分别放置在不同目录），实时发送多批文件（分别放置在不同目录）与手动发送一组文件的功能；采用数字签名技术传输可靠的纯文本数据，在传输中对文本进行编码转换；能够辨别更新的文件，达到只传输更新文件的目的；在设置好实时与定时发

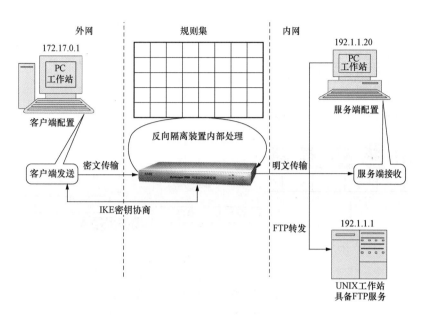

图 6-14 文件传输软件

送功能后，即使在文件传输中出现链路断开，仍然会及时的在链路恢复正常的时候自动的重连成功并继续发送文件。

服务端安装在内网，进行文件传输的时候需要指定传入文件的根目录，传入的文件均放置在此指定的根目录内，并维持原来的目录结构；服务端接受客户端的文件，可以接受多个客户端的连接；服务端提供了 FTP 转发的功能，能够将收到的文件利用 FTP 的方式发送到内网其他拥有 FTP 服务的主机。

（7）综合报文过滤与虚拟主机 IP 技术（见图 6-15）。反向安全隔离装置在链路层截获数据包，然后根据用户的安全策略决定如何处理该数据包；实现了 MAC 与 IP 地址绑定，防止 IP 地址欺骗；支持应用层特殊标记识别；为了实现处于不同网段的主机之间相互访问，隔离装置采用了虚拟 IP 技术。所谓虚拟 IP，就是在隔离设备中针对两台主机，虚拟出两个 IP，内网的主机被设备虚拟一个外网的 IP，这样外网可以通过访问这个虚拟 IP 达到访问内网的目的，相反外网的主机被虚拟一个内网的 IP。有了以上两个虚拟 IP，内外网之间的通讯被映射为两个部分：内网对内网，外网对外网的通讯。支持静态地址映射，为用户提供一个全透明、安全、高效的安全隔离装置。

（8）综合告警信息处理（见图 6-16）。反向安全隔离装置具备完善的监控告警功能。隔离装置在受到异常攻击时，可以显示具体的攻击类型；同时设备通过标准告警接口输出告警信息，本地综合告警平台可以随时监控安全隔离设备的工作状态。

（9）图形化管理。反向安全隔离装置，可以进行可视化管理与配置。网络管理员可以很容易地定制安全策略，并对系统进行维护管理，同时通过安全隔离装置可以方便地对系统进行调试和链路监视。

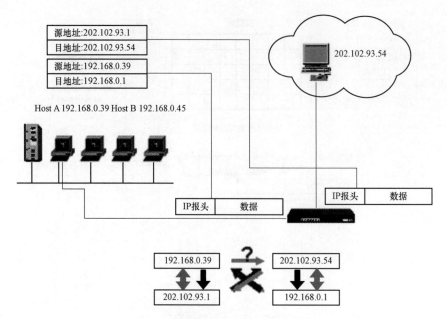

图 6-15 报文过滤与虚拟主机 IP 技术

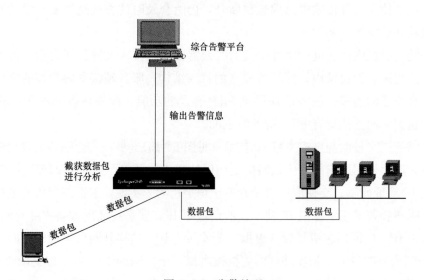

图 6-16 告警处理

（10）严格的身份认证。反向安全隔离装置支持设置不同的用户类别，通过身份认证机制，控制不同用户对安全隔离设备的操作权限。如系统管理员可以增加、删除、修改隔离装置的配置规则，可以增加或删除隔离装置的普通用户，可以查询隔离装置的日志等；普通用户只可以查看隔离装置的配置规则和日志等。

针对不同的应用，反向安全隔离装置实现对不同应用的认证，保证了数据传输机密性、完整性和不可否认性。

6.2.6 纵向加密装置简介

1. 加密技术

加密技术是纵向加密确保数据安全通信所采用的主要安全保密措施，是最常用的安全保密手段，利用技术手段把重要的数据转换为乱码（加密）传送，到达目标后再用相应的手段还原（解密）。

数据加密的基本过程是对原来为明文的文件或数据按某种算法进行处理，使其成为不可读的代码，通常称为“密文”，只能在输入相应的密钥之后才能显示出本来内容，通过这样的方式来达到保护数据不被非法窃取、阅读的目的。反之，该行为的逆向过程为“解密”，即将该编码信息转化为其原来数据。

纵向加密认证装置成对使用，双方分别持有本端设备私钥和对端设备公钥，通信双方的通信过程分为两个部分：①双方利用非对称加密技术及散列算法协商建立加密隧道，得到对称秘钥；②使用对称加密算法对需要传输的报文进行密文传输。同时，利用散列算法进行数字签名。下面对对称加密技术、非对称加密技术以及散列算法进行介绍。

（1）对称加密技术。对称加密算法又称为传统密码算法。该算法的加密密钥和解密密钥使用的是相同算法，即如果已知加密密钥便可以推算出解密密钥。同理，解密密钥也可以推算出加密密钥。我们将这种算法称为单密钥算法。通信双方进行安全通信前，必须商定一个密钥。该算法的安全性取决于密钥的保密程度，如果密钥的泄露则意味着第三方可以对信息进行解密从而导致消息泄露。

对称加密技术工作原理如图 6-17 所示。

1）A 向 B 发送消息，共同使用了一把密钥。

2）A 通过密钥对发送的明文数据包进行加密发送给 B。

3）B 收到密文数据包后，通过密钥来解密获得相应的明文数据包。

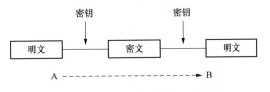

图 6-17 对称加密技术工作原理图

对称加密算法的特点是算法公开、计算量小、加密速度快、加密效率高。

对称加密算法的不足之处是，交易双方都使用同样钥匙，难以保证安全性。此外，每当用户使用对称加密算法时，都需要利用其他人不知道的唯一钥匙，这会使得发收信双方所拥有的钥匙数量成几何级数增长，密钥管理成为用户的主要负担。对称加密算法在分布式网络系统上使用较为困难，其主要原因为密钥管理困难，使用成本较高。相比公开密钥加密算法，对称加密算法虽能够提供加密和认证功能，但却缺乏了签名功能，使得应用范围有所缩小。

（2）非对称加密技术。非对称加密算法需要两个密钥：公开密钥（publickey）和私有密钥（privatekey）。公开密钥与私有密钥是一对，如使用公开密钥对数据进行加密，只有对应的私有密钥才能解密；如果用私有密钥对数据进行加密，那么只有用对应的公开密钥才能解密。由于加密和解密使用的是两个不同的密钥，所以这种算法称为非对称加密算法。非对称加密算法实现机密信息交换的基本过程是：甲方生成一对密钥并将其中的一把作为公用密钥向其他方公开；得到该公用密钥的乙方使用该密钥对机密信息进行加密后再发送给甲方；甲方再用自己保存的另一把专用密钥对加密后的信息进行解密。

工作原理如图 6-18 所示。

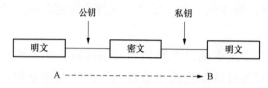

图 6-18 非对称加密技术工作原理图

1）A 向 B 发送信息，A 和 B 都要产生一对用于加密和解密的公钥和私钥。

2）A 的私钥保密，A 的公钥告诉 B；B 的私钥保密，B 的公钥告诉 A。

3）A 要给 B 发送信息时，A 用 B 的公钥加密信息，因为 A 知道 B 的公钥。

4）A 将这个消息发给 B（已经用 B 的公钥加密消息）。

5）B 收到这个消息后，B 用自己的私钥解密 A 的消息。其他所有收到这个报文的人都无法解密，因为只有 B 才有 B 的私钥。

算法特点如下：

非对称加密与对称加密相比，其安全性更高：对称加密的通信双方使用相同的秘钥，如果一方的秘钥遭泄露，那么整个通信就会被破解。而非对称加密使用一对秘钥，一个用来加密，一个用来解密，并且公钥是公开的，秘钥是自己保存的，不需要像对称加密那样在通信之前要先同步秘钥。

非对称加密的缺点是加密和解密耗时长、速率低，只适合对少量数据进行加密。

非对称加密中使用的主要算法有：RSA、Elgamal、背包算法、Rabin、D−H、ECC（椭圆曲线加密算法）等。

（3）散列算法。在信息安全技术中，经常需要验证消息的完整性，散列（Hash）函数提供了这一服务，它对不同长度的输入消息，产生固定长度的输出。这个固定长度的输出称为原输入消息的"散列"或"消息摘要"（Messagedigest）。典型的哈希算法包括 MD4、MD5 和 SHA-1。哈希算法也称为"哈希函数"。

1）MD4。MD4（RFC1320）是 MIT 的 RonaldL. Rivest 在 1990 年设计的，MD 是 Message Digest 的缩写。它适用在 32 位字长的处理器上用快速软件实现——它是基于 32 位操作数的位操作来实现的。

2）MD5。MD5（RFC1321）是 Rivest 于 1991 年对 MD4 的改进版本号。它对输入仍以 512 位分组，其输出是 4 个 32 位字的级联，与 MD4 同样。MD5 比 MD4 来得复杂，而且速度较之要慢一点，但更安全，在抗分析和抗差分方面表现更好。

3）SHA-1及其他。SHA1是由NISTNSA设计为同DSA一起使用的，它对长度小于264的输入，产生长度为160bit的散列值，因此抗穷举（brute-force）性更好。SHA-1设计时基于和MD4同样原理，而且模仿了该算法。

2. 身份认证技术

（1）数字签名。数字签名（又称公钥数字签名、电子签章）是一种类似写在纸上的普通的物理签名，并通过公钥加密领域的技术实现，用于鉴别数字信息的方法。一套数字签名通常定义两种互补的运算，一个用于签名，另一个用于验证。

数字签名，即只有信息的发送者才能产生的别人无法伪造的一段数字串，这段数字串同时也是对信息的发送者发送信息真实性的一个有效证明。

数字签名为了确保数据传输的安全性，不得不采用一系列的安全技术，如加密技术、数字签名、身份认证、密钥管理、防火墙、安全协议等。其中数字签名便是实现网上交易安全的核心技术之一，它可以保证信息传输的保密性、数据交换的完整性、发送信息的不可否认性、交易者身份的确定性等。数字签名是非对称密钥加密技术与数字摘要技术的应用。

数字签名工作原理如图6-19所示。

1）A要向B发送消息，首先经过hash算法算出一个值记录下来，然后用私钥进行签名形成密文数据转发给B。

2）B收到消息后，用公钥来验签解密，得到明文数据。然后通过hash算法

图6-19　数字签名工作原理图

得到一个值，如果与A发送前的数据hash值相同，表明签名正确，反之不正确。

数字签名的特点如下：

每个人都有一对"钥匙"（数字身份），其中一个只有她/他本人知道（密钥），另一个则是公开的（公钥）。签名的时候用密钥，验证签名的时候用公钥。又因为任何人都可以落款声称她/他就是你，因此公钥必须向接受者信任的人（身份认证机构）来注册。注册后身份认证机构给你发一数字证书。对文件签名后，你把此数字证书连同文件及签名一起发给接受者，接受者向身份认证机构求证是否真的是用你的密钥签发的文件。

（2）IC卡认证。一种内置集成电路的芯片，芯片中存有与用户身份相关的数据，智能卡由厂商通过专用的设备生产，是不可复制的硬件。它由合法用户随身携带，登录时必须将智能卡插入专用的读卡器读取其中的信息，用来验证用户的身份。

智能卡认证是通过智能卡硬件不可复制的特性来保证用户身份不会被仿冒。由于每次从智能卡中读取的数据是静态的，通过内存扫描或网络监听等技术很容易截取到用户的身份验证信息，因此存在安全隐患，此功能是利用whatyouhave方法来实现的。

智能卡自身是一种功能齐备的计算机，它有自己的内存和微处理器，该微处理器具

备读取和写入能力，允许对智能卡上的数据进行访问和更改。智能卡被包含在一个信用卡大小或者更小的物体里（例如手机中的 SIM 就是一种智能卡）。智能卡技术能够提供安全的验证机制来保护持卡人的信息，并且智能卡难以被复制。从安全的角度来看，智能卡提供了在卡片里存储身份认证信息的能力，该信息能够被智能卡读卡器所读取。此外，智能卡读卡器能够连到 PC 上来验证 VPN 连接或访问另一个网络系统的用户。

3. 包过滤技术

包过滤技术是指网络设备（路由器或防火墙）根据包过滤规则检查所接收的每个数据包，做出允许数据包通过或丢弃数据包的决定。包过滤规则主要基于 IP 包头信息设置，包括如下内容：

(1) TCP/UDP 的源或目的端口号；

(2) 协议类型：TCP、UDP、ICMP 等；

(3) 源或目的 IP 地址；

(4) 数据包的入接口和出接口；

(5) 数据包的传输方向。

如果数据包中的信息与某一条过滤规则相匹配并且该规则允许数据包通过，则该数据包会被转发，如果与某一条过滤规则匹配但规则拒绝数据包通过，则该数据包会被丢弃。如果没有可匹配的规则，缺省规则会决定数据包是被转发还是被丢弃。

电力专用纵向加密认证网关位于电力控制系统的内部局域网与电力调度数据网络的路由器之间，用于安全 I/II 区的广域网边界防护，可为本地安全 I/II 区提供一个网络屏障，同时为上下级控制系统之间的广域网通信提供认证与加密服务，实现数据传输的机密性、完整性以及真实性。

4. 实现功能

(1) 策略访问控制功能。电力专用纵向加密认证网关通过策略来定义数据包的源目的地址、源目的端口、协议等内容，制成白名单。当数据包通过设备进行转发时，校验策略，只有在符合定义的策略的情况下，数据包才能实现正常转发。

(2) 隧道加解密功能。纵向加密认证装置成对使用，双方分别持有本端设备私钥和对端设备公钥，通信双方的通信过程分为两个部分：①双方利用非对称加密技术及散列算法协商建立加密隧道，得到对称秘钥；②使用对称加密算法对需要传输的报文进行密文传输。

密钥协商过程如图 6-20 所示。

1) 加密 1 与加密 2 之间需要建立隧道。

2) 加密 1 发送协商请求给加密 2，加密 2 做出协商应答，两者之间协商出一个对称密钥 K，用于对称加密使用。

数据包加解密传输过程如图 6-21 所示。

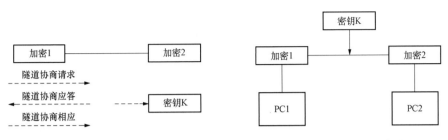

图 6-20 密钥协商过程图   图 6-21 数据包加解密传输过程图

1）PC1 需要向 PC2 发送数据，中间通过加密 1 与加密 2 之间的一条密文通道。

2）C1 发送数据达到加密 1 时，加密 1 检测自身策略选择与加密 2 的隧道，使用密钥 K 对数据进行加密处理后，转发给隧道对端加密 2。

3）加密 2 收到密文数据包后，解密后根据自身的策略规则转发给 PC2。

5. 应用场景

电力专用加密认证网关安置在电力控制系统的内部局域网与电力调度数据网络的路由器之间，用来保障电力调度系统纵向数据传输过程中的数据机密性、完整性和真实性。

设备部署的位置如图 6-22 所示。

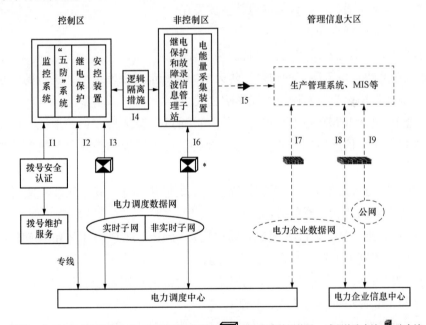

图 6-22 设备部署的位置

6.2.7 防火墙简介

防火墙是一种网络安全设备，用于在两个不同安全要求的网络之间，更严格地说，用于两个不同安全要求的安全域之间，根据定义的访问控制策略，检查并控制两个安全域之间的所有流量。由于每个网络工作环境有不同的安全需求和安全目标，有不同种类的防火墙可供选择和应用。防火墙是不同网络或者安全域之间的信息流的唯一通道，所有双向数据流必须经过防火墙，只有经过授权的合法数据（即防火墙安全策略允许的数据）才可以通过防火墙，防火墙系统具有很高的抗攻击能力，其自身可以不受各种攻击的影响。根据电力监控系统网络安全防护的要求，可采用防火墙技术实现逻辑隔离、报文过滤、访问控制等功能。

1. 技术原理

（1）静态包过滤防火墙。静态包过滤防火墙是第一代防火墙，其主要工作在 OSI 模型或 TCP/IP 的网络层。静态包过滤防火墙依据系统事先制定好的过滤逻辑，即静态规则，检查数据流中的每个数据包，根据数据包的源地址、目的地址、源端口号、目的端口号、数据的对话协议及数据包头中的各个标志位等因素或它们的组合来确定是否允许该数据包通过。

包过滤技术是根据定义好的过滤规则审查每个数据包，并确定数据包是否与过滤规则匹配。如果过滤规则允许通过，那么该数据包就会按照路由表中的信息被转发。如果过滤规则拒绝数据包通过，则该数据包就会被丢弃。

包过滤防火墙的优点为：

1）逻辑简单、功能容易实现、设备价格便宜；

2）处理速度快，由于所有的包过滤防火墙的操作都是在网络层上进行的，且在一般情况下仅仅检查数据包头，对网络性能影响也较小；

3）每个 IP 包和 ICMP 包都可以进行检查，通过对源地址、目的地址、协议、源端口和目的端口等包头信息检测，并应用过滤规则，可以识别和丢弃一些简单、带欺骗性源 IP 地址的包；

4）过滤规则与应用层无关，无需修改主机上的应用程序，易于安装和使用。

包过滤防火墙的缺点主要包括：

1）过滤规则集合复杂，配置困难，需要用户对 IP、TCP、UDP 和 ICMP 等各种协议有深入了解，否则因配置不当容易出现问题；

2）对于服务较多、结构较为复杂的网络，包过滤的规则可能有很多，配置起来十分复杂，而且对于配置结果不易检查、验证；

3）由于过滤判别的只有网络层和传输层的有限信息，所以无法满足对应用层信息进行过滤的安全要求；

4）不能防止地址欺骗，不能防止外部客户与内部主机直接连接；

5）安全性较差，不提供用户认证功能。

（2）状态检测防火墙。状态检测防火墙又称为动态包过滤防火墙，是对传统包过滤的功能扩展。传统的包过滤在遇到利用动态端口的协议时会发生困难（如 FTP 协议在执行时会启用新的端口号），因为事先无法知道哪些端口需要打开。而如果采用静态包过滤防火墙，又希望用到此服务，就需要将所有可能用到的端口打开，而这往往是个非常大的范围，会给网络安全带来不必要的隐患。而状态检测通过检查应用程序信息，来判断此端口是否允许临时打开，而当传输结束时，端口又马上恢复为关闭状态。

状态检测防火墙实质上也是包过滤，但它不仅对 IP 包头信息进行检查过滤，还要检查包的 TCP 头甚至包的内容。同时，引入了动态规则的概念，允许规则的动态变化。状态防火墙通过采用状态监视器，对网络通信的各层（包括网络层、传输层以及应用层）实施检测，抽取其中部分数据，形成网络连接的动态状态信息，并保存起来作为以后制定安全决策的参考。通过记录网络上两台主机间的会话建立信息来保留连接的状态，防火墙可以判断从公共网络上返回的包是否来自可信主机。

状态检测防火墙可以根据实际情况，自动地生成或删除安全过滤规则，不需要管理人员手工设置。状态检测防火墙通过对数据包进行数据抽取并记录状态信息，不仅包括数据包的源地址、源端口号、目的地址、目的端口号、使用协议等五元组，还包括会话当前的状态属性、顺序号、应答标记、防火墙的执行动作及最新报文的寿命等信息，甚至针对不同协议的状态，记录不同的表现情况，常见的有 TCP 状态、UDP 状态和 ICMP 状态。通过对 TCP 报文的顺序号字段的跟踪监测，防止攻击者利用已经处理的报文的顺序号进行重放攻击。

状态检测防火墙的优点主要体现在以下几个方面。

1）可以应用会话信息决定过滤规则，状态检测能够与跟踪网络会话有效地结合起来，并应用会话信息决定过滤规则。能够提供基于无连接协议（UDP）的应用（DNS等）及基于端口动态分配协议（RPC）的应用（如 NFS、NIS）的安全支持，静态的包过滤和代理网关都不支持此类应用。

2）具有记录通过的每个包的详细信息的能力，各数据包状态的所有信息都可以被记录，包括应用程序对包的请求、连接持续时间、内部和外部系统所做的连接请求等。

3）安全性较高，状态检测防火墙结合网络配置和安全规定做出接纳、拒绝、身份认证、报警或给该通信加密等处理动作。状态检测防火墙的主要缺点：一是检查内容比包过滤检测技术多，所以对防火墙的性能提出了更高的要求；二是状态检测防火墙的配置非常复杂，对用户的能力要求较高，使用起来不太方便。

（3）电路级网关防火墙。电路网关防火墙，又称为电路级网关，是一个通用代理服务器，它工作于 OSI 互连模型的会话层或 TCP/IP 模型的 TCP 层，它适用于多个协议，但不能识别在同一协议栈上运行的不同的应用，当然也就不需要对不同的应用设置不同的代理模块，这种代理需要对客户端进行适当的修改。电路网关防火墙监视主机建立连接时的各种数据，查看数据是否合乎逻辑、会话请求是否合法。一旦连接建立，网关只负责数据的转发而不进行过滤，即电路级网关用户程序只在初次连接时进行安全控制。

电路级网关接受客户端的连接请求，代表客户端完成网络连接，建立起一个回路，将数据包提交给用户的应用层来处理。通过电路级网关传递的数据源于防火墙，隐藏了被保护网络的信息。

与应用级代理网关防火墙相比，电路级网关代理能处理更为广泛的协议和服务，但缺点是粒度控制级别较低。

（4）应用级网关防火墙。应用级网关防火墙通常也称为应用代理服务器，它工作于 OSI 模型或者 TCP/IP 模型的应用层，用来控制应用层服务，起到外部网络向内部网络或内部网络向外部网络申请服务时的转接作用。当外部网络向内部网络申请服务时，内部网络只接受代理提出的服务请求，拒绝外部网络其他节点的直接请求。

当外部网络向内部网络请求服务时，对用户的身份进行验证，若为合法用户，则把请求转发给某个内部网络的主机，同时监控用户的操作，拒绝不合法的访问；当内部网络向外部网络申请服务时，代理服务器的工作过程正好相反。

应用级网关防火墙的主要优点是可避免内外网主机的直接连接，提供比包过滤更详细的日志记录，如在一个 HTTP 连接中，包过滤只能记录单个的数据包，而应用网关还可以记录文件名、URL 等信息，隐藏内部 IP 地址，面向用户授权，为用户提供透明的加密机制，可以与认证、授权等安全手段方便地集成。

应用级网关防火墙技术的缺点是处理速度比包过滤防火墙慢；对用户不透明，给用户的使用带来不便，而且这种代理技术需要针对每种协议设置一个不同的代理服务器。

（5）自适应代理防火墙。为了解决代理型防火墙速度慢的问题，出现了所谓"自适应代理"特性的防火墙。自适应代理防火墙主要由自适应代理服务器与动态包过滤组成，可以根据用户的配置信息，决定所使用的代理服务是从应用层代理请求，还是从网络层转发包。为了保证有较高的安全性，开始的安全检查在应用层进行，当明确了会话细节后，数据包可以直接由网络层转发。自适应代理防火墙还可以允许正确验证后的设备在发现重要的网络威胁时，根据防火墙管理员事先确定的安全策略，自动"适应"防火墙的级别。

（6）混合防火墙。随着网络技术和网络产品的发展，目前几乎所有主要的防火墙厂商都以某种方式在其产品中引入了混合性，即混合了包过滤和代理防火墙的功能。例如，很多应用代理网关防火墙厂商实施了基本包过滤功能以提供对 UDP 应用更好的支持。同样，很多包过滤或状态检查包过滤防火墙厂商实施了基本应用代理功能以弥补此类防火墙平台的一些弱点。在很多情况下，包过滤或状态检查包过滤防火墙厂商实施应用代理，以便在其防火墙中增加或改进网络流量日志和用户鉴别的功能。混合防火墙还可以提供多种安全功能，例如，包过滤（无状态/有状态）、NAT 操作、应用内容过滤、透明防火墙、防攻击、入侵检测、VPN、安全管理等。

2．分类和功能

防火墙有多种类型的划分方式，下面介绍两种典型的划分方法，一种是按照使用的技术分类，另一种是按照防火墙的架构分类。

（1）分类。

1）按使用的技术分类。

包过滤型。包过滤防火墙工作在网络层，根据数据包头部各个字段进行过滤，包括 IP 地址、端口号及协议类型等。包过滤型防火墙又可以划分为静态包过滤（packetfiltering）防火墙和状态检测（statefulinspection）防火墙。

代理型。代理型防火墙的特点是为网络服务建立转发代理。代理型防火墙有如下三种类型：应用网关（applicationgateway）防火墙、电路级网关（circuitgateway）防火墙、自适应代理（adaptiveproxy）防火墙。

混合型。混合型防火墙指综合使用包过滤、代理等技术的防火墙。

2）按架构分类。防火墙可以分为筛选路由器、双宿主主机、屏蔽主机、屏蔽子网以及其他类型。

1）筛选路由器。也称为包过滤路由器、网络层防火墙、IP 过滤器或筛选过滤器，内外网之间可直接建立连接。筛选路由器通过对进出数据包的 IP 地址、端口、传输层协议以及报文类型等参数进行分析，决定数据包过滤规则。

2）双宿主主机。双宿主主机结构是围绕着至少具有两个网络接口的双宿主主机（又称堡垒主机）而构成的。双宿主主机内外的网络均可与双宿主主机进行通信，但内外网络之间不可直接通信，内外网络之间的 IP 数据流被双宿主主机完全切断。

3）屏蔽主机。屏蔽主机防火墙由内部网络和外部网络之间的一台过滤路由器和一台堡垒主机构成。屏蔽主机防火墙的特点是：外部网络对内部网络的访问必须通过堡垒主机上提供的相应的代理服务器进行；而内部网络到外部网络的出站连接可以采用不同的策略，或者必须经过堡垒主机连接外部网络，或者允许某些应用绕过堡垒主机，直接和外部网络建立连接。

4）屏蔽子网。屏蔽子网就是在内部网络和外部网络之间建立一个被隔离的子网，用两台分组过滤路由器，将这一子网分别与内部网络和外部网络分开。内部网络和外部网络之间不能直接通信，但是都可以访问这个新建立的隔离子网，该隔离子网也被称为非军事区（Demilitarized Zone，DMZ），用来放置 Web、电子邮件等应用系统。

5）其他结构。一般是上述几种结构的变形，主要包括一个堡垒主机和一个 DMZ、两个堡垒主机和两个 DMZ、两个堡垒主机和一个 DMZ 等，目的是通过设定过滤和代理的层次使得检测层次增多，从而增加安全性。

（2）功能。防火墙是一个保护装置，它是一个或一组网络设备装置。通常是指运行特别编写或更改过操作系统的计算机，它的目的就是保护内部网的访问安全。防火墙可以安装在两个组织结构的内部网与外部的互联网之间，同时在多个组织结构的内部网和互联网之间也会起到同样的保护作用。它主要的保护就是加强外部互联网对内部网的访问控制，它的主要任务是允许特别的连接通过，也可以阻止其他不允许的连接。防火墙只是网络安全策略的一部分，它通过少数几个良好的监控位置来进行内部网与互联网的连接。

防火墙的核心功能主要是包过滤。其中入侵检测、控管规则过滤、实时监控及电子邮件过滤这些功能都是基于封包过滤技术的。

防火墙的主体功能归纳为以下几点：

1）根据应用程序访问规则可对应用程序连网动作进行过滤；

2）对应用程序访问规则具有自学习功能；

3）可实时监控，监视网络活动；

4）具有日志，以记录网络访问动作的详细信息；

5）被拦阻时能通过声音或闪烁图标给用户报警提示。

防火墙仅靠这些核心技术功能是远远不够的。核心技术是基础，必须在这个基础之上加入辅助功能才能流畅的工作。而实现防火墙的核心功能是封包过滤，其功能的特点主要有以下几个方面：

1）防火墙能强化安全策略。因为互联网上每天都有上百万人在那里收集信息、交换信息，不可避免地会出现个别品德不良的人，或违反规则的人，防火墙是为了防止不良现象发生的"交通警察"，它执行站点的安全策略，仅仅允许"认可的"和符合规则的请求通过。

2）防火墙能有效地记录互联网上的活动。因为所有进出信息都必须通过防火墙，所以防火墙非常适用收集关于系统和网络使用和误用的信息。作为访问的唯一点，防火墙能在被保护的网络和外部网络之间进行记录。

3）防火墙限制暴露用户点。防火墙能够用来隔开网络中一个网段与另一个网段。这样，能够防止影响一个网段的问题通过整个网络传播。

4）防火墙是一个安全策略的检查站所有进出的信息都必须通过防火墙，防火墙便成为安全问题的检查点，使可疑的访问被拒绝于门外。

防火墙虽然是最常用的网络安全设备，但网络安全面临的难题很多，它只能解决其中一部分问题，主要存在以下局限和不足：

1）防火墙的管理及配置大多比较复杂，管理员需要深入了解网络安全攻击手段及系统配置，不当的安全配置和管理易于造成安全漏洞；

2）防火墙只提供对外部网络用户攻击的防护，对来自内部网络用户的攻击无能为力；

3）防火墙只实现了粗粒度的访问控制，不能与企业内部使用的其他安全机制集成使用，这样企业就必须为内部的用户身份验证和访问控制管理单独的数据库；

4）许多防火墙对用户的安全控制主要是基于用户所用机器的 IP 地址，而不是用户身份，这样就很难为同一用户在防火墙内外提供一致的安全控制策略，限制了企业网的物理范围；

5）尽管某些防火墙产品提供了在数据流通过时的病毒检测功能，但是病毒容易通过压缩包、加密包等方式流进网络内部。防火墙对于某些网络攻击也没有较好的防范能力。比如，攻击者使用合法用户身份，从合法地址来攻击系统，窃取内部网络信息。

3. 应用场景

在实际工作中，不仅要关注防火墙产品技术，更重要的是要考虑如何根据安全要求与实际环境部署和使用防火墙。不同的组合方式体现了系统不同的安全要求，也决定了系统将采取不同的安全策略和实施方法。

（1）单防火墙（无 DMZ）部署方式。单防火墙系统（无 DMZ）是最基本的防火墙系统，这种防火墙系统设计中仅使用单个防火墙产品，且只使用内部和外部端口，它不提供 DMZ。在单防火墙系统（无 DMZ）架构中，防火墙产品将网络分为外部和内部网络，主要提供两种作用：一是防止外部主机发起到内部受保护资源的连接，防止外部网络对内部网络的威胁；二是对内部主机通往外部资源的流量进行过滤和限制。

单防火墙系统（无 DMZ）适用于家庭网络、小型办公网络和远程办公网络的环境，在这些环境中，需要保护内部网络中的计算机安全地访问外部网络资源，并且通常在这些内部网络中很少或没有需要外部来访问的资源。

虽然单防火墙系统（无 DMZ）主要用于保护内部网络访问外部网络资源，但有时组织机构也希望向客户提供 Web 和 FTP 等公共服务，或运行邮件服务器，在这种情况下，单防火墙系统（无 DMZ）也可以有一些选择，一种方式是可以将公共服务器设在防火墙后的内部网络中，并且在防火墙上打开连接，以允许外部机构访问其公共服务器；另一种方式是将公共服务器设在防火墙外部。

在实际工作时，单防火墙系统（无 DMZ）的部署方式还可以设置透明模式或路由模式。透明模式要求防火墙系统工作在数据链路层，防火墙的内网接口与内部网络相连，外网接口与外部网络相连，此时内部网络和外部网络处于同一网段，不需要对防火墙接口设置 IP 地址，只需像网桥一样将防火墙接入网络中，无需修改任何已有的配置。所谓"透明"，即用户感觉不到防火墙的存在。

路由模式要求防火墙系统工作在网络层，此时内部网络和外部网络分别处于两个不同的网段中。连接时，需要将防火墙与内部网络、外部网络分别相连的内网接口、外网接口配置成不同网段的 IP 地址，此时防火墙相当于一台路由器。

（2）防火墙（有 DMZ）部署方式。根据防火墙产品的功能和扩展性不同，防火墙产品可以提供一个或多个虚拟 DMZ。在这种设置中，一台防火墙提供了三个不同端口，其中一个连接外部网络，一个连接内部可信网络，一个用于连接 DMZ。该 DMZ 区用于放置一些允许外部网络访问的公开服务系统，如 Web 系统、邮件系统等。

在单防火墙和多 DMZ 的部署结构中，DMZ 的数量依赖于使用的防火墙产品所能支持和扩展的 DMZ 端口的数量，可以根据不同的安全要求将各种不同类型的公共服务放在不同的 DMZ 中，并根据需要对外部网络、内部网络、DMZ 网络之间的流量进行控制。

需要指出的是，在单防火墙和 DMZ 系统中，无论是提供单个 DMZ 还是多个 DMZ，由于所有流量都必须通过单防火墙，这种配置都将使防火墙在面临 DoS 攻击时会有较高的服务降级，甚至服务中断的风险。当有针对 DMZ 资源的 DoS 攻击时，如 DMZ 区中的 Web 服务器，此时防火墙承受了所有拒绝服务的冲击，在这种情况下，整个组织机构的进出流量都将受到影响。

（3）双防火墙部署方式。双防火墙架构为穿过防火墙的不同安全区域之间的流量提供了更细粒度的控制能力。在这种部署结构中，使用两台防火墙分别作为外部防火墙和内部防火墙，在两台防火墙之间形成了一个 DMZ 网段，同前面支持 DMZ 的单防火墙系统结构相似，外部流量允许进入 DMZ，内部流量允许进入 DMZ 并通过 DMZ 流出至外部网络，但外部网络的流量不允许直接进入内部网络。

双防火墙体系结构中粒度控制来自每个防火墙控制所有进出网络流量的子集。因为不可信流量（即外部流量）从来不会被批准直接访问可信网络（即内部网络），外部防火墙可以配置用于控制 DMZ 和外部系统之间的流量，同样，内部防火墙也可以配置用于控制 DMZ 和外部系统之间的流量。同单防火墙系统不同，在双防火墙架构中建立两个不同和独立的控制点，分别控制不同安全区域的流量。

双防火墙部署方式比单防火墙部署方式复杂，但能提供更为安全的保护。在双防火墙架构中，当两台防火墙产品选自于不同厂商时，能提供更高的安全性，因为在这种情况下，攻击者需要攻破两个分离的防火墙，而且需要使用针对不同防火墙产品的攻击手段。

双防火墙部署结构需要购买多台防火墙设备，当这些防火墙来自不同厂商时，实施和维护费用较高，适用于安全要求级别较高的环境，如政府、电信、银行等组织机构的系统中。

7　调　试　与　运　维

7.1　常见故障诊断与处理

变电站综合自动化系统发生常见故障时，快速诊断出系统的故障点及故障原因并及时采取合理的处理措施，对提高系统的可用性、保证变电站一次设备的安全稳定运行有着极其重要的意义。同时，对常见故障的深入了解有助于我们采取有针对性的措施，预防同类故障再次发生。

7.1.1　变电站综合自动化系统故障的处理原则

（1）调度中心遥控不成功时，应联系变电站运维人员在监控后台尝试遥控操作，同时立即通知专业人员进行检查处理。若监控后台遥控不成功时，运维人员应在测控屏或汇控柜内进行就地手动操作，同时立即通知专业人员进行检查处理。

（2）微机监控系统中发生设备故障不能恢复时应将该设备从监控网络中退出，并汇报相关部门。

（3）双机系统需要对监控主机或服务器进行处理时，需要先处理一套设备，确认运行正常后再处理另一套。

（4）任何情况下发现监控应用程序异常，都可在满足必需的监视、控制能力的前提下重新启动异常计算机。

7.1.2　故障查找方法

电力系统连续性和安全性的要求，以及无人值班站的运行要求，自动化系统故障须及时排除，使之尽快恢复正常运行。变电站综合自动化系统是一个综合的系统，维护人员要准确及时地处理系统出现的故障。作为技术人员，应了解每一部分发生故障时，会对整个系统带来何种影响，利用系统工程的相关性和综合性原理分析判断自动化系统的故障。此外，应该熟悉各种芯片的功能以及相应引脚的电平、波形等相关技术参数；再者就是工作人员的经验，当运行设备出现故障时，能够及时处理和消除，关系系统的整体稳定性。当然，有些故障比较明显，仅从表面现象看就不难判断出故障所在。然而，作为集成度较高的 IED（智能电子设备）装置，故障原因大多不明显，这就需要掌握一些故障处理的方法和技术，IED 装置在运行过程中，会出现各种不同的故障，故障的检查和判定归纳起来一般有测量法、排除法、替换法、跟踪法、理论分析法、综合法等。

（1）测量法。这种方法比较简单、直接。针对故障现象，借助一些辅助的测量工具，分析和判断故障的原因。例如某线路两端遥测数据存在较大偏差，在测控装置处进行实负荷检测，比较装置输入数据和输出数据，若有明显差距则证明测控装置存在异常。

（2）排除法。由于自动化系统比较复杂，它涉及变电站一、二次设备，远动终端，传输通道，计算机系统，应从各个部分之间的联系点分段分析，缩小故障范围，快速准确地判断出是哪个环节的设备出现的故障。例如，主站对某一断路器遥控时，主站收不到断路器变位信号。应首先与站内值班人员核对断路器实际是否动作，若断路器已动作则为遥信拒动，检查测控装置遥信处理及信号电缆；若断路器未动作，则应令运维人员在站内操作断路器，检查断路器是否动作，若不动作则故障原因在站内测控装置的通信、断路器控制回路及断路器机构；若站内操作正常，则为调度主站、远动装置或通信故障。

（3）替换法。若确定故障原因较困难时，可使用替换法更换那些可疑的芯片或插件，有助于定位故障点。如，智能变电站中某条 GOOSE 链路中断，怀疑光模块存在异常。可以用备用模块替换运行中的光模块，若某模块被替换后，告警消失；换回来，告警重现，则可迅速排除故障，使系统恢复运行。

（4）跟踪法。顾名思义就是监测特定信号的传输过程，定位信号传输的异常位置，从而找出问题。例如可以逐环节检测数据的传输过程，校对各个环节工作的正确性。

（5）理论分析法。理论分析法就是利用有关的理论知识直接得出可能的结论。为此，我们首先应对自动化系统有一个清晰的了解：系统由哪些子系统组成，每个子系统作用原理如何，每个子系统由哪些主要设备组成，每台设备的功用如何等。利用系统工程的相关性和综合性原理，分析判断自动化系统的故障。理论分析法实际上是一种逻辑推断法。如果知道了系统中某设备的功能，就会知道如果该设备失效将会给系统带来什么后果，那么反过来，就可以判断系统发生什么样的故障就可能是哪台（哪些）设备的原因。

（6）综合法。综合法就是把测量法、排除法和替换法统一起来进行分析处理故障。这种方法在遇到一些比较复杂的故障时，能帮助检修人员及时准确地找出故障的原因。例如，某变电站某遥信在合位，但调度端显示时合时分。到达现场发现当地遥信显示也是这个现象。首先用万用表测量该遥信输入端子，发现有稳定的 +110V 电压输入，说明与外部回路无关，排除外部的干扰，那么就可能是遥信板故障。很容易想到可能是该遥信输入回路中的光耦损坏，若更换一路采样点后现象不变，则排除光耦故障，继续分析可能是遥信采集芯片有问题等。

7.1.3 常见故障诊断与处理

监控系统的主要任务包括开关量信号采集、模拟量采集、控制和调节命令传输，以及这些信号与命令的远方传送等，下面我们就这些方面阐述常见故障的分析要点。

1. 遥信故障诊断与处理

遥信采集与传送过程中的各环节如图7-1所示。

遥信故障多表现为遥信拒动、
遥信误动、遥信状态相反或遥信短
时间内频繁动作等。通常在测控装
置的遥信输入端子上对该遥信输入
采用回路短接法，回路断开法进行

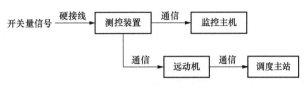

图7-1　遥信采集及传输环节

遥信合、分模拟试验。若测控装置显示不正确，则重点检查二次回路和测控装置本身，
若二次回路输入正确，测控装置显示不正确，则故障点在测控装置；若二次回路输入不
正确，则故障点在采集回路；若测控装置显示正确，后台显示不正确，则重点检查网络、
后台监控系统参数设置及画面与数据库的关链是否正常。

（1）二次回路遥信故障排查。

1）在测控装置输入端子处检查遥信电源是否正常、电缆及接线是否正确、是否紧
固、接触是否良好；如果是相邻的多个信号位置均不正常，应检查遥信开入的负电源是
否正常。

2）在遥信采集处（如保护屏、断路器端子箱等），用电位检测法检查遥信回路电位
是否正常。

电位异常：故障原因一般为电缆错误、芯线错误、电缆断线或电缆绝缘不良等，应
根据具体情况进行相应处理。

电位正常：在遥信发生装置处的遥信采集端子上对该遥信输出回路采用回路短接、
断开法进行遥信分、合模拟试验，若测控装置反应正确，可推断为遥信产生设备故障
（如遥信接点拒动、断路器辅助触点转换不到位等），应根据具体情况进行相应处理。如
测控装置反应不正确，可推断为接线错误，应认真核对遥信回路两端电缆编号、电缆芯
线回路号等，检查二次回路的完整性。

（2）测控装置遥信故障排查。

1）检查检修压板是否投入，若检修压板误投会引起装置信息无法正确上传到监控
后台。

2）检查测控装置遥信电源是否正常。

3）检查测控装置遥信防抖时间是否设置过长。

4）检查测控装置对应遥信的类型设置是否正确，如将普通遥信开入定义为挡位遥信
等，导致后台显示的遥信不正确。

5）检查遥信开入板相关跳线是否正确。

6）在排除外围电源、接线、软件设置不当的可能性后，若装置本身仍不能正确反应
外部信号位置，则可推断装置硬件出现问题，更换相应的开入插件。

（3）监控后台遥信故障排查。

1）画面关联错误。监控界面上的遥信图元和实时数据库中的关联不正确，导致画面上看到的遥信和实际不一致。

2）实时数据库配置错误。实时数据库上配置的遥信和测控装置实际遥信输入不对应；遥信参数配置错误，如遥信取反、遥信封锁等参数。

3）单/双输入设置错误。双信号输入有利于提高信号的可信度并可以反映出设备中间状态。例如，断路器常用动合/动断两个辅助触点共同表示其位置，当动合触点闭合且动断触点断开时表示断路器在合位，而动合触点断开且动断触点闭合时表示断路器在分位，若断路器两辅助触点同时断开或闭合，则说明断路器辅助触点有问题，此对断路器位置不可信。手车位置信号与此类似，另外若手车的试验位置辅助触点与工作位置辅助触点都未闭合，则说明手车在检修位置，这是一个有意义的中间位置。一般可用作双信号输入的两个输入信号也可当作两个普通的单信号输入使用，调试中要注意此类信号的在后台监控系统数据库中的设置，调试中应注意逐点核对。

4）虚遥信错误。为了实现特定的功能，变电站综合自动化系统中常会使用虚遥信，如电流电压功率等越限信号、事故总信号等，前者由监控系统根据测量值的大小自动作出判断，满足条件时发出告警信号；后者则由全站某些开关量信号经"或"门合成。虚遥信出现错误时要根据虚遥信的形成机制，对虚遥信形成的各个环节进行排查。

2. 遥测故障诊断与处理

遥测的采集和传送的各环节如图7-2所示。

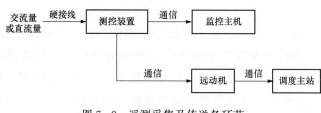

图7-2　遥测采集及传送各环节

变电站自动化系统中遥测的采集既有交流采样，也有直流采样。通过交流采样测量的模拟量通常包括电流、电压、有功功率、无功功率、视在功率及功率因素等，通过直流采样的模拟量通常包括温度、直流电源电压等，直流采样是通过变送器及直流采样装置实现的。

遥测故障的诊断。应首先检查并确认测控装置遥测输入端子上连接片及接线接触紧固，不存在开路现象。可用万用表、钳形表等工具对输入量进行测量（或在采取相应安全措施后，用自动化测试仪对测控装置进行虚负荷测试），若电流电压输入值与测控装置采样值一致，可推断为遥测二次回路故障；若测控装置采样值和输入值不一致则可推断为测控装置故障。若测控装置显示正常，而监控后台显示不正确，则可推断为监控后台故障。

（1）二次回路遥测故障排查。

1）若测控装置显示电压电流遥测值正确，有无功遥测值异常，应为电压或电流输入相序错误，应用相序表确认电压、电流相序并检查输入端子内外线接线是否正确，根据具体情况进行调整。

2）若测控装置遥测输入端子处测得电压电流值异常，应在二次电压电流采集处（如公用测控屏、断路器端子箱等处），检查并确认电压、电流输出端子上连接片及接线接触是否紧固，是否存在开路现象，然后用万用表、钳形表等工具对二次电压、电流进行测量。

电压、电流测量值异常：应为一次设备（如 TA、TV）故障，应请相关班组进行处理。

电压、电流测量值正常：故障原因一般为电缆错误、芯线错误、电缆断线或电缆绝缘不良，应根据具体情况进行相应处理。

（2）测控装置遥测故障排查。

1）遥测不准可以先通过校准方法进行处理，例如调整零漂和刻度等。

2）精度校准后仍不正确或遥测值差异较大则检查遥测相关的参数设置是否正确，如 TA 额定电流、TV 额定电压、是否两倍上送等；直流信号检查信号类型（如直流电流、直流电压）、量程等相关参数配置是否正确。

3）检查直流插件上的跳线是否正确，通常直流插件通过调整跳线可以测量不同类型的信号源（如直流电压、直流电流信号）；如果跳线正确则检查相应的参数配置是否正确。

4）若上述方法仍然不能解决问题，可以更换相应板件。

（3）监控后台遥测故障排查。

1）监控后台显示异常，检查画面上对应测点的数据源关联是否正确。

2）检查实时数据库中，对应数据的相关参数配置是否正确，如比例系数、偏移量、基值是否正确，数据是否封锁，是否取绝对值，是否屏蔽等。

3）检查后台数据库中对应装置的相应参数是否正确，如装置类型、通信地址等。

3．遥控故障诊断与处理

监控系统中，断路器、隔离开关等设备的远方控制过程如图 7-3 所示。

遥控故障的诊断：检查测控装置的"操作报告"，如已收到后台遥控命令而没有出口报告，可推断为测控装置异常；如未收到后台命令则可推断为监控后台或网络异常；若

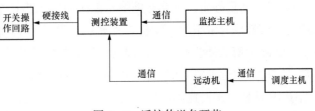

图 7-3 遥控传送各环节

有遥控出口报告，而一次设备没有动作，可推断为遥控二次回路故障。

（1）遥控二次回路故障排查。

1）在测控装置遥控输出端子处检查遥控电位是否正常。

2）电位异常：检查控制电源是否正常，回路两端电缆编号、电缆芯线、回路号、接入位置是否正确、接触是否良好。

3）电位正常：在确认测控装置遥控输出回路接线位置无误后，用回路短接法分别对分合闸回路进行短接，确认是否因分合闸回路接反造成遥控拒动。若断路器或隔离开关依然拒动，到回路对侧的保护操作箱或断路器端子箱的遥控输入回路上进行短接试验。若断路器拒动，应为保护操作箱或断路器机构故障；若断路器正确动作，故障原因一般为接线错误。

（2）测控装置故障排查。

1）检查被操作设备的远方控制是否已闭锁，若远方控制闭锁，应将"远方/就地"选择转换开关切至"远方"。

2）检查测控装置收到的监控后台的命令，如果已收到"遥控选择"命令，而未收到"遥控执行"命令。检查测控装置同期相关设置是否正确、现场是否满足相应同期条件。如果同期压板、参数正确，同期条件满足，则检查有无其他的闭锁条件或其他的闭锁逻辑是否满足。如确认测控装置的"出口保持时间"、装置的可编程控制逻辑等。

3）如果测控装置已收到"遥控执行"命令，而"操作报告"中未显示"遥控执行"相关事项，检查测控装置同期相关设置是否正确、现场是否满足相应同期条件。

4）如果测控装置中"操作报告"显示"遥控已出口"，而实际出口接点未闭合，检查出口压板是否投入，若已投入则需更换出口板。

（3）监控系统故障排查。

1）遥控选择不成功。检查通信是否正常，若通信正常则检查监控后台相应装置的地址、装置类型等配置是否正确，"禁止遥控"等标记是否勾选。

2）检查画面上控制命令关联是否正确。

3）检查五防应用程序及五防服务程序运行是否正常，必要时可重启五防系统。

4. 远动装置故障诊断与处理

（1）远动装置与通信中断故障排查。后台监控系统无法监视远动装置与主站间的通信报文，故障原因一般为远动装置或通道故障。

1）网络通道异常：①检查网线水晶头制作工艺是否合格、接触是否良好、检查是否因通信通道链路异常引起；②检查加密认证装置是否故障，在经业务主管部门值班员允许后，旁路加密认证装置（关掉加密认证装置电源或按下旁路按钮），检查网络是否恢复正常；③检查原远动机对应 IEC 104 通道中的 IP 地址、子网掩码设置是否正确；④确认主站端 IP 地址、子网掩码设置是否正确；⑤确认对应板件上网卡是否正常，运行灯是否闪烁，若异常则更换相应板件。

2）模拟通道异常：①检查 MODEM 板上的跳线设置是否正确、MODEM 板上灯是否闪烁正常；②用通道自环的方法，检查主站下发报文是否能自环回主站端，以检查是否因模拟通道异常引起；③如自环法证明通道正常，则与主站端核对通信口设置的波特率、线路模式、数据位、停止位、奇偶校验等设置是否一致，IEC 60870 - 5 - 101 规约还应核对链路地址、应用层地址等设置是否正确；④更换相应板件。

（2）主站端遥信异常。若监控后台遥信正常，而主站端遥信异常，一般为远动装置遥信转发设置或主站端遥信处理问题。

检查远动机遥信相关参数设置是否正确，并与主站端核对转发遥信号是否一致；如果是虚信号（如事故总等），则检查虚信号逻辑配置是否正确。

（3）主站端遥测异常。若监控后台遥测正常，而主站端遥测异常，一般为远动装置遥测转发设置或主站端遥测设置问题。

1）远动机遥测相关参数（遥测系数、满码值、基值等）设置是否正确。

2）与主站端核对转发遥测号是否一致。

（4）主站端遥控异常。若监控后台遥控正常，而主站端遥控异常，一般为远动装置遥控转发设置或主站端遥控设置问题。

1）检查远动屏上的"禁止远方遥控"把手是否打在禁止位置、远动机的"禁远方遥控"开入是否为 1。

2）检查远动机遥控设置是否正确，并与主站端核对转发遥控号是否一致。

5. 通信网络及其他智能设备异常处理

（1）通信网络异常的诊断与处理。

1）根据监控后台的通信监视表，确认已中断通信的是哪一装置。

2）检查各计算机的网卡运行是否正常；若网卡工作不正常，重新安装网卡驱动，若不能解决则更换网卡。

3）检查网线是否正常。若网线不正常，更换网线或重新压接水晶头。

4）检查光缆是否正常。若光缆中断，则更换备用芯。

5）检查光电转换器是否已损坏。若损坏则需要更换新设备。

6）检查交换机是否正常，通过查看交换机指示灯确认对应间隔交换机工作情况。如交换机异常，重新启动交换机，若不能解决考虑更换新设备。

7）检查中断通信的装置是否仍在运行状态，运行是否正常。

8）检查监控机 IP 地址、子网掩码设置是否正确。

9）检查监控及组态软件中对应间隔的通信参数配置是否正确。

10）检查测控装置上 IP 地址、子网掩码及通信地址等通信相关的参数设置是否正确。

（2）其他智能设备通信异常处理。监控后台及主站端同时报与某智能装置通信异常，一般为智能装置接入规约转换器故障引起。

1）重启规约转换器，如有条件直接重启智能装置。

2）检查规约转换器通信设置、与智能装置的连接线。

6. 卫星钟故障诊断与处理

（1）天线故障。卫星钟失步灯亮，可推断为天线故障。

1）检查卫星钟天线接口处连接是否正常。

2）检查卫星钟天线阻抗是否正常，若不正常更换同轴电缆。

3）检查卫星钟天线设置位置是否能够可以同时接收到 4 颗卫星信号。

（2）接线故障或装置参数设置错误。卫星时钟正常但个别测控装置对时不正确。

1）对于使用空接点或有源接点对时的测控装置，用电位检测法检查无源侧电位是否正常。

2）若电位异常，故障原因一般为电缆错误、芯线错误、电缆断线或电缆绝缘不良，应根据具体情况进行相应处理。

3）若电位正常，检查测控装置的对时开入变位是否正常，装置对应的参数设置是否正确（例如，分、秒脉冲设置和实际收到的脉冲是否一致等），检查 GPS 装置的参数设置是否正确。

4）若是 B 码对时，检查 B 码线，是否接触良好，并用万用表测量 B 码对时线是否接反。

（3）后台机相应设置问题。卫星钟装置正常，后台机对时不正确。检查后台监控主机的对时参数设置是否正确，如对时源、对时规约等。

7.2 设备调试改进方案

7.2.1 改进 DF1700 监控系统站控层网络结构

某变电站第一代监控系统（2003 年投运）采用烟台东方电子股份有限公司 DF1700 监控系统。在 2007 年进行了完善和提升，下面讨论一下当时变电站网络结构及其存在的问题和解决方案。

1. 变电站站控层网络结构

该变电站高压侧 220kV 间隔 4 个，中压侧 35kV 间隔 33 个，低压侧 10kV 间隔 33 个。变电站站控层设备采用烟台东方电子 DF1700 分布式电站监控系统。10kV 间隔的测控单元为南京自动化设备总厂的 PSL641 型装置，测控信息由保护管理机 PSX600 汇总后以串行接口传到 1710 分处理器；35kV 间隔的测控单元为西门子公司产品，由多个 1710 分处理器通过 RS - 485 总线分别收集；220kV 线路及变压器测控为东方电子 DF1721、DF1722、DF1725 测控单元。

站控层网络结构如图 7 - 4 所示。

220kV 线路及变压器的 DF1721、DF1722、DF1725 测控单元是挂接在前置机 1710 - 1 及 1710 - 2 的 FDK 和 CAN 网络上。站内消防及直流等其他辅助信号由 1710 - 3 收集，

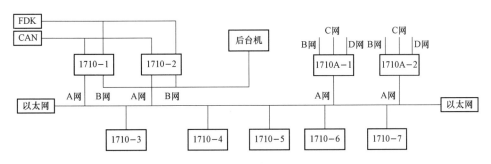

图 7-4 站控层网络结构现状

10kV 及 35kV 信号由 1710-4、1710-5、1710-6、1710-7 收集。所有分处理器的信号通过以太网连接将信息传到前置 1710-1、1710-2 及远传装置 1710A-1、1710A-2。前置机通过串行口将 220kV 线路及变压器测控信息发送给远传装置 1710A-1、1710A-2。远传装置将全站信息传送到集控中心及调度中心，且 1710A-1、1710A-2 为双机热备用。其中远动装置 1710A-1、1710A-2 的 A 网连接站内网络，用于获取站内全部信息；B 网将全站"四遥"信息通过数据专网远传到集控中心；C 网将站内信息远传到两级调度中心；D 网通过独立数据通道连接集控中心。

220kV 线路和变压器的测控单元所采用的 CAN 和 FDK 两种网络均互为备用，正常工作时双网间通信任务平均分配，某一个网络故障时，另一个网络自动将它的任务接管过来，通过软件切换数据通道，保证信息不会丢失。模块间的通信也采用 CAN 与 FDK 双网，提高了对系统突发事件的处理能力，可以确保数据和命令传输的实时性和准确性。FDK 网是烟台东方电子公司自行开发的一种针对变电站综合自动化监控系统通信用的嵌入式网络，其特点是高速、高对时精度、高可靠和低成本；CAN 网具有强有力的检错功能以及优先权和仲裁功能，非常适合在高噪声干扰环境中及需要快速实时处理的场合下使用。将二者结合起来，以提高对系统突发事件的处理能力，保证数据通信实时性和准确性。在运行中表现良好，所以这部分网络在改造中予以保留。

在运行中，变电站综合自动化系统充分发挥了技术先进、运行可靠的特点。在变电站实现保护监控系统的升级换代、提高变电站的自动化程度、实现调度自动化和自动抄表、建设无人值班变电站和减人增效等方面发挥了积极的、至关重要的作用。然而，在实际运行中，该变电站自动化系统也出现了一些问题，有些问题已经影响到变电站整体的安全、可靠和稳定运行。

该自动化监控系统存在问题主要是前置 1710-1 及 1710-2 为东方电子旧型号产品，处理器主频 66MHz；内存容量狭小（仅为 4MB），而单前置机运行的数据参数就需要占用 1.22MB 空间，以太网层每台前置机需要建立 10 个连接，每个连接仅收发缓冲区就要占用 64kB 空间，从而导致前置机处理性能较低，致使系统运行不稳定、可靠性差，主要表现如下：

（1）后台目前是单机运行，不满足后台主备双机互为热备用的要求。如果再增加一台后台机，前置机需要再建立 4 个以太网连接，由于前置机处理性能不高，参数下装后，前置机将无法启动。

（2）前置 1710-1 及 1710-2 到远动 1710A-1 及 1710A-2 串口程序经常当机，无法自恢复。远动和前置通信规约为问答式，程序当机时 1710A 侧正常（一直在发查询报文，但得不到响应），1710 侧未能解析出查询报文所以不回答。需要将前置 1710-1 及 1710-2 重启后，才可恢复正常。

（3）信号处理速度不高，实时性差。全站遥信 2718 个，遥测 959 个，遥控 228 个。由于数据量庞大，优先级低的状态信号刷新速度非常慢。

（4）目前变电站为两台变压器运行，而设计最终规模是三台变压器运行。若扩建第三台变压器，加入新主变压器和若干线路的"四遥"信息后，系统可能无法正常运行或者实时性更差。

2. 解决方案

由于该变电站带电运行且一次、二次设备投运年限并不太长，大规模停电改造并不可行，为了解决上述问题，现提出如下改进方案：

方案一：

将前置机 1710-1 及 1710-2 更换成处理性能更高的 1710A 处理器。

优点：该方案思路清晰，能够解决目前存在的问题，几乎不需要更改运行参数。后台机数据库亦无需修改。

缺点：该方案需要更换前置主处理器，而站端所有设备都处于运行状态，在更换过程中带来很多复杂问题。首先，1710 和 1710A 的物理形状不一样，新的 1710A 不能刚好安装在原 1710 的位置上，原位置也不能安装两个 1710A；其次，调试过程中站控层监控系统需要退出运行，这样集控中心和两级调度中心将无法监视全站设备状态，无法按照运行要求对站内设备进行监视控制，调试工期也较长。

方案二：

新增两台 1710A 装置作为前置机，原前置机作分处理器主要处理 220kV 线路及变压器测控信息（包括新增加的 220 kV 线路及变压器）。

站控层的网络结构如图 7-5 所示。

优点：这个方案引入了两个新的前置机 1710A-3、1710A-4，原前置 1710-1、1710-2 降为分处理器，用于收集所有 220kV 线路和变压器的测控单元所采集的信息。新 1710A 前置机可以在监控屏的空闲位置预先安装，然后进行硬件连线、软件调试。在两个装置软、硬件条件都具备以后，再进行原系统的切改。新装置 1710A 和原装置 1710 软件配置相似，参数库、通信规约、通信接口均是相近的，所以需要的调试时间比较短，新的 1710A 调试过程中原监控系统仍然可以维持运行。仅仅是切改的过程需要退出监控系统很少的一段时间。

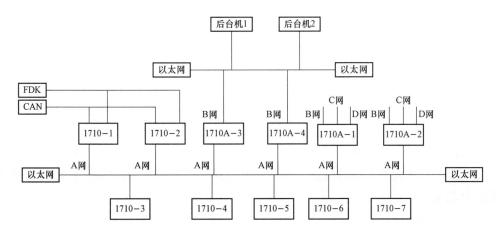

图 7-5　新增加两台 1710A 后站控层网络结构

远传系统结构不变，取消原 1710 和 1710A 之间的串行口，220kV 线路及变压器测控信息由原前置机建立以太网连接传给远动机，提高监控系统的实时性。同时能实现互为热备用的双后台系统。此外新的 1710A 可以使用原 1710 的绝大部分参数信息，只是在串口设置上需要做相应修改。后台机数据库无需修改。

缺点：站控层以太网为单网运行。

方案三：

增加两台 1710A，其用途和方案二一样。增加两台交换机及相应的硬件，将后台网络和站控层网络双重化，增加冗余、提高可靠性。由于远动 1710A 的四个网口中只有一个网口用于连接站控层网络，为了增加可靠性，两台远动分别连在 C、D 两个网络上。

站控层的网络结构如图 7-6 所示。

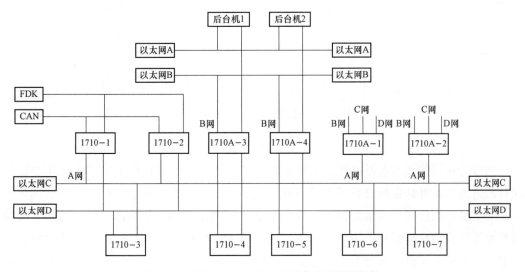

图 7-6　增加 1710A 和双网冗余后的网络结构

优点：在前置机功能的切改和实现上继承了方案二的所有优点。后台网络和站控层网络双重化，提高了网络的可用性，使运行更加稳定可靠。后台机数据库无需修改。

缺点：目前后台机以及所有分处理器均为单网卡结构。如果要实现双网冗余，需要在后台机和分处理器上增加相应的硬件和软件系统，增加了调试难度和工作量，延长了调试时间。

方案四：

取消前置机。将原前置机1710-1、1710-2降为分处理器，用于收集所有220 kV线路和变压器测控单元所采集的信息。各个分处理器直接将采集的信息通过以太网连接传送给后台和远动。

站控层的网络结构如图7-7所示。

优点：取消了前置机，信号到达后台的路径减少了前置机的中转，系统的实时性增强。实现了站控层数据的直采直送，无需引入新的装置。

缺点：需要修改后台机数据库。由于原前置机将分处理器的6个"四遥"逻辑模块整合成4个"四遥"逻辑模块传给后台。后台数据库按照这4个逻辑模块定义了全站"四遥"的位置。如果取消前置机，后台机将面临处理6个"四遥"逻辑模块。"四遥"量的点号和RTU号将面临极其混乱的局面。后台数据库中全站的遥信量、遥测量、遥控量、遥调量需要重新录入，后台光字牌系统需要重做。调试时间较长，工作量繁重容易出错。

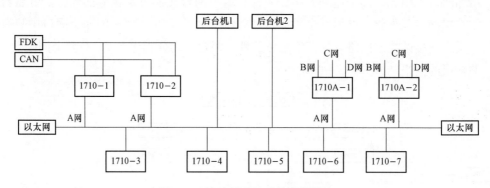

图7-7 取消前置机后的网络结构

3. 结论

通过分析目前该变电站站控层网络存在的各种问题，就站控层网络结构优化提出了四种改进方案，并详细地分析了每种方案的优缺点。结合实际运行的经验，考虑到实施各个方案进行改造时所面临的问题，其中方案三的网络结构可靠性高、稳定性强、改造过程对综合自动化监控系统影响小、施工难度不大、投资也不大，改造后系统性能提高明显，具备可扩充性。该方案不但能解决监控系统现在面临的各种问题，而且可以兼容增加变压器和输电线路后信息量增大的问题。

7.2.2　变电站 RCS - 9700 监控系统在应用中存在的问题及解决方法

某变电站第二代监控系统为南瑞继保 RCS - 9700 监控系统，2008 年投运。在该监控系统调试中发现的问题及采取的解决方案具有一定的参考意义，现总结如下。

1. 变电站概况

该站有 150MVA 变压器 3 台，高压侧进出线 6 回；中压侧馈出线 24 回、电容器 6 组、电抗器 3 组；低压侧馈出线 24 回、电容器 3 组以及站用变压器两台。中、低压侧测控装置直接下放到开关室，装于相应间隔的开关柜上；高压线路及变压器测控装置集中组屏，装于保护室内。

全站主要采用以太网通信，规约转换装置 RCS - 9794 通过 RS - 485 总线与外厂家变压器保护、高压线路保护装置和站内直流模块及其他辅助装置通信，全站挂接在以太网上的保护测控装置总计 134 台，挂接在 RS - 485 总线上的装置为 14 台。全站向调度远传遥信 2458 个，遥测 517 个，遥控 82 个。

2. 调试中主要遇到的问题及解决方法

（1）监控系统的后台。后台系统由两台服务器和两台操作员站构成。服务器为装有 Oracle 数据库的 Sun Ultra 45 工作站，操作系统为 Solaris 10；操作员站为两台戴尔计算机，操作系统为 Windows 2000。

1）警示标志。

存在问题。目前计算机监控系统的后台普遍保留原控制屏上光字牌的功能，即要求光字牌的显示分两部分：一部分为实时值，表示该信号实际当前值，另一部分为警示标志，用于标识该信号是否曾经动作过。若信号动作过，除非运行人员手动复归（报警确认），该标志应一直点亮（红色），此外，警示标志可以合成一个总信号，用于提示设备异常状态，运行人员可以通过光字牌系统很快检索出报警信号，进行相应的处理。

RCS - 9700 监控系统的后台初始功能不支持警示标志，只有实时值。该系统用显示实时值的圆点是否闪烁来标识该信号是否动作过，但是闪烁信号不能合成。这样造成的结果是：当全站某一信号动作之后，运行人员需要在几十个画面近 2500 个信号中找到有变化的那一个，这显然是不可取的。

解决方法。厂家升级了后台功能模块，实现了光字牌警示标志功能。通过编辑计算公式用于总警示标识的合成，增加了监控主机处理器运行负荷，配置和验证工作量较大。

2）软报文信号。

存在问题。监控系统中只有测控采集的硬接点信号才可以做成光字牌，而那些由 RCS - 978H、RCS - 931A、RCS - 9611C、RCS - 9633、RCS - 9651、RCS - 994A 等装置产生的具体保护动作信号（软报文信号）如过电流 I 段 / II 段保护动作、零序保护动作、方向过电流保护动作等保护动作信号则无法形成光字信号。

解决方法。由于此项功能的修改，需要制造厂家对监控系统做较大修改，在变电站投运前无法从软件上实现该功能。目前只能把保护装置相应保护动作信号接到测控装置形成"硬接点"信号，然后在后台制作相应的光字牌。对于低压保护引入了一个"保护动作"信号，具体是哪一种保护动作，可以在告警窗中查找。

3）遥信变位记录。

存在问题。一般情况下在一个信号动作后，测控装置会先向后台传送一个COS（不带时标的遥信变位记录）的报文，然后送一个SOE（带时标的遥信变位记录）的报文。由于COS的报文优先级比较高，一般后台先收到COS报文，后收到SOE报文。后台在接收到COS报文后，按照后台收到的时间给这个变位加上一个时标显示在报警窗中，同样SOE的报文也应该这样处理。但是RCS-9700监控系统的后台无法区分COS和SOE。

解决方法。由厂家更改监控系统通信程序，实现该功能。

4）数据库中较难更改线路的调度编号。

存在问题。在大多数厂家的监控系统数据库中更改调度编号是比较简单的。由于老调度编号的画面和库中的调度编号是对应的，它们两个的对应关系是以前建立好的，所以一般改编号的流程是这样的：首先更改数据库中的调度编号，然后用绘图软件更改画面的调度编号即可。但是在RCS-9700监控系统数据库中，更改调度编号之后，需要根据新的拓扑图重新添库，在这个过程中将有大量的不确定因素，所有四遥量与数据库的对应需要重新校实。

由于该变电站的调度编号变更多次，正式投入的调度编号与调试编号相差很大，重新核实对应关系的工作给更改调度编号带来了很大的工作量。因为每一个间隔都有一张图而且还有若干不同电压等级的分图以及与之相对应的光字系统，这使得该监控系统的可维护性太差。

解决方法。只能由厂家更改其后台程序，简化更改调度编号的烦琐过程。

5）跨平台通信处理。

存在问题。后台服务器采用Solaris 10Unix操作系统，操作员站为Windows 2000，在调试过程中当大量遥信变位和SOE报文上送至服务器时，操作员站实时性很差而且频繁当机。

解决方法。升级了操作员站与服务器之间的通信服务程序，操作员站的实时性得到了提高。

（2）站内监控系统网络。

1）站内布线。

存在问题。由于设计院没有明确监控系统网络应该如何布线以及布何种网线，站内的通信网络主要是由厂家设计并布置。可能是出于成本考虑，从中低压开关室到保护室的网络接口屏布置的级联线为电以太网，五类屏蔽双绞线长度达70m左右。开关室内电磁环境恶劣而复杂，五类屏蔽双绞线适应于办公环境，抗电磁干扰能力有限，这给四遥量的正确传送埋下隐患。目前站内中低压电压等级的馈线负荷不大，开关切除故障电流产生的电磁干扰现象并没有完全显现出来，但是，随着各电压等级馈出线的增加、线路短路电流的提升，系统的可靠性肯定会受到影响。

解决方法。将级联用双绞线更换为光纤，保护室内网络接口屏增加两台具有冗余光口的以太网交换机，提高系统的抗电磁干扰能力。

2）站内交换设备。

存在问题。全站交换设备为广播式集线器。站内总共 134 台保护测控装置再加上后台的 4 台计算机，并且操作员站还要从服务器上实时读取大量的数据。站内所有网络通信的 IP 地址都处于同一网段。这种将全站装置挂接在一个广播式网络上的做法，使得各通信装置对网络资源的竞争十分激烈，不利于监控系统的实时性和可靠性。这一问题尽管不是当前的主要问题，但是应当给予足够的重视。

解决方法。将广播式集线器更换为二层交换机。

（3）远动装置。

1）远动规约及通道。

存在问题。两级调度中心要求通信规约为天津版 104 规约。此外，天津市调还有一路模拟备用通道，通信规约为华北 101。远动装置有 4 个网口，A、B 网口用于连接站内，C 网口用于连接两级调度中心，D 网口用于连接集控中心。两级调度中心与集控中心均有两路独立的通道。

尽管市调此前各厂家最终都通过了华北 101 和天津 104 规约的子站入网测试，但是监控厂家并没有就通过测试的规约程序生成固定的应用版本，而是在一个通用规约上通过更改选项设置达到相应的要求。现场调试人员对设置的熟悉程度存在差异，造成验收过程中重新验正规约选项设置的正确性，给调试带来不必要的工作，前期测试成果没有得到充分应用。

解决方法。建议监控针对通过测试的规约制定一个固化的版本，以减少工程中的调试工作量，节约调试验收时间。

2）与集控中心的通信。

存在问题。由于集控中心采用网络版 DISA 规约，远动装置只支持串口 DISA 不支持网络 DISA，若重新编写程序需要较长开发周期。当前的解决方法。为了保证该变电站的如期投运，我们只能加入两个 MOXA 卡（集控中心有两个独立的通道）。MOXA 卡串口端连接到远动的串口，MOXA 卡的网口连接到通往集控中心的路由器上，这样实现了与集控中心的通信。串口通信是由当前主机来管理，所以远动装置可以看作是在两个独立的通道上以双主机的方式运行，不涉及双机切换的问题。但是从速率角度考虑，即使装置最高的串口速率 115200b/s 与网络速率 100Mb/s 也是无法比拟的，串口速率成为该通道的通信瓶颈。从根本上解决这个瓶颈的方法还是要请厂家研发人员编写支持网络 DISA 的底层程序。另外，随着新集控中心的投入运行，远动规约将采用华北 101 和天津 104，这一问题也能得到相应的解决。

3）与两级调度的通信。

存在问题。南瑞继保的远动装置无论 RCS－9698D 还是 RCS－9698H 都是一主一备的运行方式。对于串口来说接收和发送是由当前主机来管理，所以串口是一直在线的，可是对于网口来说就完全不一样了。若当前主机和当前备机都允许站内测控装置的网络连接，但是只有主机处理测控装置上送的报文，当前备机的实时数据是每隔一段时间从当前主机读取的。若此时子站进行主备机切换主站连到当前备机，主站只能通过总召才能刷新数据，变化遥测、变化遥信和 SOE 报文是不能上送的，并且总召的数据也不是当前实时数据。

解决方法。令当前备机拒绝主站的 TCP 连接。这样当子站进行主备机切换之后，当前备机不允许 TCP 连接，主站只能连接到当前主机上去，这样实现了所有信息的实时上传。

但是这样由当前备机拒绝 TCP 连接也引发出问题：如果当前上机到调度中心的通道中断而当前备机通道是良好的，子站作为 TCP Sever 端是不会进行主备机切换的。也就是说，主站无法通过当前备机的良好通道连接备机以获取网遥信息，使得两级调度虽然有两个独立通道，但是只能使用其中的一个，造成了通道资源的浪费。

当前的解决方法：由于南瑞继保的远动只能工作在主备状态，所以该站的远动备机是拒绝 TCP 连接的。最根本的解决方法是请厂家研发人员改进远动程序，实现可以自由选择两台远动工作在主备状态还是双主机状态。如果远动通道只有一个，那么远动装置应该工作在主备状态；如果有两个独立的通道，那么远动装置应该工作在双主机状态。

4）RCS - 9698D 站内通信中断问题。

存在问题。站内最初采用的远动装置是 RCS - 9698D，在与集控中心信号传动时发现，RCS - 9698D 启动后运行的半小时内四遥量传动正常；超过半小时后测控装置发出遥信变位，站内后台能收到，但是集控中心收不到变化信息，即使模拟以前传动正确的信号也收不到。在子站模拟遥信变位时，仔细观察 RCS - 9698D 上送和主站接收的报文后，发现子站没有上送遥信变位的报文。RCS - 9698D 实时数据库的值也未发生变化。问题出在 RCS - 9698D 与测控装置的通信上。经过截取大量的站内报文进行分析后我们发现，RCS - 9698D 与测控装置的 TCP 连接在过一段时间后就开始陆续中断并且不再重连，通信就此中断。

解决方法。我们首先怀疑是不是由于站内网络通信设备太多，装置间争夺资源造成通信中断。我们设法减少以太网上的保护和测控装置的数量，先关掉了 10 台 RCS - 994A 稳控装置，使站内以太网上的装置减少到 124 台，这时 RCS - 9698D 与测控装置的通信趋于正常，监测数据连接显示，远动与测控装置间仍有大量端断链重连现象。经反复试验发现 RCS - 9698D 的硬件水平不足以支持连接 128 台以上的装置。最后用处理能力更强的 RCS - 9698H 代替 RCS - 9698D，监视挂网设备通信情况良好，与主站通信正常。

（4）控制权切换的问题。存在问题。为使得控制权保持唯一性，集控中心和站端分时共享控制权，为了实现这一功能，我们引入一个集控端任何时刻都可控的节点，由它的分合状态指示控制权的方向。但是 RCS－9700 监控系统控制权的切换是通过手动扳动远动屏上的一个控制把手实现的。由于变电站无人值守，显然不满足运行要求。

解决方法。增加一个带自保持功能的继电器，由公用测控屏的一个遥控点控制。集控中心和站端后台都判断该遥信状态，通过遥控实现主站和子站控制权的切换。

另外，站内后台可以通过人工置数来解除对后台遥控的闭锁，实现在通道异常情况下控制权由集控中心到站端的切换。

3. 后记

在该变电站投运后，远动装置与调度和集控中心一直存在通信中断的现象，最频繁的时候达到每月中断一百多次。这使得站内数据无法及时上送到调度中心和集控中心，影响调度端潮流分析及运行决策，同时影响到安全监视和电压无功优化控制（AVC）系统的可靠运行。这一故障的分析解决前后历时近一个月，问题主要分两部分解决，其一为备机误升为主机，其二为网络通道大量断链重连。

（1）备机误升为主机的问题。到站内检查远动装置工作状态，发现两台远动装置已经都是主机状态。此时当主站下发一条总召唤报文，两台远动同时响应，回送当前实时数据，通道肯定出现乱码。经分析造成备机误升为主机的原因是主备机间网络通道通信不良，具体是由于主备机通信借用站内通信网络，且站内挂接在网络上的装置数目太多造成的。

由于网口数量的限制（所有网口均已经占满），只得请厂家升级远动机程序，改进主备机同步流程，但同步通道仍然借用站控层网络。经一段时间运行考察后发现，仍然会发生备机误升为主机的情况。接下来将两台远动装置的数据同步通信从站内网络分离出来，单独占用主 CPU 卡的一个网口进行通信。这样可以大幅提高主备机之间的通信质量，避免备机因收不到主机的心跳报文而误升为主机的情况。同时增加一块副 CPU 卡，主要负责与调度中心和集控中心的网络通信。工作完成后，主备机网络通信良好，主备机切换正常。这样成功解决了备机误升为主机的问题。

（2）与主站网络通信屡次中断的问题。通过分析调度端截取的报文，未发现规约应答序列上的问题，并且断链期间主站能 Ping 通变电站的远动装置，问题肯定出在子站。到站内检查发现，远动值班机的副 CPU 卡有自动重启的现象经与厂家研发人员交流，认为还是由于站内以太网上挂接的测控装置过多，主 CPU 卡处理任务繁重，不能及时响应副 CPU 卡的数据通信请求，造成副 CPU 卡自动重启，从而影响与调度中心和集控中心的网络通信。工作的目标转为如何降低主 CPU 卡的工作负担，即如何降低站内网络的通信流量问题。

站内网络上传送的数据报文主要为各个测控装置采集的全遥测、全遥信、变化遥测、命令信息以及地址解析报文。由于站内网络结构和测控装置是确定的，我们将网际协议（IP）地址与媒体访问控制（MAC）地址的对应关系导入远动装置中。这样减少了远动装置与测控装置通信过程中的地址解析报文，进而减少了网络通信报文流量，提高了通信可靠性，同时还可降低主 CPU 卡工作负荷。

MAC 地址绑定后，站内远动装置运行正常，与调度中心和集控中心通信的网络和模拟通道运行正常，未再发生网络通道断链重连现象。

7.2.3　变电站事故总信号在调试中的问题及解决方法

为了保证电网安全稳定运行，当变电站内发生事故时，自动化系统会上送一个事故总信号到调控中心，以利于调控主站迅速识别故障信息并自动推出相关画面。因此，事故总信号的正确性和可靠性显得尤为重要。事故总信号的启动方式分保护动作启动事故总信号方式和位置不对应启动方式两大类。

保护动作启动事故总信号方式：由保护动作信息合成全站事故总信号，有两种实现方式：一种是将各套保护信号传至远动装置，在远动装置中将全站所有保护信息进行逻辑或运算处理，将得到的结果作为事故总信号；另一种是在各个间隔的测控装置中，先将各间隔的保护动作信息合成为本间隔的间隔事故总信号传至远动装置，再在远动装置中将各间隔事故总信息进一步合成为全站事故总信号。前者属于集中式处理，后者属于分布式处理显然，分布式处理方式具有更快的响应速度和更大的合成容量。

保护动作启动方式无需引入过多的二次接线，采用保护瞬动节点时，事故总信号不需要人工手动复归，维护方便。在调试中出现的问题和解决方法如下。

（1）有些保护动作信息是保护装置的中央信号（保护动作后，信号一直保持，直到人工手动复归），不是瞬动节点时将造成合成的事故总信息一致保持，影响本站的再次告警，所以采集保护动作信息时应使用瞬动节点。

（2）在定期检查保护校验装置时，会产生大量的保护动作信息，使得事故总信号频繁动作，干扰运行人员正常监视。可以在保护传动过程中使用测控装置的检修压板，屏蔽上送的保护信息在主站系统，设备停电检修时，在监控系统对该间隔挂"置检修"挂牌，实现该间隔不参与事故跳闸及推图逻辑判断。

（3）一些只发信号不跳闸的保护动作信息引起误发事故总信号。可以先剔除那些只发信号不跳闸的保护动作信息，如主变压器和线路过负荷告警动作信号，启动失灵保护动作，母差和主变压器解复压保护动作，远传动作，就地判别动作，消防火灾告警装置动作等。由于运行方式的变化，一些保护可能临时由跳闸改投信号，所以这里还需要引入开关位置的判断，逻辑为：（开关分闸位置）与（该开关保护动作跳闸信息），合成相应间隔事故总信息。保证了只有保护动作开关跳开时才发事故总信号。

（4）不能反应开关偷跳的情况。偷跳是处于合位的开关在无保护动作和人工操作的情况下跳闸，将引起重合闸动作。合上该开关，此时事故总的合成逻辑应该加入（开关合位）与（该间隔重合闸动作），若该间隔不投重合闸，则需将开关三相不一致动作信号引入事故总的合成逻辑中。

位置不对应启动方式：在开关操作箱中，合后继电器 KKJ 是一个双圈自保持的双位置继电器，有一个动作线圈和一个复归线圈。当开关手动或遥控合闸时，动作线圈动作触点闭合；手动或遥控分闸时，复归线圈动作触点打开。保护动作分闸或开关偷跳时不会使合后继电器 KKJ 的复归线圈动作，也就不会使其触点打开。利用这一原理，将合后继电器 KKJ 的触点和开关跳位辅助触点相串联，形成各间隔的事故总信号（即：在开关手动合闸后，无论开关因为何种原因而处于分位时，间隔事故总信号动作），再在远动装置中将各间隔的事故总信号合成为全站事故总信号。

位置不对应启动方式采用两个节点串联的形式，能够正确反应开关因各种故障跳闸和偷跳的情况，是变电站普遍采用的事故总合成方式。在开关手动或遥控分合闸时，有些装置会瞬间发事故总信号，这是由于合后继电器 KKJ 和跳位辅助触点在转换过程中配合不佳造成的。需要在测控装置中选择适当的遥信防抖时间，以滤除这一抖动信号。

此外，这种方式下间隔事故总无法自动复归，影响本站的再次告警，这个节点的状态是长保持信息，需要运行人员手动复归后，信号才会返回。需要在远动装置合成事故总信息动作后，通过软件设置保持约 10s，然后自动复归。也可以通过控制把手，人工手动分闸或遥控分闸，使合后继电器 KKJ 的复归线圈动作，使节点返回间隔事故总信号复归。这种方法存在一定的问题，在未复归期间若变电站内再次发生故障，事故总信号将无法再次动作告警，所以采用软件自复归方式更优。

变电站事故总信号是反应变电站设备运行状况的重要信息载体，在变电站无人值守模式下，可以让调控中心的运行人员简单明了地了解变电站内设备故障的大致情况，有利于故障设备的快速隔离和处理。

7.2.4 重合闸过程中断路器合位丢失原因分析及处理

某运行线路发生永久性故障且重合闸正确动作后，主站事件顺序记录中没有断路器的分—合—分过程。

在正常情况下，投重合闸保护的运行线路在发生永久性故障时，首先线路保护动作跳开故障线路断路器，经整定延时后，重合闸保护动作，重合线路断路器，若合于永久性故障，后加速保护动作再次跳开断路器，即断路器状态变化应当存在分—合—分的过程。若主站事件顺序记录（SOE）动作序列中没有断路器的分—合—分过程，监控员很难判断重合闸是否正确动作、断路器有没有合闸过程线路、是否存在永久性故障、是否可以试送等，影响调控员对线路故障的判断和快速处理。

（1）信号丢失原因分析。由于调控系统实时告警信息中没有断路器的分合分过程，首先检查调控主站系统是否工作正常。经分析故障过程主站前置机记录的通信报文可知，变电站端确实未上送断路器分合分 SOE 信息。检查变电站端远动机，远动 A 机和 B 机向调度主站转发 SOE 信息的记录中也没有断路器的分合分过程，问题定位在变电站端。

查看变电站监控系统后台服务器历史记录发现也没有相关记录。再利用维护软件读取测控装置缓存的 SOE 信息，仍然没有发现相应的信息记录。由此判断，问题出在测控装置或断路器遥信采集回路上。

（2）信号丢失原因查找及处理。由于变电站内除测控装置需采集断路器位置外，故障录波装置也会采集断路器位置信息用于分析故障时各保护及断路器的动作情况，可以采用测控装置采集回路和故障录波装置采集回路对比方式查找信号丢失的原因。

测控装置断路器采集回路如图 7-8 所示。断路器三相动合辅助触点串接后接入测控装置，经一定防抖延时后生成遥信变位和 SOE 报文上送到站控层网络。故障录波装置采用操作箱的出口继电器接点采集断路器的分相位置，即分别采集断路器的 A 相、B 相、C 相位置。

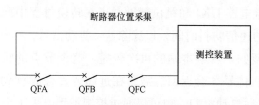

图 7-8 测控装置断路器采集回路

在投重合闸的运行线路发生永久性故障时，断路器的动作行为是分—合—分，重合闸动作后，由后加速保护动作切除故障，以减少故障对系统的冲击。断路器在这一过程中，合位存续时间非常短暂，结合测控装置采集开关量回路可知，断路器合位不上送的原因可能有两种：①断路器 A、B、C 相动合辅助触点动作不一致，串联的辅助触点在合闸位置存续的时间内，没有形成导通的回路；②测控装置的防抖时间设置过大。

为了确定原因，需要模拟与重合闸类似的断路器短暂合位，以判断辅助触点是否正常工作。那么，如何获得较为短暂的断路器合位呢？断路器跳闸回路中，一般设有 TJR 继电器，我们称为保护永跳继电器，永跳继电器动作跳断路器三相开关。在断路器处于跳位时，让保护永跳继电器长期励磁，使跳闸回路中仅由断路器辅助触点断开。手合断路器，断路器由分变合后，辅助触点闭合接通跳闸永跳回路，将断路器跳开。在这一过程中，断路器合位存续时间最短（或者利用试验仪给线路保护通入故障序列，使保护动作三跳、启动重合、再三相跳闸，调试过程比使用永跳继电器跳闸复杂）。

保护跳闸回路示意图（以 A 相为例，B、C 相与 A 相类似）如图 7-9 所示。

结合停电检修，我们进行了下述试验。

1）将测控装置遥信防抖时间设置为

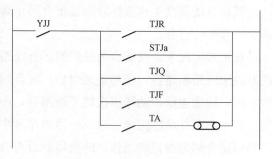

图 7-9 保护跳闸回路示意图

0ms。断路器处于合位，模拟线路永久故障，使断路器重合后再跳开。检查变电站监控系统后台和测控装置 SOE 缓存情况，发现仍没有断路器分合分信息。排除因遥信消抖时间过长而造成信号丢失的情况。

2）断路器处于分位，将接入测控装置的三相辅助触点分别接入故障录波器中，在试验过程中将操作相处永跳继电器长期励磁。手动合闸，断路器经机构固定延迟处于合位后，由于辅助触点状态改变，接通跳闸回路，断路器瞬时跳开。在故障录波器中察看断路器合位采集情况。断路器合闸并瞬时跳开过程中，三个辅助触点闭合时间不一致。

3）断路器处于分位，将接入测控装置的三相辅助触点串接后接入故障录波器中，重复上述过程在故障录波器中察看断路器分位采集情况：断路器无变位。由此不难看出，在断路器分、合过程中三相辅助触点转换不一致造成上送的 SOE 信息没有出现分—合—分过程。针对这一问题需要清洁断路器辅助触点或更换辅助触点，调整断路器操作机构，缩短三相辅助触点动作时差。

此外，有些分—合—分过程中合位信号丢失是由于测控装置遥信消抖时间过长（如 50ms），而引起测控装置无法采集到断路器的分—合—分过程信息的。针对这种情况，应根据试验结果适当缩短消抖时间，达到既能抑制遥信抖动也不因消抖时间过长而漏发信号的目的。

（3）总结。线路发生永久故障时，随着保护和重合闸动作，断路器出现分合分的过程，同时间隔事故总和全站事故总也会动作和复归。这些信息正确的动作时序，有利于调控员对故障过程的快速了解，有利于事故的快速处理，有利于电网的安全稳定运行。在新站验收和设备改造过程中，现场调试验收人员应注意对重合闸过程中相关信息的采集和处理。

7.2.5 采用远动双机独立运行方式提高远动装置可靠性

为了保证远动系统具有较高的可靠性，通常 220kV 及以上电压等级变电站采用双机冗余配置方式。但很多厂家远动装置采用主备工作方式，在网络通道成为主变电站数据传输的主通道后，这一工作方式存在较多问题，主要分析如下。

（1）当前远动双机的主备工作方式。远动双机主备工作模式下，备机处于热备状态。这一工作方式要求备机能够及时获取主机当前的工作状态，遇到主机故障时立即投入运行。主机处理间隔层测控装置上送的数据报文，并远传到调度中心和集控中心，同时主机要处理来自调度中心或者集控中心的命令报文，并转发到相应间隔的测控装置。主机每隔一段时间把当前内存中的实时数据传送给备机，更新备机的实时数据库。备机虽然接收来自间隔层上送的数据报文以及调度中心或集控中心下发的命令报文，但并不处理这些命令报文。备机根据切换策略判断是否需要进行主备切换，当主机恢复正常工作后，仍由备机工作，只有备机工作不正常时，主机才切换回来。

由于调度数据专网已经得到广泛应用，变电站两台远动机到调度中心和集控中心分别配置传输通道，传输规约采用 IEC 60870-5-104，同时对调度中心和集控中心各保留 1 路模拟专线通道作为备用，传输规约采用 IEC 60870-5-101。

（2）不同切换策略下主备机工作存在的问题。

1）根据主备双机与站内测控装置通信状态进行切换。主机发现与站内的测控装置通信都中断，并在一段时间内尝试连接数次无效，此时若当前备机与站内测控装置通信正常，则进行主备切换。

在当前备机不拒绝主站 TCP 连接的情况下，由于只有当前主机处理来自间隔层的数据报文，当子站的主备机因满足条件而进行切换时，调度中心和集控中心主站是毫不知情的。如果主站连接到了当前备机，主站只能通过总召才能刷新主站的实时数据库，而变化的遥测、遥信和 SOE 报文不能主动上送且总召的数据也不是当前实时数据。在这种情况下，主站不具备判断能力，也就不能主动切换到子站的当前主机上去。

在当前备机拒绝主站 TCP 连接的情况下，当子站主备机切换时，主站只能连接到当前主机上，这样可以实现所有信息的实时上传。但是如果当前主机到调度中心的通道中断而当前备机通道良好，此时由于两台远动机与站内测控装置通信都正常，不满足子站的主备机切换条件，因此主站无法通过当前备机的良好通道连接备机以获取子站遥测、遥信等信息，使得调度中心和集控中心虽然分别有两个独立通道，但是只能使用当前主机的传输通道，造成了通道资源的浪费。

就专线通道而言，由于串口数据接收和发送时，当前主机在进行管理，所以串口是一直在线的。但主备机通信的通道和远动与测控通信共网，若变电站站控层网络因重负荷造成阻塞时，远动主备机通信也会中断。此时当前备机会切换为当前主机，这样两台远动机都将作为主机运行，而专线通道采用的是问答式规约 IEC 60870-5-101，这样势必造成专线通道数据收发的混乱。

2）根据主备双机远传通道的状态进行切换。主机发现与远方主站通信都中断，并在一段时间内尝试连接数次无效，若此时备机与远方主站通信正常，则主备机进行切换。

在当前备机不拒绝主站 TCP 连接的情况下，调度中心和集控中心主站肯定能通过良好的通道与子站相连。但是主站如果连接到当前备机，则只能通过总召才能刷新主站的实时数据库，变化的遥测、遥信和 SOE 报文不能上送，且总召的数据也不是当前实时数据。在这种情况下，主站无法判断哪个是主机哪个是备机，也就不能主动切换到子站的当前主机上去。

在当前备机拒绝主站 TCP 连接的情况下，当子站主备机切换时，主站只能连接到当前主机上去，这样可以实现所有信息的实时上传。但是如果当前主机与站内测控装置通信的通道中断，而且当前备机通道是良好的，此时两台远动机到主站的通道都是良好的，不满足主备机切换条件，所以变化的遥测、遥信和 SOE 报文不能上送，即使总召上送的数据也只是当前主机与站内通道中断前一刻的数据。

就专线通道而言，由于串口数据的接收和发送是由当前主机来管理的，所以串口一直在线。但是当前主机与站内通信中断时，不满足主备切换条件，同样不能上送子站的实时数据。

由于远动装置到调度中心和集控中心的通道是分别配置的，所以切换策略究竟以哪个通道状态作为参考也是一个需要解决的问题。一般情况下，难以做到调度中心和集控中心的兼顾，而影响任何一个主站的通信，都将会影响到电力系统的安全稳定运行。

（3）远动双机独立运行方式解决现有问题。由于两台远动机软硬件配置几乎完全相同，通道也是几乎独立的，因此采用 2 台远动机独立运行，就能很好地避免上述问题，同时提高远动装置的可靠性。

对于网络通道而言，调度中心和集控中心主站到子站两台远动机分别有两条不同的网络通道连接，同时两台远动装置与站内测控装置的连接也是独立的。调度中心和集控中心主站可以根据网络通道传输质量的优劣，在两台远动机之间任意切换。需要做特殊处理的是，当远动装置与站内通信中断时，立即拒绝调度中心和集控中心主站的 TCP 连接以及中断串口收发，以防止上送非实时数据。

对于专线通道而言，由于两台远动机独立运行，如果只有一条专线通道需要增加一台硬件通道切换装置，实现主站与子站的数据收发。或者增加一条专线通道，由主站根据专线通道传输质量自由切换。

此外，需要特别说明的是，当主站在下达遥控命令过程中，如果当前通道传输质量在可用范围之内，则应该尽量避免进行通道切换；如果确实需要切换，在切换之后需要主站重新执行遥控流程。例如主站在远动机 A 进行预置之后，恰好进行通道切换，远动机 B 升为当前主机，此时远动机 B 拒绝执行遥控执行命令（因为在远动机 B 上并未进行遥控选择，所以拒绝执行）。远动机 A 在一定时间后（时间可以根据要求设定）闭锁此次遥控，此时需要主站在远动机 B 上重新按照预置、返校、执行的步骤来进行遥控操作。

对于有双远动机的子站，若只有一路远动通道且远动机不具备硬件切换功能时，仍然需要采用主备机的工作方式。

7.2.6 变电站监控系统改造过程中远动机的切换方法

监控系统改造是一项极其复杂的工作，由于新老系统大多不兼容，新监控系统也是结合一次设备停电，逐步更换各间隔保护测控装置，在此期间两套监控系统在变电站内独立运行，但远动通道不会新增。这要求新远动装置在上线后，需要将全站信息（含老监控系统采集的信息），传送到调控主站。为了实现这一目的，需要在新老远动装置之间建立通信连接关系，将老远动信息发送到新远动装置，经整合后按照新点表顺序上送到调控主站系统。

（1）远动装置与调控主站的通道配置情况。目前，变电站内的远动装置与调控主站的数据通道分两类，一类是专线通道，另一类是网络通道。

专线通道采用模拟传输方式。远动串口输出的数字信息经过调制解调器转换成模拟信号，通过音频电缆传递到音频配线架，经 PCM 机复合后通过 SDH 设备传输到调控主站端，再经过 PCM 机和音频配线架至主站端调制解调器。解调后的数字信息传送到主站前置机串行通信接口。模拟通道单路配置，由通道切换装置自动选择由哪一个远动装置负责与主站通信。该远动装置故障时，自动切换到另外一台装置。通信规约一般使用国标 101 规约。

网络通道采用 TCP 传输方式。远动机网口输出的数据包经接入交换机、纵向加密认证装置、路由器，再经 SDH 传输设备至主站端路由器、主站端纵向加密认证装置、主站端接入交换机，直至主站前置机网络通信接口。网络通道采用冗余配置，即数据网有一平面和二平面两个网络。这两个网络采用完全独立的网络设备，任何一个网络故障不影响另外一个网络的正常工作远动机可以通过任何一个平面与调控主站建立通信连接通信规约一般使用国标 104 规约。

（2）新老远动装置连接方式的选择。老远动装置通过站内通信部分收集了站内所有老测控装置的四遥信息，如何将这些信息传送到新远动装置，有以下几种方案。

1）方案一：串口连接方式。停用老远动装置与调控相连的串口通道，两台老远动装置的串口通道经通道切换装置切换后，连接新远动装置 A 机，再调试老远动装置一条串口通道，经通道切换装置切换后连接新远动装置 B 机。串口通道连接方式如图 7-10 所示。

优点主要是串口能够将老远动装置信息传送到新远动装置；任何一台老远动装置故障，不影响信息传送至新远动装置，即不影响调控中心的监视和控制功能。

缺点是串口通道切换装置是两台新远动装置与老远动装置相连的公共设备，若其损坏，会影响全部信息的上送；另外，串行通道传输速率较低，增加了站内遥信遥测信息的传输延时，影响了数据传输的实时性。

2）方案二：一对一网络连接方式。将老远动装置 A 机网口与新远动装置 A 机网口相连，老远动装置 B 机网口与新远动装置 B 机网口相连，一对一网络通道连接方式如图 7-11 所示。

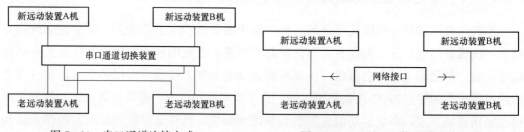

图 7-10　串口通道连接方式　　　　图 7-11　一对一网络通道连接方式

优点是能够将老远动装置的信息传送到新远动装置；任何一台老远动装置故障，不影响信息传送至新远动装置，即不影响调控中心的监视和控制功能；网络通道传输速率快，系统实时性好。

缺点是调控主站系统与新远动装置直接相连，不知道老远动装置的运行情况。若调控主站使用的通道由新远动装置 A 机提供恰好遇到老远动装置 A 机故障，由于新远动装置 A 机运行正常，所以调控主站不会切换通道，而老远动装置 A 机故障，调控中心无法获取站内实时信息。

3）方案三：一对二网络连接方式。将老远动装置 A 机网口连接至站内 A 网交换机，老远动装置 B 机网口连接至站内 B 网交换机把老远动装置视为一个双机冗余的规约转换装置。新远动装置 A 机和 B 机能够分别通过站内网络交换机访问这两台老远动装置，一对二网络通道连接方式如图 7-12 所示。

优点是能够将老远动装置的信息传送到新远动装置；任何一台老远动装置故障，不影响信息传送至新远动装置，即不影响调控中心的监视和控制功能；网络通道传输速率快，系统实时性好；每台新远动装置可以自行在两台老远动装置之间切换，具有较好的冗余性。

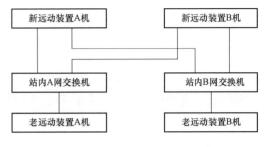

图 7-12　一对二网络通道连接方式

通过分析对比，我们选择了方案三的一对二网络连接方式。通信规约采用 IEC 60870-5-104 规约。

（3）新老远动切换的实施步骤。

1）提交远动装置停复役申请，同时申请调度数据网接入交换机，解除老远动装置 MAC 地址绑定。

2）桥接工作开始前，申请停用老远动装置 B 机，清空其调度数据网一平面网卡地址，由新监控系统分配给站内 B 网合法 IP 地址，与新远动装置进行桥接工作。

3）核对新远动装置接收信息与老远动装置 B 机转发数据，核对新远动装置接收的信息与站内老后台信息新远动装置接收信息及转出信息。

使用规约测试仪模拟主站测试新远动装置规约和上送数据，数据全部正确后，新远动装置 B 机使用老远动装置 B 机一平面地址与调度通信。通道正常后，以后台数据为基准与调控端核对该转发通道数据是否正确，核对正确后，调控端核对新远动装置 B 机一平面上传数据与老远动装置 A 机上传数据是否一致。

4）核对一致后，向调控端申请停用老远动装置 B 机二平面网卡并清空地址。新远动装置 B 机使用二平面地址与调控端通信，与调控端核对二平面通道数据是否正确。

5）数据核对正确后，向调控端申请停用老远动装置 A 机，清空一、二平面地址。新远动装置 A 机使用一、二平面地址与调控端通信。以后台数据为基准与调控端核对数据的正确性，同时调控端核对新远动装置 A 机上传数据与新远动装置 B 机上传数据是否完全一致。

6）数据核对正确后，向调控端申请停用老远动模拟通道及调制解调器，信通公司在音频配线架上将变电站远动模拟通道切改到新远动模拟通道。

7）模拟通道正常后，调控端核对新远动模拟通道数据是否与网络通道数据一致性。

8）数据一致后，由新监控系统给老远动装置 A 机分配站内 A 网合法 IP 地址。新远动装置 A 机将桥接通道切换到老远动装置 A 机，新远动装置 B 机桥接通道仍保留在老远动装置 B 机。然后，以后台为基准与调度端核对新远动装置 A 机上传数据是否正确核对正确后，调控端核对远动装置 A 机上送数据是否与远动装置 B 机上送数据一致。

9）数据核对正确后，该站远动通道及调度数据由新远动装置占用和转发。数据网交换机侧重新进行 MAC 地址绑定。

7.2.7 变电站端 AVC 闭锁关系的确认及调试

目前，变电站端所有信息由站内远动装置上送到调控中心的主站系统，实现调控员对电网潮流及电网设备的监视和控制。全网数据的高度集中，为自动电压控制（Automatic Voltage Control，AVC）提供了坚实的基础。AVC 系统对全网无功电压状态进行集中监视和分析计算，从全局的角度对广域分散的电网无功装置进行协调优化控制，是保持系统电压稳定、提升电网电压品质和整个系统经济运行水平、提高无功电压管理水平的重要技术手段。

为保证主站 AVC 系统的正常运行，一般在变电站端远动装置中写入一些闭锁关系，以避免在通道误码或主站策略失误等情况下误投退无功补偿设备。下面结合我公司某变电站的调试经历，介绍调试中遇到的问题及解决方法。

1. 调控主站的闭锁关系

（1）隔离开关和断路器闭锁逻辑：当本间隔母线隔离开关处于分位时，闭锁主站对本间隔无功补偿设备的控制。主要目的是防止主站拓扑存在问题时，误投入冷备设备调整系统无功分布。

（2）AVC 总投入和各间隔 AVC 投入对主站控制的闭锁逻辑：AVC 总投入遥信，用于全站所有无功补偿设备投入和退出主站控制；各间隔 AVC 投入用于在 AVC 总投入处于合位时，本间隔投入或退出主站控制。这些信号可以由把手的切换实现，也可以由压板的分合实现。主要用于设备检修时，全站或单间隔投入或退出主站控制功能，确保主站不会误控检修设备，保证现场检修人员人身安全。

（3）电容器和电抗器不能同时投入运行：当电容器间隔投入运行时，闭锁本母线上电抗器间隔投入；反之亦然。主要目的是防止误投无功补偿设备，造成系统谐振。

（4）保护信号闭锁：当本间隔一次设备存在问题，保护动作跳闸后，能够闭锁主站对该间隔设备的控制，防止主站误控该间隔设备，从而对设备造成进一步损坏。此外，考虑到若站内母线存在故障（包含其他电压等级）或开关失灵时，母差或失灵保护动作后，站内停电范围较大，确认和隔离故障点需要较长时间，故暂停主站 AVC 系统对全站无功设备的控制。

以上四方面的内容是基于主站对系统运行方式、设备检修及故障处理等方面提出的闭锁要求。

2. 变电站端的闭锁关系

(1) 变电站端一次设备接线。变电站内有两台主变压器，每台主变压器高、中压侧为 3/2 断路器接线方式，低压侧为单母分段，电容器和电抗器分别接在这两段母线上。1 号主变压器低压侧无功补偿设备一次接线如图 7-13 所示（2 号主变压器低压侧一次接线图与之类似）。

(2) 变电站端根据调控主站要求确定闭锁关系。由于投入 AVC 控制的变电站端设备都处于热备用状态（AVC 主站只控制开关），变电站端远动装置所设置的闭锁关系是按照满足调度端闭锁要求制定的，所以闭锁关系不考虑适应所有设备检修闭锁关系及防误闭锁关系。

1）确定隔离开关和断路器的闭锁关系。隔离开关逻辑闭锁实现较为简单。当本间隔母线侧隔离开关处于分位时，闭锁主站对该间隔和断路器的控制。

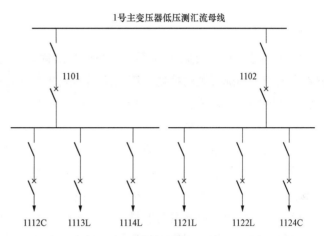

图 7-13　1 号主变压器低压侧无功补偿设备一次接线

2）确定本间隔投入或退出主站控制的闭锁关系。变电站内设置两组遥信点。第一组遥信点是变电站 AVC 总投入。若该遥信为分位，则闭锁全站所有间隔开关的控制。第二组遥信点为各间隔 AVC 投入遥信，变电站 AVC 总投入信和本间隔 AVC 投入两个遥信点中任何一个处于分位，均闭锁本主站对本间隔开关的控制。通过控制这两组遥信的分合，可以实现无功设备检修、间隔测控装置故障或远动故障等异常运行情况下，闭锁主站对无功补偿设备断路器的控制。

3）确定电容器和电抗器不能同时投入运行的闭锁关系。处于同一母线的 1112C（电容器间隔）、1113L（电抗器间隔）、1114L（电抗器间隔）之间存在闭锁关系。若 1112C 处于合位，则闭锁 1113L 和 1114L 的控制；若 1113L 和 1114L 中任意一个或两个都处于合位，则闭锁 1112C 的控制。

考虑到 1 号主变压器低压侧为单母分段接线方式，当 1101 和 1102 均处于合位时，若 1112C 处于合位，除了闭锁 1113L 和 1114L，还应该闭锁 1121L 和 1122L。同理，当 1113L、1114L、1121L、1122L 任意一个或多个间隔处于合位时，均应闭锁 1112C 和 1124C 的控制。但当 1102 处于分位时：闭锁关系只存在于 1112C、1113L、1114L 之间；1101 处于分位时，闭锁关系只存在于 1121L、1122L、1124C 之间。

考虑到若只用断路器位置编写逻辑闭锁关系，当 1101、1102 处于合位的运行方式下（正常运行方式），1112C 间隔停电检修，检修人员在传动断路器或测量断路器接触电阻等工作时，会闭锁主站对另一段母线 1121L 和 1122L 的控制。同理，若 1113L 或 1114L 停电检修，也会闭锁主站对 1124C 的控制。为了避免这一问题，考虑到设备停电检修时本间隔隔离开关一定处于分位，同时隔离开关合位已经在隔离开关和断路器闭锁逻辑中应用，故将本间隔母线隔离开关合位、本间隔断路器合位及相应母线分支受总断路器合位，作为闭锁其他间隔控制的条件，即，只有当 1101 断路器合位、1112C 断路器合位、1112C 母线隔离开关合位，三个条件都满足时，才闭锁主站对 1113L、1114L、1121L、1122L 的控制。

4）确定保护信号的闭锁关系。保护信号闭锁分为三组信号：第一组信号是本间隔保护动作闭锁本间隔开关的控制；第二组信号是本变压器保护动作闭锁本变压器所接无功补偿设备的控制；第三组信号是本站变压器高压侧及中压侧母差、失灵保护动作闭锁全站所有无功补偿设备开关的控制。

第一组信号由本间隔保护动作和本间隔事故总信号构成。其中，本间隔事故总信号由本间隔开关辅助触点与控制回路中的合后继电器串联构成。这一组合包含了所有保护动作情况并有冗余，此外，还包括了断路器偷跳的情况。

第二组信号由变压器两台电量保护、非电量保护及调压补偿变压器的两台电量保护、非电量保护构成，用于闭锁本变压器所有无功补偿设备开关的控制。另外，主变压器分支出口跳闸与分支开关事故总合成，用于闭锁本分支下无功补偿设备开关的控制。

第三组信号由主变压器高压侧和中压侧母线差动保护及失灵保护动作合成，用于闭锁全站所有无功补偿设备开关的控制。

3. 变电站端闭锁关系的调试

以 1 号主变压器低压侧无功设备调试为例，2 号变压器低压侧无功设备调试与之类似。验证每条闭锁关系前，将分支受总断路器 1101、1102 置于合位，各间隔母线隔离开关处于合位，各保护信号处于复归状态，AVC 总投入和各间隔 AVC 投入遥信处于合位，保证所有间隔合成闭锁量为"0"。也就是说，闭锁量仅由本条闭锁关系产生。

（1）验证隔离开关和断路器的闭锁关系。验证隔离开关闭锁关系的调试方法如下。调试传动时，各间隔合成闭锁信息为"0"，主站能够顺利控制各断路器分合。当拉开 1112C 间隔母线隔离开关时，1112C 间隔的合成闭锁信息为"1"，闭锁主站的控制。其余间隔与之类似，配合主站验证各个间隔的隔离开关和断路器的闭锁关系。

本条闭锁关系公式中，母线隔离开关处于分位闭锁控制。由于主站转发信息为单位置，只取开关合位，所以只需将合位取反后，加入本间隔闭锁信息即可。本条闭锁关系并不复杂，且在调试传动前经过多次闭锁关系检查，经验证，变电站端本条闭锁关系编写正确。

（2）验证本间隔投入或退出主站控制的闭锁关系。验证本间隔投入或退出主站控制的闭锁关系的调试方法如下。调试传动时，各间隔合成闭锁信息为"0"，主站能够顺利控制各断路器分合。当将 AVC 总投入遥信置于分位、各间隔 AVC 投入遥信处于合位时，闭锁所有无功补偿设备开关的控制。当 AVC 总投入遥信处于合位，本间隔 AVC 投入遥信处于分位时，仅闭锁本间隔断路器的远方控制。

根据上述闭锁关系，改变 AVC 总投入和各间隔 AVC 投入遥信状态，配合主站验证闭锁关系。本条闭锁关系公式中，AVC 总投入和各间隔 AVC 投入遥信状态任何一个处于分位时，合成的闭锁关系为 1，所以公式编辑中需将遥信取反后，再进行或运算，加入本间隔闭锁信息。本条闭锁关系并不复杂，且在调试传动前经过多次闭锁关系检查，经验证，变电站端本条闭锁关系编写正确。

（3）验证电容和电抗不能同投的闭锁关系。验证电容和电抗不能同投的闭锁关系的调试方法如下。由于 1101、1102 处于合位，当 1112C 和 1124C 中一个或两个断路器合位时，闭锁 1113L、1114L、1121L、1122L 的断路器控制；当 1113L、1114L、1121L、1122L 中一个或多个断路器处于合位时，闭锁 1112C 和 1124C 的断路器控制。

当 1102 处于分位时，1112C 断路器合位，只闭锁 1113L、1114L 断路器控制；1113L、1114L 中一个或两个处于合位时，只闭锁 1112C 断路器控制。同理，当 1101 处于分位时，1124C 断路器合位，只闭锁 1121L、1122L 断路器控制；1121L、1122L 中一个或两个处于合位时，只闭锁 1124C 断路器控制。

本条闭锁关系公式中，需要考虑两个分支受总的断路器位置，以确定是否闭锁另一段母线的无功补偿设备。本条闭锁关系较为复杂，故将闭锁公式分解为两个。首先，根据分支受总断路器位置、本间隔母线隔离开关位置、本间隔断路器位置判断本间隔无功设备是否处于运行状态。然后，若电容器间隔处于运行状态，则闭锁电抗器间隔投入；若电抗器间隔处于运行状态，则闭锁电容器间隔投入。

根据上述闭锁关系，改变各电容电抗间隔运行状态，配合主站验证闭锁关系。调试中发现问题较多，经闭锁失败、检查、改正、再检查、再验证的工作流程，将闭锁关系逐条验证通过。

（4）验证保护信号的闭锁关系。验证保护信号的闭锁关系的调试方法：根据三组信号的闭锁范围，逐条验证闭锁关系。若本间隔保护动作，只闭锁本间隔断路器控制；若变压器低压侧分支断路器保护动作，闭锁该分支上所有无功补偿设备断路器控制，如 1101 保护动作，只闭锁 1112C、1121L、1122L 断路器控制；1102 保护动作只闭锁 1121L、112L、1124C 断路器控制；若站内主变压器高压侧或中压侧母线差动保护或失灵保护动作，则闭锁所有无功补偿设备断路器控制。本条闭锁关系并不复杂，且在调试传动前经过多次闭锁关系检查，经验证，变电站端本条闭锁关系编写正确。

4. 变电站端闭锁关系的确定

由于闭锁关系类似，下面仅以典型间隔为例（1112C 为主，1113L 为辅），以闭锁关系框图形式，简单介绍合成闭锁关系的过程。

（1）1112C 间隔 AVC 未投入信息合成 1112C 间隔 AVC 未投入信息合成的闭锁关系如图 7-14 所示。

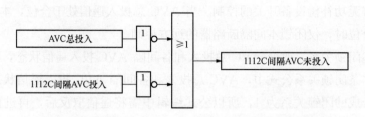

图 7-14 1112C 间隔 AVC 未投入信息合成的闭锁关系

（2）1112C 间隔运行态信息合成。1112C 间隔运行态信息合成的闭锁关系如图 7-15 所示。

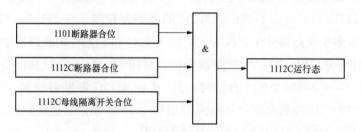

图 7-15 1112C 间隔运行态信息合成的闭锁关系

（3）1 号主变压器电容器和电抗器投入闭锁信息合成。1 号主变压器电容器和电抗器投入闭锁信息合成的闭锁关系如图 7-16 所示。

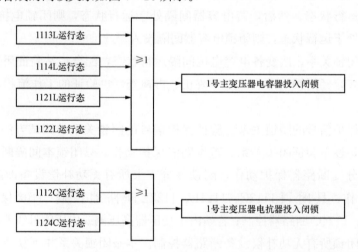

图 7-16 1 号主变压器电容器和电抗器投入闭锁信息合成的闭锁关系

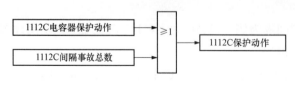

图 7-17 1112C 间隔保护动作信息合成的闭锁关系

（4）1112C 间隔保护动作信息合成。1112C 间隔保护动作信息合成的闭锁关系如图 7-17 所示。

（5）1 号主变压器保护动作信息合成。1 号主变压器保护动作信息合

成的闭锁关系如图 7 - 18 所示

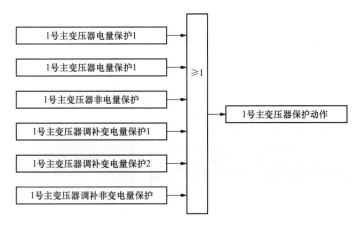

图 7 - 18　1 号主变压器保护动作信息合成的闭锁关系

（6）1112C 间隔合成闭锁量。1112C 间隔合成闭锁量的闭锁关系如图 7 - 19 所示。

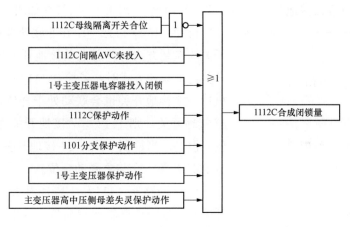

图 7 - 19　1112C 间隔合成闭锁量的闭锁关系

（7）1113L 间隔合成闭锁量。1113L 间隔合成闭锁量的闭锁关系如图 7 - 20 所示。

1112C 电容器间隔与 1113L 电抗器间隔闭锁关系的区别主要是关于电容、电抗不能同时投入的闭锁量。闭锁关系中：用合成的电容器投入信息闭锁电抗器开关控制；用合成的电抗器投入信息，闭锁电容器开关控制。此外，2 号主变压器闭锁关系与 1 号主变压器闭锁关系非常类似，这里不再一一赘述。

变电站端 AVC 闭锁关系经过确认、调试和验收，最终满足主站对变电站闭锁关系的要求，保证了自动电压控制系统的稳定运行。

7.2.8　电容器联动接地开关防误功能的实现

为了防范变电站运行人员在倒闸操作过程中的误操作，我们在变电站内普遍安装了

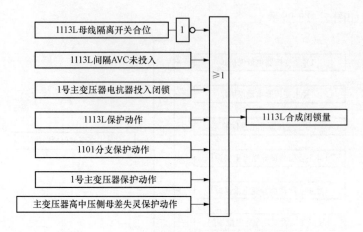

图 7 - 20 1113L 间隔合成闭锁量的闭锁关系

微机防误闭锁系统。下面结合我公司某新建变电站的调试经历，介绍微机防误闭锁系统中电容器联动接地刀闸防误闭锁功能的实现方法。

（1）站内电容器接地开关联动方式。站内电容器间隔一次接线如图 7 - 21 所示。

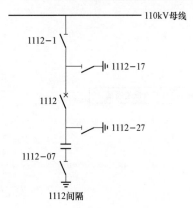

图 7 - 21　电容器间隔一次接线

1112 - 27 与 1112 - 07 在非联动方式下，每个接地开关的控制方式与普通电动接地开关相同。当两接地开关处于联动方式时：若控合 1112 - 27 接地开关，则 1112 - 07 接地开关也会联动处于合位；若控分 1112 - 27 接地开关，则 1112 - 07 接地开关也会联动处于分位。但是，当控制 1112 - 07 接地开关分合时，1112 - 27 接地开关不会与之联动变位。

1112 断路器、1112 - 1 隔离开关、1112 - 17 接地开关的防误闭锁逻辑比较简单，这里不赘述。我们重点讨论一下具有联动属性的 1112 - 27 与 1112 - 07 接地开关防误闭锁功能的实现方法。

（2）电容器接地开关锁具的选取。

1）锁码的选择。根据防误闭锁逻辑编写规程，同一电气设备不同位置的锁具可以使用同一个锁码，这主要便于防误管理及闭锁逻辑核查。正常情况下，1112 - 27 与 1112 - 07 接地开关联动，所以可以把两个接地开关看成一个整体，共用一个锁码：倒闸操作时，只操作 1112 - 27 接地开关即可对两把接地开关进行分合。这样，这两把接地开关可以考虑采用同一个锁码。

当联动系统存在异常时，若两把接地开关共用一个锁码，就没有办法区分这两把接地开关了。并且，此时联动接地开关组分成两把接地刀开关，而两个不同的电气元件使用同一个锁码，违反防误闭锁逻辑规程。所以，尽管正常情况下两把接地开关可以联动，可以看做是一把接地开关，但是防误闭锁系统应充分考虑联动失败情况下，倒闸操作逻辑的严谨性。

2）锁具的选择。防误闭锁系统中使用的锁具有电编码锁和机械锁两种。电编码锁要求电脑钥匙串入操作回路中，电脑钥匙检测有电流流过，作为本步骤操作到位跳转下一步的依据。机械锁不串入操作回路中，电脑钥匙判断锁码正确即可开锁。由于 1112 - 27 是断路器及电容器的主接地开关，故 1112 - 27 的控制回路应该串入电编码锁，确保安全。对 1112 - 07 接地开关的挂锁情况，讨论如下。

若 1112 - 07 接地开关采用电编码锁，能够满足两把接地开关独立操作的要求；但当正常连锁方式运行，操作（合或分）1112 - 27 接地开关后，1112 - 07 接地开关已经联动到位。此时，五防闭锁逻辑会要求继续操作 1112 - 07 接地开关，电脑钥匙需要电编码锁通过电流才能继续下一步操作，而此时 1112 - 07 接地开关已经联动到位，不能再次操作，所以只能使用跳步钥匙才能继续下面的操作任务。公司对跳步钥匙和解锁钥匙的管理非常严格，需要履行较为复杂的解锁流程。同时，正常的倒闸操作中也不应该频繁使用跳步钥匙。采用电编码锁的方式给运维操作带来较大不便。

若 1112 - 07 接地开关采用机械锁，能够满足两把接地开关独立操作的要求；正常连锁方式运行时，操作（合或分）1112 - 27 接地开关后，1112 - 07 接地开关已经联动到位。此时，五防闭锁逻辑会要求继续操作 1112 - 07 接地开关，只需用电脑钥匙打开对应机械锁具，检查本接地开关确已联动到位后，再锁好该机械锁即可。

综上，1112 - 07 接地开关采用机械锁，可以很好地满足联动和非联动方式下倒闸操作的要求，故采用该方式。

（3）结语。通过讨论，确定了联动接地开关的锁码和锁具，保证了存联动和非联动两种方式下都能顺利地进行倒闸操作。此外，在进行逻辑闭锁关系编写时，我们要求 1112 - 07 接地开关在 1112 - 27 接地开关在合位时才允许分合，1112 - 07 接地开关的分位作为 1112 - 27 接地开关分的一个逻辑条件。这样，保证不会误分合或漏分合 1112 - 07 接地开关。

7.2.9　新建主站系统投运前信息量的核对

随着原有主站系统的接入容量已接近极限而退运，如何保证新建主站系统数据库的遥信、遥测、遥控量与各个子站的远动机远传点表一致，并下达唯一正确的遥控命令，是新建主站系统投运前需要解决的一个难点。

结合新主站系统信息传动实践情况，选取比较有代表性的两个厂家的监控系统（带前置机的 DF1700 监控系统和全以太网的 PS6000 监控系统），详细阐述了新建主站系统"四遥"（遥测、遥信、遥控、遥调）信息与站端的核对方法，其他厂家的监控系统网络结构与这两种系统基本类似，"四遥"信息核对方法与这两种系统也大致相同。

7.2.9.1　系统概述

目前变电站内装有两台远动装置，分别通过调度数据专网的实时子网连接主站系统的主备前置服务器。站内两台远动装置独立运行，任意一台远动都允许建立多个独立TCP连接，分别与主站系统的主备服务器连接，从而保证远传系统的高可靠性。网络通信规约为 DL/T 634.5104，备用模拟通道传输规约为 DL/T 634.5101，传输速率为1200b/s。

1. DF1700 监控系统

带前置机的 DF1700 监控系统组网结构如图 7-22 所示，DF1710、DF1710A 为前置机。图 7-22 （a）所示为测控装置均为同一厂家生产的情况，包括 DF1720、DF1721、DF1722、DF1725 等，各个间隔测控装置将采集到的"四遥"信息传送给前置机，然后由前置机转发后台历史服务器和远动工作站。其中间隔层与前置机之间采用的 FDKBUS总线是东方电子公司自行开发的一种针对变电站综合自动化监控系统通信用的嵌入式网络，其特点是高速、对时精度高、可靠性高和成本低。CANBUS 总线具有强有力的检错功能以及优先权和仲裁功能，非常适合在高噪声干扰环境中及需要快速实时处理的场合下使用。将两者结合起来，以提高对系统突发事件的处理能力，保证数据通信的实时性和准确性。各间隔测控装置与前置机间通信规约为 FDK 规约或新 FDK 规约，前置机与后台服务器及远动工作站通信规约为网络 DISA、SC1801 等。图 7-22 （b）中测控 1 至测控 n 为不同厂家的测控设备，如站控层采用 DF1700、PS6000、CSC2000、NSC200、RCS9000 等监控系统，间隔层采用 DF 系列、PSL 系列、RCS 系列、CSC 系列或者西门子 7SJ 系列等保护测控装置。规约转换装置将各厂家设备采集的"四遥"信息转换成站控层所用规约并传动到后台服务器和远动工作站，其余与图 7-22 （a）所示情况相似。

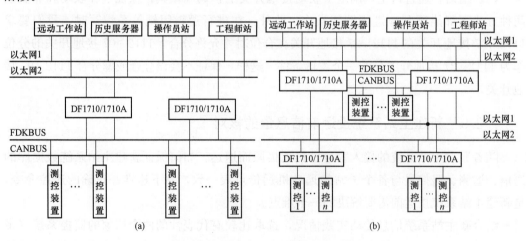

图 7-22　带前置机的 DF1700 监控系统组网结构
(a) 测控装置为同一厂家生产；(b) 测控装置为不同厂家生产

2. PS6000 监控系统

全以太网的 PS6000 监控系统组网结构如图 7-23 所示。图 7-23 （a）为测控装置是同一厂家生产的情况，包括 PSL641、PSL642、PSR651、PSR652、PSR660 等，站内通信网络采用双以太网结构保证信息的准确传输。各个间隔测控装置将采集到的"四遥"信息直接传送给后台服务器以及远动工作站，传输规约为基于 IEC 60870-5-103 的南自以太网 103。图 7-23（b）为测控装置是不同厂家生产的情况，各厂家测控装置的规约转换功能及双网冗余功能均由 PSX643 完成。

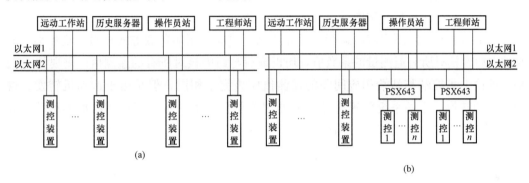

图 7-23　全以太网的 PS6000 监控系统组网结构

（a）测控装置为同一厂家生产；（b）测控装置为不同厂家生产

3. 主站监控系统

新主站系统有四台前置服务器，两台用于数据专网通道，另两台用于专线通道。专网和专线的两台前置机分别互为主备关系，而专网通道和专线通道又互为主备关系。新建主站系统网络结构如图 7-24 所示。

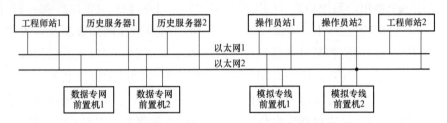

图 7-24　新建集控中心主干网络结构图

7.2.9.2　"四遥"信息核对

由于新老主站系统为不同厂家产品，软硬件条件、组网方式等均有较大区别，所以新建主站系统数据库无法借用老主站系统的数据库，只能采用新建的方法。这使得新建主站系统投运前必须与站端进行"四遥"信息的核对。为了实现主站系统的监视控制功能，所有信息量均需与站内后台核对，并且是在不影响站内一次设备运行的前提下进行。这就需要制定周密的组织措施、技术措施、安全措施以及认真执行两票制度，其中技术措施，即核对方案的选择非常重要。

1. 遥测量

在信息核对前，新建主站系统的远传接收点表已经按照老主站系统制作完毕，集控端和站端远动点表中遥信点号、遥测点号和系数、遥控点号均保持不变。由于远动装置转发到新建主站系统的遥测量原码值与后台收到的遥测原码值一致，需要在集控端和站内后台乘上变换系数转换成一次值，而天津 104 规约规定遥测值是按照短浮点数直接上送一次值。为了解决这个问题，同时考虑到当前测控装置的准确度等级，最后决定引用华北 104 在遥测值传送上的规定，用类型标识为 09 的报文以归一化值传送遥测原码值。当然，集控端遥测系数与站内后台必须保持严格一致。

由于站内所有间隔均带电运行，因此遥测量只能采用实负载方式核对。集控端首先与站内后台核对所有遥测量的系数值，均正确后与站内核对所有的遥测值。需要注意的是，理论上集控端与站端相应间隔的遥测值应该完全相同，但是由于远动机转发、规约码值的转换、主站系统前置服务器的处理等总会带来一定的延迟，再加上远动机和前置服务器遥测阈值的限制，两端数据可能不完全一致，但是应该在规定允许的误差范围内。

2. 遥信量

遥信量包括站内预告信号、断路器和隔离开关的位置信号、保护动作信号等。为了确保主站系统遥信数据库的正确，需要将所有的遥信量与站内后台核对。即从间隔层测控装置发送一个模拟信号，主站系统监控画面上出现的光字信号应与站内后台完全相同，否则主站系统应检查画面接连是否正确，以及核对数据库中的遥信点号填写是否正确。

（1）对于采用图 7-22（a）所示网络结构的 DF1700 监控系统的变电站，所有遥信量可以采用以下两种方式核对。

1）使用一个备用的测控装置（DF1720、DF1721、DF1722、DF1725 选一），挂接在 FDKBUS 和 CANBUS 总线上。将需要核对遥信量的间隔测控网络线断开，备用测控装置的地址设置成该间隔测控装置的地址，然后用短接线依次短接对应的遥信端子，产生该间隔的所有遥信量。同理，用该备用装置依次模拟其他间隔的测控装置，产生相应的遥信量。实现集控中心所有遥信量与站内后台的核对。这种方法需要短时退出模拟间隔监控功能，需要运行人员应该在退出监控的这段时间内加强对一次设备的巡视。

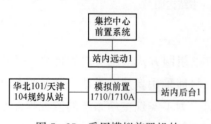

图 7-25 采用模拟前置机的
测试系统结构示意图

2）由于前置机转发站内后台以及远动装置的遥信表完全相同，可以考虑使用一个备用的前置机（DF1710 或 DF1710A）模拟运行中的前置机，其接线方法如图 7-25 所示。由于当前符合华北 101 或天津 104 规约要求，且能产生相应遥信变位的模拟子站很容易就能找到，所以只需要模拟用的 DF1710 或者 DF1710A 能运行主站华北 101 或者天津 104 规约，即可收集模拟予站的遥信变位信息，然后分别转发给后台和远动。由于后台和远动均是冗余配置的系统，所以模拟前置机只需要接入一个后台机和一个远动机即可，另一个后台可以用于站内设备的正常监视和操作控制，同时老主站系统也可以通过另一台远动装置的转发监视站内设备的运行情况。模拟前置机转发后台和远动的地址、规约等均与实际前置机完全相同。

现场传动采用华北 101 规约模拟子站，通过串行接口连接到 DF1710/1710A 模拟前置机的串口，由模拟子站产生遥信变位生成 COS 和 SOE 报文，通过图 7-25 所示测试系统，分别转发主站系统和站内后台系统，主站系统与后台进行所有遥信量的核对。这一方法操作简单，不影响站内监控应用效果较好。

（2）对于采用图 7-22（b）所示网络结构的 DF1700 监控系统的变电站，既可以考虑采用模拟单个测控装置的方法，也可以考虑模拟前置机、分处理器或者采用两者相结合的方法。实现方法如（1）所述。

（3）对于采用图 7-23（a）所示网络结构的 PS6000 监控系统的变电站，所有遥信量可以采用以下两种方式核对。① 使用备用测控装置（PSL641、PSL642、PSR651、PSR652、PSR660 等），模拟方法同（1）中1）部分，这里不再详细介绍。② 在远动装置 PSX610 上直接置数。由于 PS6000 远传系统软件的配置中包括全站所有测控装置的信息，而不是如同 DF1700 远传系统那样只包含一个转发表，所以可以在远动上直接置数，主站系统与远传装置的站内数据库核对即可。这一方法在 PS6000 远传系统上实现起来简单、方便、快捷、安全、可靠，且应用较多。

（4）对于采用图 7-23（b）所示网络结构的 PS6000 监控系统的变电站，可以考虑采用模拟单个测控装置或模拟 PSX643 的方法，也可以考虑在远动 PSX610 上直接置数，实现遥信量的核对。具体实现方法如（3）所述。

3. 遥控量

遥控量包括断路器、隔离开关、站内信号复归以及控制权的切换。由于变电站内间隔层测控装置既有国产设备也有进口设备，加之东西方遥控理念的不同，导致遥控流程也不尽相同。针对不同的间隔层设备，遥控量的核对方法略有不同，以下进行详述。

（1）间隔层采用国产测控或者保护测控一体装置的核对流程。对于国产装置，一个完整的遥控流程一般分四个步骤来实现，即遥控预置、遥控返校成功、遥控执行（撤销）、遥控执行（撤销）成功。站内后台的遥控功能在验收时都进行了实际传动并且一直都处于运行状态，所以测控装置以下的二次接线肯定是正确的。如果主站系统遥控预置成功，即主站系统到测控装置之间的通信报文完全正确，那么主站系统的遥控执行就不会有问题。所以保证主站系统遥控功能的正确性就是核对主站系统的遥控命令能否准确无误的到达对应的测控装置。如果做到这一点，则遥控点号正确，如果不能做到这一点，则遥控点号错误，需要核对修改。此外，考虑到绝大多数情况下若遥控预置成功则执行都会成功，所以只要遥控预置命令是准确的，遥控功能就能得到可靠保证。

站内需要将所有间隔断路器柜上的远方就地开关切换到就地位置，将所有隔离开关的操作电源断开，严格防止误出口，确保绝对安全。对于上述四种网络接线的变电站，都可以通过下列方法验证遥控命令的正确性。即，集控端首先和站端远动装置核对遥控点号，确保遥控点号与站内远动装置相同，然后只断开一个间隔的测控装置通信线（FDK/CAN、RJ45、RS-485 等接口），让主站系统对该间隔进行遥控预置，集控端应该显示预置超时或失败。接下来将通信线恢复，预置成功，则说明这个遥控点号存在且唯一，并且该遥控点号与测控装置是完全对应的。有的厂家测控装置上带有远方就地切换开关（PSL641、RCS9611 等），当测控装置上的远方就地切换开关切换到远方位置时，主站系统能够预置成功，切换到就地位置时，主站系统预置失败。这样也能核对主站系统遥控点号与测控装置的一一对应关系。

(2) 间隔层采用进口测控装置或者保护测控一体装置的核对流程。对于进口装置，主要是应用比较多的西门子保护测控一体装置 7SJ63、测控单元 6MB525 和 6MD63 等。进口设备遥控流程中没有遥控预置、遥控返校，直接就是遥控执行，但是我们的后台或者主站系统是需要先进行遥控预置、遥控返校之后才能进行遥控执行的。为了解决这个问题，一般都是国内厂家采取技术措施去兼容国外厂家的设备，解决方法不外乎是由分处理器或者前置机等国产设备代替测控装置去回答后台或者主站系统的遥控预置报文，也就是说遥控返校报文是由相应的分处理器或者前置机等国产设备生成的，而不是由间隔层测控装置或者保护测控装置生成的。当后台或者主站系统下遥控执行报文时，分处理器或者前置机才会把报文转发到相应间隔的测控装置去执行，测控装置在执行完毕之后返回执行结果。

这样，对于采用进口测控装置遥控量的核对就无法套用国产测控装置遥控量的核对方法。在不允许因传动而中断对外停电的情况下，除了结合检修计划传动外，还可以采用测量遥控出口的方法来核对每个间隔的遥控量，即变电站内仍然需要将所有间隔断路器柜上的远方就地开关切换到就地位置，确保不误控一次设备的运行。核对每一间隔遥控时，首先核对当前断路器位置，若当前断路器位置为合位，则主站系统只做遥控合，若当前断路器位置为分位时，主站系统只做遥控分。当主站系统在远方进行遥控执行操作时，用万用表测量测控装置的出口，这样可以确保不会误控断路器，实现集控端遥控量的核对。

7.2.9.3 结语

新主站的建设和投运需要校对所有变电站的信息量，文中分析的四种典型网络接线图，基本上涵盖了原有综合自动化变电站的网络结构，提出的核对方法能够解决信息量核对问题。保证了新建主站系统"四遥"信息数据库的正确性，验证了新建主站系统的控制功能，实现了所有子站远动系统的顺利、准确接入，从而为变电运行的集约化管理提供了可靠的技术保障。

7.2.10 变电站程序化控制的实现

(1) 变电站程序化控制概述。随着变电站自动化水平的不断提高，几乎所有变电站都实现了无人或少人值守。但倒闸操作仍需要运行人员到现场实施，运行人员在倒闸操作前填票审票、检查操作,工作人员的工作质量因技术水平和人员状态的差异而具有一定的不确定性。而程序化控制可以很好地克服上述缺点。

程序化控制是指在设备从初始状态到目标状态所执行的监视控制、测量判断、检查等工作全部通过一套程序由计算机自动执行,程序化控制遵循五防规则,以符合操作票规定的顺序执行操作任务,每执行一步操作前自动检查控制闭锁逻辑及控制结果,一次完成多个控制步骤的操作。

程序化控制具有操作步骤固定、检查项目规范细致的特点,可缩短操作时间,减少不必要的人为操作,从根本上避免人员走错间隔、误分合断路器、误投退继电保护及安全自动装置压板,进而提高操作安全性并最大程度避免人身伤害。同时,程序化控制可以节约人力资源和交通成本,降低人员工作压力和失误概率,提高操作的效率和可靠性。

公司兰清道 220 kV 变电站为公司主网首个采用程序化控制的变电站。以下结合该站调试情况,对变电站程序化控制系统进行介绍。

(2) 变电站程序化控制对设备的要求。参与程序化控制的一次设备必须为电动设备,具备遥控功能,且具有较高的可靠性。一次设备能否正常操作到位、辅助触点位置是否与一次设备实际位置严格对应并可靠耐用,决定了程序化控制的可靠性。

参与程序化控制的二次设备必须运行稳定、可靠且具备一定的容错功能。保护装置具有保护软压板的远方投退、定值区远方切换功能。此外,还需要具备可靠的信息传输通道,使通信双方能够可靠地交换控制数据及设备状态信息。变电站监控系统能够实时采集全站遥信、遥测量信息,剔除坏数据,判断各设备运行状态,进行防误闭锁运算,记录时间顺序,保证程序化控制安全、稳定可靠。

(3) 程序化控制实现的技术方案。

1) 基于程序化服务器的方案。这一方案在变电站内设置程序化操作服务器,变电站内所有程序化操作票均存放在服务器中。当站内运行人员根据操作内容选择相应的操作票后,由程序化操作服务器根据操作票依次向间隔层设备下发控制命令,达到程序化操作的目的。

这一方案的优点是程序化服务器有较强的编程能力,易于实现单间隔和跨间隔程序化操作;程序化操作票可以统一存储和管理,更大程度保证逻辑的一致性。缺点是需要增加一套服务器软硬件,增加投资且增加维护人员工作量。

2) 基于监控主机的方案。这一方案以变电站自动化系统主机为主体,根据变电站的典型操作票编制对应的程序化操作序列。当运行人员选定操作任务后,监控主机按照预先设定的操作顺序向相关电气间隔的测控和保护设备发出操作指令,操作每执行完一步,检查执行结果及设备状态是否正确,这一方案的实质是将程序化服务器集成在监控主机中实现。

这一方案的优点是监控主机集中了变电站各间隔单元状态信息,并且有强大的编程能力，无论单一间隔操作还是跨间隔操作都易于实现；程序化操作票可以统一存储、展示和管理，更大程度保证逻辑的一致性；工程实施和维护也比较方便。缺点是设备状态信息经测控保护装置采集后再上送到监控主机，影响了程序化操作的执行时间和执行效率；对站内通信的可靠性要求较高。

3）基于远动机的方案。这一方案以变电站自动化系统远动机为主体，根据变电站的典型操作票编制对应的程序化操作序列。当运行人员选定操作任务后，远动机按照预先设定的操作顺序向相关电气间隔的测控和保护设备发出操作指令，执行操作。这一方案的实质是将程序化服务器集成在远动机中实现。

这一方案的优点是远动机集中了变电站各间隔单元状态信息，易于实现单间隔或跨间隔操作；程序化操作票可以统一存储和管理，缺点是设备状态信息经测控保护装置采集后上送到远动机，影响了程序化操作的执行时间和执行效率；对站内通信的可靠性要求较高；编程能力较监控主机差、可视性差，不利于工程实施和维护。

4）基于间隔的方案。这一方案以电气间隔为主体，在间隔对应的测控装置中根据本间隔典型操作票编制对应的程序化操作序列。监控主机以操作命令启动测控单元执行程序化操作，所有的位置判定在装置上实现，可缩短向监控后台传送相关信息的时间。监控主机向测控装置发送一条目标位置转换的执行命令，装置接收到该命令后立即进行逻辑判断，然后分步直接闭合响应的遥控出口，每步之间都有位置信号判断，避免了监控主机与间隔层装置之间频繁的命令下发和信号上送，减少了通信因素的干扰。

这一方案的优点是测控装置直接采集设备的状态信息，明显改善了操作的响应性能和可靠性，使操作更便捷；操作对象局限在一个间隔内，不易受外界因素的影响，相对独立性较高，某台测控装置出现问题也不会影响其他间隔程序化操作的执行；即使监控主机死机或通信失败，也可直接在间隔层装置上进行程序化控制。缺点是跨间隔操作由监控主机或程序化服务器将复合型操作命令分解，再启动相应间隔执行，实现比较烦琐；程序化操作票分散存储于各间隔测控装置上，不利于操作票的管理；要求测控装置具有较强的编程能力，而目前大多数厂家测控装置编程能力有限，工程实施和维护较为复杂。

5）方案比较小结。以上四种方案大致可归为两类：一类是由站控层设备（程序化服务器，监控主机远动机）提供程序化服务的集中式结构，将程序化操作票的存储编辑执行态的定义和转换都放在站控层设备上实现；另一类是以间隔层装置为核心的分布式结构，使程序化控制的基本要素在间隔层设备中实现，包括操作票的存储，执行连锁校验等。

集中式结构的每一个单步操作都需要经过站控层服务器和间隔层装置的通信实现，且同一时刻只能有一个程序化控制进程在执行，即使互不相干的两个独立的程序化控制操作也需要顺序进行。操作要素在服务器上高度集中也使得系统风险加大。当然，集中式结构的优点是实现跨间隔操作,有着天然的结构上的便利。

分布式结构在操作效率上有明显优势,互不相干的两个独立的程序化控制操作可以同时进行(如多条馈线同时改变设备状态)。但是若没有站控层设备的支持,跨间隔的程序化控制会很难实现。

考虑到现场运行中很少有多个互不相干的程序化控制操作需要同时进行,因此集中式结构的顺序进行不会比分布式结构的并发进行浪费太多时间。此外,集中式存储、编辑和管理程序化控制操作票给日常维护带来极大的便利,且实现跨间隔操作极为简单便捷,程序化控制系统应安全稳定可靠运行且节省投资,而监控系统一般采用双主机系统双以太网通信,双通信单元实现信息的传输和管理,能够满足大数据量的交互、存储、计算等,并且当监控主机(双机冗余系统)出现故障无法运行时,即使采用独立的程序化控制服务器也无法采集设备的实时信息。因此综合分析后确认,兰清道 220 kV 变电站采用基于监控主机的方案为宜。

(4)变电站内的通信协议。采用基于监控主机的程序化控制方案,一次设备、二次设备、通信网络等已经满足要求,需要解决的是监控主机对保护软压板的远方投退。国内常规变电站站内通信协议普遍采用 IEC 60870 - 5 - 103。IEC 103 规约是 1997 年制定的继电保护信息接口配套标准,缺乏以太网通信规范,不同设备之间的互操作性较差,所以常规变电站一般采用规约转换装置实现监控主机对保护软压板的投退控制。

如图 7 - 26 所示,监控主机遥控分保护装置 1 的重合闸压板时,监控主机将遥控分命令以监控厂家规约发送至规约转换装置,规约转换装置收到命令后将命令用保护厂家规约转发给保护装置,保护装置执行遥控命令将重合闸软压板分开;保护装置再将重合闸压板变位信息用保护规约转发给规约转换装置,规约转换装置收到重合闸压板变位信息后,用监控厂家规约转发给监控主机,主机收到变位后更新数据库、画面并发出报警提示。

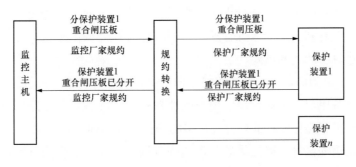

图 7 - 26 监控主机遥分重合闸压板过程

IEC 61850 是面向新一代变电站自动化系统的国际标准,是智能变电站的核心技术之一,为不同厂家不同设备提供统一的通信规约,为实现设备间的互操作提供了强大的支撑,省去了规约转换的过程,提高了系统可靠性. 面向通用对象的变电站事件 GOOSE

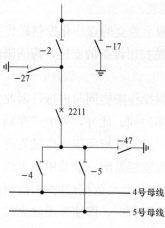

图 7 - 27 220kV 线路系统

的应用可以很好地满足操作信息快速传输的需求，同时还能减少设备间的硬接线，大大简化二次系统的设计与试验，为程序化控制的实施提供坚实的基础。

（5）变电站程序化控制的流程和管理。

1）运行状态的确定。如图 7 - 27 所示系统中，根据实时电气量判断当前电气间隔的运行状态，共有七种，即 4 母运行、5 母运行、4 母热备用、5 母热备用、冷备用、断路器检修、断路器及线路检修。每种运行状态对应的断路器及隔离开关分合情况如表 7 - 1 所示。

表 7 - 1 不同运行状态下的断路器及隔离开关分合情况

运行状态	断路器及隔离开关分合情况
4 母运行	－4 合位、－2 合位、2211 合位、－5 分位、－47 分位、－27 分位、－17 分位
5 母运行	－5 合位、－2 合位、2211 合位、－4 分位、－47 分位、－27 分位、－17 分位
4 母热备用	－4 合位、－2 合位、2211 分位、－5 分位、－47 分位、－27 分位、－17 分位
5 母热备用	－5 合位、－2 合位、2211 分位、－4 分位、－47 分位、－27 分位、－17 分位
冷备用	－4 分位、－5 分位、－2 分位、2211 分位、－47 分位、－27 分位、－17 分位
断路器检修	－4 分位、－5 分位、－2 分位、2211 分位、－47 合位、－27 合位、－17 分位
断路器及线路检修	

2）操作票的编辑。根据变电站的一次接线情况、系统运行方式和防误闭锁规则编制程序化控制操作票。操作票主要考虑日常操作中经常用到的操作任务，过于简单或不常用的非典型操作任务可不考虑进行程序化操作，这样一方面可以避免出现过多的程序化操作票引起混淆，有利于安全运行管理；另一方面可以降低由于对运行方式考虑不周而进行非典型操作时所产生的风险。

仍然以图 7 - 27 为例，操作票的编辑以母线冷备用运行状态为核心，编辑母线冷备用与 4 母运行，冷备用与 5 母运行冷备用与断路器检修、冷备用与断路器及线路检修之间互转的操作票。每张操作票都需要经过严格的操作试验和确认，确保准确可靠。

在监控主机中编辑每个遥控量的防误闭锁规则，确保不发生误分合断路器、带负荷拉合隔离开关、带电挂地线、防止带接地线送电、误入带电间隔等恶性电气误操作。操作票中一些必要的检查项，通过在程序化控制票中添加提示项解决。

3）控制流程。程序化控制系统根据系统设置自动判断系统当前运行状态。当执行程序化控制时，运行人员首先确认当前运行状态是否正确，确认正确后，进行操作人员和监护人员验证。系统根据电气间隔所处的当前运行状态和目标运行状态从系统操作票库中选择相应的操作票，并将详细步骤展示出来，供运行人员核对。

操作票核对正确后，进行操作票的自动预演。监控主机根据闭锁逻辑判断每步条件是否满足，若条件满足—逻辑正确，则自动预演成功，操作状态由未执行，变为"已预演"，提示"预演结束"，此时单击"程控"按钮，程序自动按照票面步骤顺序执行，直至所有操作完成。若条件不满足，则报错并提示哪条闭锁关系不满足，人工手动使条件满足，然后再预演。如果短时间内无法实现，则退出程序化操作。

当需执行的复杂操作需由几个操作票组合而成时，在调取操作时选择"添加组合"即可。如图 7 - 27 所示系统由 4 母运行转断路器及线路检修任务，先调取 4 母运行转冷备用操作票，再添加冷备用转断路器及线路检修操作票即可。遇到提示项时，进行必要的检查和核对，然后点击"继续执行"即可进行后续操作。

执行结果等待时间一般设定为 15s，即一步控制操作命令下发后，如果 15s 内没有正确的变位信息返回，则弹出报警信息提示操作超时或操作不成功。此时暂停程序化控制，等待人工干预。

4) 系统的管理。变电站程序化控制系统是变电站自动化系统的一部分，其运行维护责任与自动化系统一致程序化控制的建设和维护由自动化专业负责，程序化控制的验收和运行由变电运行专业负责。

新增或改造程序化控制系统必须对变电站自动化系统进行全面验收和调试，新增或修改程序化控制操作票必须经过传动验收并经运维检修部正式批准后方可使用，以免误控设备。

(6) 实施效果。变电站程序化控制的一键式功能使写操作票和执行操作票变得简洁明了，提高了倒闸操作的效率。同时，用程序化控制操作代替人为单步操作，能大幅度缩短倒闸操作时间（80%~90%）和设备停运时间，提高了电网运行的可靠性，具有较好的经济效益和社会效益。

7.2.11　监控中心程序化控制的实现

变电站端程序化控制系统的实现极大地减轻了操作人员的劳动强度，但是一些无关电网检修的操作仍然需要操作人员到现场才能完成。这些倒闸操作若全部由远方监控中心（下面简称监控中心）控制实现，将给监控中心的运行人员带来较大的工作压力和安全风险。为了解决这个问题，有必要在监控中心实现程序化控制。

程序化控制指通过自动化系统预先设定的程序，对设备进行一系列的操作，由自动化系统根据设备遥测、遥信量的相应变化判断每步操作是否到位，从而决定继续执行程序化控制或停止操作发出告警。

监控中心的运行人员只需选择相应的程序化控制票，控制票的预演、校验执行就将由自动化系统自动完成。程序化控制具有操作步骤固定、检查项目规范细致的特点，可显著缩短操作时间，减少不必要的人为操作，极大地提高倒闸操作的效率和可靠性。

1. 监控中心程序化控制对设备的要求及控制范围

(1) 对设备的要求。参与程序化控制的变电站一次设备（断路器和隔离开关）必须为电动设备，具备遥控功能和较高的可靠性，二次设备必须运行稳定、可靠且具备一定的容错功能，保护装置宜具有保护软压板的远方投退、定值区远方切换功能。信息传输通道能保证监控中心与站内设备可靠地交换控制数据及设备状态信息，程序化控制中各种遥信、遥测、遥控量均应可靠传送。

监控中心的主站自动化系统应具备较强的数据处理能力和较高的可靠性，能够实时采集全网遥信遥测量信息，对采集的生数据进行处理，剔除坏数据，判断各设备运行状态，进行防误闭锁运算，记录时间顺序等；具备严密的权限控制和完整的操作日志记录功能；具备一定的容错功能，在电网发生异常情况时，随时终止程序化控制，保证程序化控制系统安全稳定可靠运行。

考虑到监控中心负责监视的变电站数量较多，监控中心对每个变电站的控制深度不宜过深，另外，设备转检修时，运维人员一定要到现场办理工作票、布置安全措施等。

(2) 控制范围。监控中心的控制范围应以单间隔设备在运行态和冷备态之间的转换区域为宜。这样，既能减轻运维人员工作压力，也能减轻监控中心程序化控制的安全风险。

2. 监控中心程序化控制的实现

(1) 在监控中心主站增设程序化控制服务器，操作票存储于服务器中。在监控中心主站增设程序化控制服务器或将程序化控制功能模块集中于 SCADA 服务器中，将监控中心管辖的变电站所有间隔的程序化控制操作票存储于程序化控制服务器或 SCADA 服务器中。此外，还需进行闭锁逻辑的设置、电气间隔运行状态的计算等。

该方案的优点：①消除了变电站内自动化设备所用规约的差异。无论站内采用何种通信规约（IEC 61850、IEC 103、南自 103、四方 103、南瑞 103、许继 103、CDT 92 等），主站与子站间采用何种通信规约（IEC l01，IEC104、CDT92、DISA 等），监控中心都可以对站内设备实施程序化控制；②对实现跨变电站的倒闸操作具有巨大的优势，可以很方便地实现综合检修中一条线路两端同时由运行转冷备的操作，极大地提高了操作效率。

该方案的缺点：①监控中心程序化控制全部由主站系统实现，主站系统与变电站内的程序化控制系统完全独立，两者之间没有任何联系；②操作票是在主站和子站分别编辑验证和存储的工作量较大且容易出错，尤其是在变电站需要进行扩建和改建时，不利于后期维护。

(2) 程序化控制由监控中心主站和变电站共同实现，操作票在变电站端存储。变电站监控主机按照程序化控制操作票的顺序进行程序化控制，并在执行每一步之前再次检查该步所需控制条件是否满足要求：若满足，则执行控制操作；若不满足，则提示存在何种闭锁。执行完一步控制操作后，监控主机检查控制结果是否正确：若正确，则继续检查下一步操作条件；若不正确，则停止控制。

程序化控制执行过程中的所有信息均上送至监控中心，运行人员可以随时对正在执行中的程序化控制进行人工干预，包括暂停、继续、停止、退出等。程序化控制按顺序执行后，监控主机会向监控中心上传程序化控制砖"执行成功"信息。

该方案的优点：①操作票单侧存储和维护，可避免两侧维护带来的信息不一致问题，降低出错率，提高可靠性；②间隔状态单侧计算不但减轻了监控中心主站系统的计算压力，还辅助了主站的拓扑态识别，使得运行状态的识别更为可靠；③大幅减少主站的工作量，缩短变电站的接入调试时间，减轻了自动化系统的维护工作量和遥控调试工作量，提高运行效率。

该方案的缺点：①需要传输间隔态；②需要扩展通信规约，以便于传送程序化控制所需的信息（操作票和控制过程）。

间隔态信息的传送与站内普通遥信传送并无明显差异，且信息量极为有限，传送信息量不会给远动系统带来负担；主站与子站规约扩展也有成熟经验可以借鉴，并可提前进行完整的规约测试，在确保程序安全、稳定之后再对现场运行程序进行升级，安全风险可控，且实现起来并不困难。在一条线路由运行转冷备的程序化控制过程中，对两个变电站对应间隔顺序执行两次程序化控制比一次完成只多用一小段时间，但操作票存储源的唯一性给系统的运行维护带来极大的便利。基于上述解决方案，我公司监控中心程序化控制采用了第二种方案。在主站和子站自动化系统的分工配合下，较完善地实现了监控中心程序化控制。

3. 主子站间通信规约的扩展

目前，国内主子站间的通信规约普遍采用 IEC 101/104 规约，通信网络一般是双平面的电力调度数据专网。双平面的网络具有较高的冗余度和可靠性，主、子站间的数据传输能力较强，为实现程序化控制操作票及执行过程信息的传输，需要对通信规约进行扩展，主要有以下两种方式。

（1）在 IEC 101/104 规约中扩展 IEC 103 的通用分类服务操作命令可以在应用层扩展 IEC 103 通用服务的 ASDU10、ASDU21 传输操作票来实现。明确定义控制对象、源态值，根据 IEC 103 通用分类服务的待确认的写服务来进行交互。操作票的传输可以采用 IEC 101/104 的文件传输服务，操作过程信息和继电保护信息的传输采用扩展的 IEC 103 通用分类服务来完成。

这种方法可以实现程序化控制命令，控制过程信息，继电保护定值、定值区切换等信息的交互。存在的问题主要是软件调试过程比较复杂，各厂家开发的 IEC 103 规约各有特色，不具备互连互通性难以规范。

（2）采用 IEC 101/104 规约中保留使用的 ASDU52、ASDU127 传输操作票及程序化控制过程信息。主子站间的控制信息（程序化控制选择、确认执行继续、执行撤销、总执行成功或失败信息）由 ASDU52 实现。子站至主站的操作票采用 ASDU127 传送，即，变电站端将操作票信息转换为直观的、可识别的 ASCII 文件，经远动机以类型标识为 127 的 ASDU 传送到监控中心。

这种方法的报文交换机制比较简单，软件实现也比较方便，可以实现程序化控制过程信息和操作票的安全可靠传输，存在的问题主要是无法传输继电保护定值的修改等。但在监控中心程序化控制范围内，单间隔由运行到冷备之间的转换不涉及更改继电保护定值或切换继电保护定值区。

尽管第一种方案在实现程序化控制功能的同时带来了调阅和切换继电保护定值的便利，但由于在目前监控中心程序化控制范围内不涉及更改继电保护定值，且扩展规约需要兼容各厂家的 103 规约，实现起来比较难，软件复杂，调试周期长，故公司监控中心程序化控制规约的扩展采用第二种方案。

4. 调试中遇到的问题及解决方法

(1) 态值传送不正确。

1) 在监控中心与变电站端核对态值的时候发现，所有间隔的态值均不正确但有规律，如变电站内某一间隔处于运行态，而监控中心却显示处于热备态；变电站内处于热备态，而监控中心却显示处于冷备态。在变电站端和监控中心分别截取报文并解析发现，遥信错位引起位置状态不正确。经抓取主变电站间报文分析可知，转发方和接收方必须都按照规约规定以信息体地址 6001H 的遥信点为第一个点。这样发送方和接收方的位置就可以一一对应了。

2) 2215 间隔监控中心显示无状态，而变电站端显示处于冷备态，实际位置也是冷备态态值的传送与普通单点信息并无差别，于是在站端和监控端分别截取报文并解析，发现冷备态已经传送到监控中心。进一步检查发现，是遥信点号关联错误。主站端改正遥信点号关联错误后，冷备态正常显示。

(2) 操作票不能召唤到监控中心。操作票由变电站端监控主机存储，远动机是监控中心主机和变电站监控主机之间的桥梁，远动机不对传输内容进行任何处理，只单纯转发。

在监控中心主机远动机变电站监控主机分别截取报文，分析发现如下问题：①尽管扩展规约部分已经经过测试，但是现场所使用的规约并不是经测试的版本。②远动机与变电站监控主机的 TCP 连接存在大量断链重连现象。由于站内站控层及间隔层网络中测控和保护装置数量较多，信息交互量较大，影响了操作票文件的传送。

解决方法：①现场使用的规约必须采用经测试的规约版本。将截取的监控中心经远动机与变电站监控主机间的程序化控制应答流程报文与规约测试结果及标准对比保证一致。②为了不给本已非常繁忙的站控层网络带来额外负担，在变电站监控主机增设网卡，利用远动机空余网络端口及单独交换机，组成供程序化控制操作票及操作信息交互的独立网络。改造完成后，消除了 TCP 的断链重连现象，提高了信息传输速率。

(3) 监控中心无法执行已召唤到操作票的程序化控制。在监控中心远动机站内监控主机截取报文发现，站内远动机已经收到监控中心主机下发的执行报文，但是远动机并未转发给监控主机。查找远动机的配置发现，远动机是主备运行的。两台远动机网口与监控中心通信采用104规约且都有独立网络通道；串口采用101规约，通道只有一个，由远动主机响应监控中心主机的应答。当前备机在运行过程中采用了不响应主站遥控的运行模式。

解决方法：调整远动机主备运行模式，使当前备机响应监控中心主机的控制报文，即备机接收到控制命令后转发给远动主机；远动主机将命令转发给变电站监控主机执行后，监控中心主站程序化控制命令无论下发给远动主机还是备机，都能执行程序化控制操作。

5. 实施效果

我公司监控中心进行程序化控制系统升级改造后已经安全稳定运行了两年多，先后接入兰青道等四220kV变电站，实现了对站内单间隔设备运行态与冷备态之间的转换。监控中心程序化控制的实现为变电站无人值守提供了有力的技术保障，它缩短了操作时间，减轻了运维人员工作压力，节约了电网运营成本，提高了工作效率。

目前的监控中心程序化控制系统是在调度自动化系统完成之后开发实施的，受限于已有系统的设计框架，只能实现基本的程序化控制功能。调度自动化系统可以提供全面、快速的实时数据且图形数据库模型完全统一，同时又有丰富的状态估计、责任区管理权限管理潮流分析等功能，可为程序化控制服务。若将程序化控制模块与调度自动化系统完全融合，程序化控制系统将更为安全可靠且维护简便。

7.2.12　变电站程序化控制的调试

程序化控制的实现，大幅减轻了监控中心运行人员和运维站运维人员的工作压力，缩短了电网方式过渡时间，节约了人力资源和交通成本，提高了倒闸操作的效率和可靠性。结合调试过程对基于监控主机的程序化控制的调试做简单介绍，供同行参考。

（1）运行状态的判断。根据实时电气量判断当前电气间隔的运行状态，共有七种，即4母运行、5母运行、4母热备用、5母热备用、冷备用、断路器检修断路器及线路检修。

运行状态通过双位置节点进行采集，即分别采集断路器及隔离开关开触点和闭触点，通过开闭触点状态的组合来判断断路器和隔离开关的位置。满足断路器分位的条件为断路器遥信分位，且每相一次电流小于10A。

具体调试情况为：①检查反应运行状态的断路器及隔离开关分合情况（具体见《变电站程序化控制的实现》一文）是否正确；②当断路器和隔离开关为单位置节点采集时，无法正确反应运行状态；③用试验仪加大于对应10A一次电流的二次电流，对应断路器或隔离开关开关应当不显示正常分位；④如果出现上述七种运行状态之外的运行状态，则不能进行程序化操作；点击"程序化操作"时，应当有报警信息提示"本间隔状态错误，禁止操作"。

（2）调度编号校验。为防止误入控制间隔，在程序化控制开始操作前，需要对本单元的调度编号进行校验。如果校验正确，则可以进行程序化控制；如果校验不正确，将不能进行程序化控制。

具体调试情况为：①点击某间隔程序化控制按钮，输入本间隔正确的调度编号，应当可以进入程序化控制的下一步操作；②输入与本间隔不相符的调度编号，应有报警窗口弹出，提示调度编号输入错误，不能进入程序化控制的下一步；③不输入调度编号，则同样不能进入程序化控制的下一步。

（3）程序化控制的监护。为增加操作的安全性，防止误操作，在程序化控制操作中加入了监护人的监护功能。与普通的后台遥控操作一样，此处需要输入监护人的用户名和密码。

具体调试情况为：①单击某间隔程序化操作，输入正确的监护人用户名和密码，应当可以进入程序化控制的下一步操作；②所输入的监护人密码错误，应当有报警提示密码错误；③不选择监护功能同样不能进行程序化控制的下一步操作。

（4）保护软压板及母联控制空气断路器的控制。为满足程序化控制（如倒母操作）的需要，在监控主机中新增加了对线路保护、主变压器保护、母线保护的软压板遥控功能，用以实现对保护功能的投退；此外，监控主机中还新增了对母联控制空气断路器的遥控功能，用以满足倒母操作中退出母联控制的要求。

具体调试情况为：①在监控主机上投退保护软压板，操作完成后与保护装置软压板状态核对；②退出保护装置"远方修改定值"控制字后，监控主机不能投退保护软压板；3）在监控主机上投退母联控制空气断路器，操作完成后与实际状态核对，并检查"控制回路断线"光字牌状态。

（5）程序化控制的闭锁。因为程序化控制是一键式操作，会在很短的时间内改变系统运行方式，所以，为保证电网和设备安全，当站内有事故信号发出时，不允许进行程序化控制，正在执行的程序化控制也应立即闭锁，等待事故处理。闭锁的实现方式一般为将站内各间隔事故总信号合成全站事故总信号，并写入程序化控制的闭锁条件中。

具体调试如下：①当全站事故总信号处于复归状态时，可以正常进行程序化控制；②当某一个或几个间隔事故总信号动作时，应不能进行程序化控制，正在进行中的程序化控制应能立即闭锁并提示闭锁原因。

此外，程序化控制系统兼具五防逻辑闭锁功能，用于程序化控制过程中的逻辑闭锁运算。系统实际应用中，为了适应公司运行人员的传统操作习惯，站内还保留了独立的五防机，用于配合完成常规操作控制。具体调试情况为：①执行程序化控制时应使用自身逻辑闭锁功能，与独立五防无关；②常规操作时，监控主机与独立五防通信，获取当前解闭锁信息。

（6）监控双机的实现和监控中心的调试。为保证程序化控制系统的可靠运行，包括运行状态的判断、调度编号校验、监护、闭锁等在内的程序化控制，可以在任意一台主设备运行的当前值班机上执行。监控中心程序化控制由监控中心主站和子站的程序化控制系统相配合完成，对监控中心进行调试的大部分内容与变电站程序化控制相类似，此处仅介绍需要额外进行的典型操作票的召唤。监控中心主站系统并不存储操作票，操作票只存储于变电站端的监控主机上，所以监控端在执行程序化控制时，首先需要召唤程序化控制操作票。

具体调试情况为：在主站端和子站远动机的监控主机上分别抓取报文，由监控中心主站发起召唤操作票命令；报文应答序列应与规约测试结果严格一致，监控端显示的操作票也应与监控主机中存储的操作票完全一致。

7.2.13　一起控制权预置失败事件的原因分析及处理

（1）存在的问题。某日调控中心监控员发现：当对某变电站进行控制权切换操作时，如果预置成功之后马上取消该预置，随即再次进行切换预置，则会有预置失败的告警；若取消预置，间隔一段时间（如 10s）之后再行预置，则不会出现上述失败的情况。

（2）查找分析。公司监控系统维护人员存在复现缺陷现象时截取了远动机与主站的通信报文，过程如下。

1）主站预置成功，执行成功报文（略去了子站上送的变化遥测报文，下同）。

主站下发预置报文：68 0e ×× ×× ×× ×× 2d 01 06 00 23 00 48 60 00 81。

子站回预置报文：68 0e ×× ×× ×× ×× 2d 01 07 00 23 00 48 60 00 81。

主站下发执行报文：68 0e ×× ×× ×× ×× 2d 01 06 00 23 00 48 60 00 01。

子站回：68 0e ×× ×× ×× ×× 01 01 03 00 23 00 01 00 00 01。

68 15 ×× ×× ×× ×× 1e 01 03 00 23 00 01 00 00 01 f6 86 ld 0a 1c 04 10。

2）主站预置成功，取消预置。

主站下发预置报文：68 0e ×× ×× ×× ×× 2d 01 06 00 23 00 48 60 00 81。

子站返叫预置报文：68 0e ×× ×× ×× ×× 2d 01 07 00 23 00 48 60 00 81。

主站下发取消报文：68 0e ×× ×× ×× ×× 2d 01 08 00 23 00 48 60 00 81。

接下来，只有子站上送的变化遥测报文。

3）主站预置成功，取消预置，随即进行第二次预置。这次报文内容与第二次试验相同，并没有收到主站下发的第二次预置报文。

4）主站预置成功，取消预置间隔 10s 之后，再发预置报文：68 0e ×× ×× ×× ×× 2d 01 06 00 23 00 48 60 00 81。

子站返回预置报文：68 0e ×× ×× ×× ×× 2d 01 07 00 23 00 48 60 00 81。

主站下发取消报文：68 0e ×× ×× ×× ×× 2d 01 08 00 23 00 48 60 00 81。

间隔 10s 后，主站下发第二次预置报文：68 0e ×× ×× ×× ×× 2d 01 06 00 23 00 48 60 00 81。

子站返回第二次预置报文：68 0e ×× ×× ×× ×× 2d 01 07 00 23 00 48 60 00 81。

（3）故障原因。

1）从第一次试验报文来看，主站下发预置命令，子站回复预置镜像报文。然后，主站下发执行报文，但子站没有回执行的镜像报文及执行结束报文（上送至主站端），子站直接回复的是遥信变位及其 SOE 报文。主站也没有告警信息。主站收到遥信变位及 SOE 报文后，控制权切换流程结束。

2）第二次试验报文中，主站下发预置及子站回复镜像，与第一次报文一致。但主站下发撤销报文后，子站未按规约要求上送撤销确认及执行结束报文。

3）第三次试验中，由于子站未收到主站下发的第一次预置报文，故主站发出预置失败告警。

4）第四次试验中，主站下发预置报文，子站回复镜像。主站下发撤销报文后，子站未按规约要求上送撤销确认及执行结束报文。但 10s 后主站再次下发预置报文时，子站依旧回复镜像报文。

从这四次试验中不难得出这样的分析结果：①变电站端远动规约程序存在缺陷，遥控报文的执行过程中，缺少了执行确认及执行结束报文；②主站端的遥控流程结束前，不会再次下发该点遥控报文；③若主站要结束遥控流程，需要子站端按照规约要求上送相应报文（如撤销确认报文、执行结束报文等）；或者需要等待一段时间，流程也会自行结束。

（4）改进措施。问题源于子站规约程序不完善，而规约的修改和测试需要一段时间。所以，采取的临时解决方法要求监控员在遥控预置成功并进行取消操作后，在再次预置前应有 10s 的间隔时间，以便主站控制流程能够可靠结束，继而响应该点遥控请求。

7.2.14 主站端调度数据网络通道优化配置及测试方法

（1）主变电站调度数据网络配置基本情况。目前公司 220kV 及以上公用变电站、主力电厂及重要用户变电站都实现了双平面数据网络覆盖。变电站内远动装置可以通过双数据网络的任一平面与调度主站前置机建立通信连接，上送"四遥"信息并响应主站控制命令。此外，变电站端远传通道还保留了专线通道作备用。专线通道是调度数据网建立前变电站端远传数据的主用传输通道。在调度数据网双平面建立后，专线通道会作为调度数据网设备故障或维修时的备用通道。由于网络通道可靠性高，所以专线通道很少作为值班通道使用。在调度数据网二平面建立后，网络通道的可靠性得到了更进一步的提升和完善，专线通道基本已经不再作为值班通道使用，一直处于热备用状态。

随着信息安全领域事件的频繁发生，尤其是连续两年乌克兰发生信息安全问题导致大规模停电事故，引发社会民众对电力系统信息安全问题的高度重视。近些年，调度数据网的安全水平已经有了很大提高，实现了密文传输，而专线通道依然使用明文传输方式。这也是专线通道退运的一个重要原因。

专线通道还存在设备转换环节较多（变电站端远动装置—变电站端调制解调器—变电站端 PCM 设备—SDH 设备—主站端 PCM 设备—主站端调制解调器—主站端前置机），设备故障率高，通信传输速率低（1200bit/s），误码率高等问题。

目前，调控中心主站的通道配置是按照调度数据网双平面来划分的，一共设有两个通道，每个通道配置同一平面数据网两个远动机的 IP 地址。例如，某变电站远动 A 机一平面 IP 地址为：198.120.0.3 二平面 IP 地址为 172.20.21.3；远动 B 机一平面 IP 地址为：198.120.0.4，二平面 IP 地址为 172.20.21.4，目前调控主站端前置的配置为：

通道 104 - 1：IP1：198.120.0.3　IP2：198.120.0.4

通道 104 - 2：IP1：172.20.21.3　IP2：172.20.21.4

这样，每个数据网平面都有一个通道在运行，两个通道一个作为值班通道，另一个备用。但是，每个通道（104 - 1 或 104 - 2）所连接的变电站 IP 地址（IP1：198.120.0.3 IP2：198.120.0.4 或 IP1：172.20.21.3 IP2：172.20.21.4）是随机的，无法指定的。这样可能造成主站两条通道连接的是变电站端一台远动机（104 - 1 连接 IP1：198.120.0.3；104 - 2 连接 IP1：172.20.21.3），主站无法实时监视两台远动机的工作状态。如果远动 B 机当机，主站不会有任何异常，值班员无法感知，若此时运行 A 机再故障，则会造成该变电站失去监控。

还有，从变电站端远动装置的角度来考虑，两台远动机的这四个 IP 地址都能支持主站的访问和连接，但是在当前主站配置方式下，只有两个 IP 处于工作状态（一个值班，一个热备），另外两个处于冷备用状态。

基于以上两个方面，在模拟专线通道退出运行，主站存储资源得到释放后，我们需要优化主站网络通道的配置方式，以达到实时监视两台远动机的工作状态，同时提高变电站端远动资源利用效率。

（2）网络通道优化配置方法分析。当然，我们不难看出，若主站将变电站端每个 IP 都独立填写成一个通道，即建立 4 个并行工作的网络 104 通道，主站端再根据通道优先级进行值班通道（数据源）的选择，那将能充分利用数据传输通道和变电站端远动设备资源。但是，每增加一个传输通道都会占用前置机的处理资源和存储资源。综合考虑目前数据网通道的可靠性，以及优化配置目标，我们最终决定在变电站端专线通道退运后，增加一路网络 104（104 - 0）通道，形成三个数据网通道。

主站端前置机网络通道配置为：

104 - 0：IP1：198.120.0.4　IP2：172.20.21.3

104 - 1：IP1：198.120.0.3

104 - 2：IP1：172.20.21.4

主站端数据网通道的优先级配置为：

104 - 1＞104 - 2＞104 - 0

在这样的配置下，104 - 1 和 104 - 2 分别指定运行在变电站端远动设备的对应 IP 上，通道工作状态能直接反应对应远动 IP 的工作状态；104-0 通道随机选择一个 IP 进行通信，该 IP 可能属于一平面也可能属于二平面，即可能属于远动 A 机也能属于远动 B 机，它工作 IP 的切换能够反应变电站远动设备以及双平面数据网的工作状态。若 104-1 通道中断，104-2 通道正常，104-0 通道只能运行在 IP2：172.20.21.3（二平面地址）上，则可能是一平面数据网存在异常，变电站端两台远动装置工作正常；若 104-1 通道中断，104-2 通道正常，104-0 通道只能运行在 IP1：198.120.0.4（一平面地址）上，则双平面数据网工作正常，可能远动 A 机存在异常。这样通过观察 104-1 和 104-2 的通信状态，再综合分析 104-0 的可能运行通道，可以大致判断数据网双平面以及变电站远动双机的工作状态。

从变电站端的角度来看，远动装置的 4 个 IP 中，有三个处于工作状态，并且有两个是确定的 IP 地址，便于故障通道的定位和处理。并且，当一台远动装置故障，只影响主站 3 个网络通道中的 1 个，另外一台远动装置也能够通过双平面的数据网络与调控主站通信，即使此时再叠加一个平面的数据网络故障，也不影响变电站端远动数据的上传。主站端更多的是通过切换数据源而不是通过切换所连接的变电站端 IP 地址，来保证对变电站设备的实时监控。

（3）网络通道优化后的测试方法。调控主站端网络通道优化配置后，构建了三个数据网络通道。首先由主站端进行数据源切换测试，检查切换过程是否正常。若正常后，由变电站端配合进行双机双平面切换测试。

1）主通道变电站端单网故障测试。拔掉远动 A 机的数据网一平面网线，变电站内模拟上送一个遥信变位。主站端值班通道 104-1 应断开，数据源立即切换到 104-2 通道，模拟上送的遥信变位和 SOE 信息不丢失。

2）远动机单机故障测试。继续上一步操作，在拔掉远动 A 机数据网一平面网线后，将远动 A 机数据网二平面网线也拔掉，主站端检查 104-1 通道中断，104-2 通道正常，且为数据源，104-0 通道正常，所连接的是远动 B 机一平面 IP 地址。

3）数据网一平面故障测试。恢复变电站端远动装置的双平面数据网网线，主站端三个数据网络通道工作正常，数据源为 104-1 通道。同时拔掉变电站端两台远动机一平面数据网网线，模拟一平面数据网故障。变电站端再模拟上送一个遥信变位信息。

此时，主站端主通道 104-1 应断开，数据源立即切换到 104-2 通道，104-0 通道连接的是远动 A 机的二平面 IP 地址。模拟上送的遥信变为和 SOE 信息不丢失。

4）数据网二平面故障测试。恢复变电站端远动装置的双平面数据网网线，主站端三个数据网络通道工作正常，数据源为 104-1 通道。同时拔掉变电站端两台远动机二平面数据网网线，模拟二平面数据网故障。变电站端再模拟上送一个遥信变位信息。

此时，主站端主通道 104-2 应断开，数据源不切换，仍然为在 104-1 通道，104-0 通道连接的是远动 B 机的一平面 IP 地址。模拟上送的遥信变为和 SOE 信息不丢失。

（4）测试过程中的安全措施及小结。测试工作过程中，主站端应核对远动机运行方式和各通道所配置的 IP 地址，并与变电站端核对。切换过程中，应认真检查运行情况，防止某一通道没有恢复的情况下中断另一通道，造成通道中断。测试过程中应密切监视变电站各通道报文和链路状态。

变电站端应在工作开始前认真检查、核对远动装置运行状况，并对远动参数进行备份。远动通道切换过程中严禁将两台远动装置同时断网或断电重启。

上述网络通道优化配置及测试方法已经应用于调试北京四方、南瑞继保、国电南瑞等厂家变电站端远动设备通道。调试过程顺利，主站端通道切换正常，数据源切换正常，达到了优化配置目的。

7.2.15 一起智能变电站信息误报事件的分析及处理

随着智能变电站技术导则与标准的相继颁布，智能变电站逐步进入大规模实用化阶段。远动设备对下连接变电站间隔层设备，对上纵向与各级调控主站系统进行实时交互，对保证电网安全运行起着至关重要的作用。

远动装置偶尔会误报遥信信息，调控主站通过综合分析遥测量、线路对端遥信和遥测量、母线或变压器功率平衡等信息排除相应干扰。若大量遥信变位信息同时上送，会严重干扰调控主站的运行和监视。下面结合一起变电站远动装置误转发历史信息事件，分析故障发生的原因和处理方法。

(1) 变电站误报历史信息情况。某日某智能变电站远动装置与全站保护和测控装置通信中断，迅速恢复后，远动装置向调控主站端上送了大量遥信变位和 SOE（事件顺序记录）信息，严重影响调控主站对本变电站的运行监视。仔细观察这些 SOE 时间信息，有的是历史信息，有的是未来信息，但时标中年、月、日均为告警信息上送当天。由于现场设备均处于运行状态，我们在实验室中搭建了与现场类似的仿真试验环境，远动和保护厂家分别提供了与现场程序版本一致的远动装置和保护装置。通过联调测试，还原了变电站上送错误历史信息的现象，经过报文分析得出了下面结论和整改方法。

(2) SOE 时间不正确的原因分析。智能变电站内 MMS 报文包含完整的 7 字节时标，但远动机装置程序将其转换为 103 格式报文，存储保护事件时只取了 4 字节时标，而年、月、日时间取远动机装置时间。这样，上送历史事件的年、月、日时间会出现错误。问题的解决方法是远动装置升级程序，修改时标的处理方式，改为存储保护事件的 7 字节时标，包含全部的年、月、日、时、分、秒信息，从而避免上送错误时标。

(3) 变位信息上送的原因分析和处理。

1) 远动装置对缓存报告控制块的处理机制。远动机初次通电时由于不知道各装置的 EntryID，因此，在通电之后的第一次初始化写使能时不写 EntryID。待初始化完成，保护装置上送变化数据、数据更新、品质变化时，远动机会存储保护装置上送的 EntryID。当通信中断需要重新使能时，远动机会将记录的 EntryID 写入装置，以防止保护装置重复上送缓存数据。实验室内抓取的报文验证了远动装置在站内网络通信中断及恢复前后所保存和写给保护装置的 EntryID 没有问题，处理机制正确。

通信中断前，关于 BR04 _ brcbwarning06 这一变化数据报告控制块的 EntryID 为 0f 00 00 00 00 00 00 00 00。通信中断恢复后，远动装置写给保护装置 BR04 _ brcbwarning06 报告控制块的 EntryID 同样为 0f 00 00 00 00 00 00 00，与通信中断前远动装置记录的 EntryID 相同。

2）保护装置对缓存报告控制块的处理机制。保护装置在变化数据、数据更新、品质变化及周期上送四种情况下上送的报告中，En - tryID 值会根据报告上送的顺序进行累加。保护装置本身具备存储历史报告的功能，其初衷在于记录装置的历史信息，方便客户端（后台服务器、远动装置、保信子站等）有需求时进行历史报告查阅。从保护装置信息存储容量及缓存信息重要性的角度考虑，保护装置没有存储周期上送的报告。

在正常通信过程中，客户端会在数据库中记录其收到的最新报告的 EntryID。在通信中断恢复后，客户端与保护装置之间需要重新建立连接，同时，客户端会将其保存的 EntryID 写回到保护装置。若客户端写回的 EntryID 与保护装置自身记录的相同，则保护装置会以此为基点继续累加，上送实时报告；若客户端写入的 EntryID 比装置自身记录的 EntryID 小，则触发保护装置上送全部历史报告的机制，保护装置会立刻向客户端上送所有缓存的历史报告。

3）通信中断恢复后上送历史报告原因分析。远动装置是按照保护装置上送的变化数据、数据更新、品质变化存储保护装置上送的 EntryID，而保护装置保存的 EntryID 包括变化数据、数据更新、品质变化和周期上送四种情况。远动装置和保护装置的主要差异在是否记录周期上送的 EntryID。

在实际通信过程中，远动装置将保护装置周期报告上送时间设置为 180s。在没有变化数据、数据更新、品质变化的情况下，保护装置每隔 180s 就会上送一帧周期报告给远动装置。此时，保护装置侧记录的 EntryID 值逐渐增大，而远动装置侧记录的 EntryID 值没有变化。这就出现了保护装置与远动装置记录的 EntryID 值不一致的情况，并且两者记录的 EntryID 差值将随时间推移逐渐增大。

当远动装置与保护装置的通信中断恢复并重连时，远动装置写入的 EntryID 值小于保护装置自身记录的 EntryID 值，保护装置没有从远动装置写给它的那个 EntryID 值开始发送历史记录，而是触发了上送全部历史报告的机制。由于保护装置本身没有存储周期报告，所以最终上送的是所有存储的历史变位报告。

4）问题的解决。远动装置与保护装置通信中断恢复后产生历史事件上送的根本原因不是 EntryID 的存储机制，而是对 EntryID 的判别读取机制。保护装置在接收到稍小的 EntryID 时，都会触发上送全部历史信息的机制。

远动装置不缓存周期上送事件 EntryID 的方案，不会造成历史事件重复上送；即使是在上送周期报告时发生通信中断，重新连接之后造成部分的周期报告重复上送远动，这部分报告也只会更新远动实时库，不会产生变位信息上送调控主站的问题。问题的根本解决方法是保护装置升级通信程序，增加周期报告缓存功能。考虑到变电站内保护装置数量较多，且都已经投入运行，对保护装置升级程序的工作量较大且周期较长，我们最终决定修改远动装置程序，将周期报告的 EntryID 进行存储，保证远动装置和保护装置记录的 EntryID 值相同。远动装置程序升级后，现场模拟通信中断恢复现象，没有再发生历史信息上送调控主站的现象。

7.3 典型案例分析

案例 1：某变电站 10kV3 号母线 B 相电压调度系统显示异常

故障现象：4 月 4 日，调度监控人员发现某变电站 10kV3 号母线 B 相电压值为 0，A、C 相电压正常，电话通知检修人员到现场处理。

分析处理过程：

（1）核对测控装置和监控后台显示电压。检修人员到现场检查测控装置和监控后台显示 10kV 3 号母线 B 项电压值为 0，即排除转发遥测参数的故障。

（2）检查电压回路。在公用测控屏相应端子排外侧用电压表测量 10kV3 号母线 B 相电压，数值正常，在测控装置背板接线端子位置用电压表测量进入装置的 B 相电压，数值正常，排除接线和回路问题。

（3）检查测控装置。由于测控装置显示 10kV3 号母线 B 相电压数值为 0，A 相、C 相均正常。将 A、B 相电压线互换，测控装置显示 10kV3 号母线 A 相电压正常，B 相电压仍为 0，可以确定为测控装置采集板 B 相采集模块故障。更换该电压采样板备件后数据恢复正常。

案例 2：35kV 某变电站测控装置故障导致 10kV 11 线路断路器跳闸

故障现象：35kV 某变电站 10kV 11（运行线路）断路器跳闸，主站、变电站均无保护动作信号，且无操作记录。

分析处理过程：

（1）检查就地分、合功能及回路。开关分位，将远方/就地手把置于就地位置，进行手合、手分功能测试，均可正常操作。

（2）检查变电站监控后台遥控功能及回路。开关分位，将远方就地手把置于远方位置，在变电站监控后台遥控合闸，合闸预置及返校过程正常，执行瞬间断路器合闸后立即分闸，且测控装置和监控后台均无保护动作信号。怀疑遥控板故障，更换备件后故障消失。

（3）故障反演及问题分析。将故障的遥控板恢复到测控装置后，远方/就地手把置于就地位置，手合断路器，断路器正常合闸，且不会立即分闸，测控装置和监控后台均显示正常，此时将远方/就地手把置于远方，断路器立即分闸。用万用表测量遥控出口板分闸回路，发现出口短路且处于保持状态。最终原因为遥控出口板分闸继电器触电粘连导致只要在远方位置，则分闸出口回路导通并保持，导致开关分闸，且合闸后立即分闸。由于是回路出口分闸，所以不会发出任何保护动作信号。

案例 3：35kV 某变电站 10kV 电压刷新异常

故障现象：某公司调控人员发现新投 35kV 某变电站 10kV 电压经常不刷新，电压曲线为阶梯型曲线，变化最小值为 0.06kV，影响监控运行。随即通知检修人员处理。

分析处理过程：

（1）现场检查。自动化维护人员协同厂家技术人员到现场检查，发现监控后台电压曲线正常，与主站显示的阶梯型曲线不一样。排除测控装置问题，怀疑问题出在通信管理机上。

（2）模拟测试。在备用间隔测控装置人工置数，首先将某 10kV 电压从 0 设为 10.01，观察上送实时一次值，显示由 0 变为 10.01，再将电压由 10.01 设置成 10.03 时，发现上送数据没有变化仍为 10.01，但是监控后台显示 10.03，第三次将数值由 10.03 设置成 10.07 时，上送实时一次值由 10.01 变为 10.07。

（3）问题分析。由于早期自动化通道传输带宽小，为防止大量变化数据上送堵塞通道，采取设置死区值的方式避免通道堵塞，按照自动化遥测精度默认设置成了 0.5%，因为 10kV 电压的最大工程值为 12，因此在死区值为 0.5% 时，最小变化量为 0.06。目前自动化通道均为调度数据网通道，传输带宽大大增加，因此死区值可以减小。

（4）解决办法。将死区值按照最小精度设置成 0.2%，观察通道无数据堵塞，电压值与实际基本一致。满足监控要求。

案例 4：110kV 某变电站保护 SOE 信号不能及时上送

故障现象：110kV 某站科 21 一、二段保护动作，但是主站没有收到上送的 SOE 信息。

分析处理过程：

（1）现场检查。运维人员协同厂家技术人员到现场检查发现，变电站监控后台有保护信号的 SOE 信息，证明测控装置和保护装置正常。初步判定远动工作站出现异常。

（2）模拟测试。测试某保护动作信号，变电站监控后台和主站都正确接收变位遥信，但是变电站监控后台及远动工作站均收到相应 SOE 信息，上送主站的报文中没有 SOE 信息。

（3）问题分析。远动工作站对接收到的信息都有缓存区，但是由于远动工作站程序中 SOE 信号缓存区内已经存满 65000 条，新上来的 SOE 信号就不再正常接收和发送了，因此造成 SOE 无法及时上送。厂家检查到该型号远动工作站的程序版本为 2.33，新版本的远动工作站程序已经解决了这类问题，能够按照先进先清的原则自动清除缓存区内信息。因此，厂家技术人员对远动机程序版本进行了升级，解决了保护信号不能及时上送的问题。

案例 5：现场 TV 装置熔断器故障导致母线电压显示异常

故障现象：某供电公司自动化运维人员接到监控人员电话，称某 110kV 某变电站

10kV43 号母线所带所有 10kV 出线只有电流，有功功率、无功功率因数均为 0。

分析处理过程：

（1）主站检查。主站自动化运维人员接到电话，首先查看前置服务器采集的前置数据，发现确实为 0，由于该现象是 10kV43 号一条母线下所有 10kV 出线均没有有功、无功，但是电流正常，所以推断应该是 TV 异常引起的（所有测控装置同时坏的可能性不大）。告知监控人员通知现场运维人员去现场检查 TV 是否正常。

（2）现场检查及缺陷处理。运维人员到现场，首先查看变电站监控后台显示数据，与调控主站一致，只有电流数据，有功功率、无功功率因数均为 0。现场检查发现 10kV43 号母线 TV 熔丝熔断，变电运维人员更换熔断器后，恢复正常。

案例 6：某变电站远方遥控异常

故障现象：主站遥控 313 断路器分闸失败，后经站内后台遥控操作成功，查看远动操作记录，发现 7：22～7：28 主站共进行 4 次遥控选择操作，查看 313 测保装置并未发现该时间段遥控选择记录，只有后台操作的遥控选择与执行记录，初步怀疑远动机报文未成功下发至 313 测保装置的原因。

分析处理过程：远动机与 35kV 测保装置结构如图 7-28 所示。

（1）远动机与管理机型号为 NSC300，通过南瑞科技网络 103 规约进行通信；

（2）35kV 测保装置为国电南自 PSL 系列，通过国电南自网络 103 通信；

（3）市调 D5000 与远动机链接双主模式，即两台远动均与主站进行通信；

（4）远动 1、远动 2 之间为主备模式，通过 CPU4E 板的交叉网线进行双机交互；

（5）远动机与保护管理机通信为主备模式，只有值班远动机与下方保护管理机通信；

（6）保护管理机与 35kV 测保装置也是主备模式，只有值班机与测保装置链接。

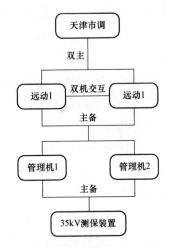

图 7-28 远动机与 35kV 测保装置结构图

主站进行遥控操作通过以下两个路径实现：

（1）主站 D5000—远动值班机—保护管理机值班机—35kV 测保装置；

（2）主站 D5000—远动备用机—远动值班机—保护管理机值班机—35kV 测保装置。

经过调取远动机遥控记录查看以及现场进行故障现象模拟重现，发现远动主备机之间双机交互会出现中断现象。一旦中断，远动主备机之间连接中断，此时如主站通过远动备用机下发的遥控命令无法转到保护管理机，就会出现遥控预制失败。

远动机交互中断有以下原因：

（1）交互网线通信效果差，目前双机交互网线为非超五类屏蔽线，这种方式易造成通信中断情况。

（2）双机交互网口 CPU4E 口为 10M 速率口，当双机交互数据量大的时候，容易导致网口数据中断。

问题解决后，变电二次运维人员修改远动工作模式，将远动机对下主备模式更改为双主模式，经多次试验，主备切换正常。

案例 7：110kV 某变电站 1 号主变压器挡位遥测系数异常导致挡位与实际不符

故障现象：据调控人员反映，110kV 某变电站 1 号主变压器挡位由 1 挡升至 2 挡时，一次接线图主变压器挡位仍显示 1 挡，而该主变压器实际挡位是 2 挡，挡位异常（1 号主变压器调至 3 挡时挡位正常）。

分析处理过程：

（1）主站检查。自动化运维人员首先查看主站系统前置 104、101 两个通道上送的 1 号主变压器挡位数据，发现前置收到的挡位遥测为 1，SCADA 界面显示的挡位为 1 挡，实时服务监视界面 1 号主变压器挡位数据也为 1 挡。

（2）现场检查挡位遥测。二次检修人员到现场查看当地监控后台，发现监控后台显示 2 挡，与主变压器实际挡位一致。检查远动管理机上的挡位数据发现挡位为 1.996，由于上送前对挡位进行了取整，所以上送数据为 1。

（3）解决处理。将远动管理机上的对挡位的转换由取整改为四舍五入，上送数据正确。

案例 8：某 110kV 变电站低压保测装置通信异常

故障现象：运行人员发现 某 110kV 变电站 54 开关除分闸信号无任何信号上送，变电站信号严重丢失。

分析处理过程：现场装置使用以太网 103 通信方式，通过对以太网 103 与后台的通信报文进行抓包分析后发现，站内遥测突变上送报文数据量异常，明显较大。随后研发人员实验室搭建环境，使用现场程序进行测试，模拟遥测频繁变化时装置动作信息的上送情况，可复现与现场一致的现场。

现场保测装置遥测变化报文为突变后主动上送，当现场负荷频繁波动的情况下，遥测值上送的相关死区值过低导致装置始终刷新遥测变化报文至 103 通信缓冲区，丢失保护动作信息报文的原因为：以太网 103 报文上送后台的最小发送间隔时间设置不当，当现场负荷长期处于频繁波动的情况下，造成部分保护信号动作信息被覆盖，不能上送后台。

由于变化遥测刷新到数据缓冲区最快可达 10ms 一次，所以装置的以太网 103 报文上送后台的最小发送间隔设置为 5ms 后可解决该问题。此外，还应适当抬高遥测量死区相关定值，减少传输的数据量。

案例 9：220kV 某变电站 2218 线 RCS931 保护动作信息未上送到后台和调控主站

故障现象：220kV 某变电站 2218 线保护动作，双重化保护中 RCS931 保护动作信息未上送到调控主站，另一套 PSL603 保护动作信息上送到调控主站。保护专业人员到站检查后发现，2218 线两套保护（RCS931、PSL603）都已动作，站内后台 2218 间隔"PSL603 保护动作"光字牌闪烁，"RCS931 保护动作"光字牌不闪烁；告警窗中有 2218 PSL603 保护动作、2218 RCS931 保护动作信息。

分析处理过程：通过比对告警窗与光字牌内容，可知后台告警窗中 2218 RCS931 保护动作信息，是由 RCS931 保护装置通过规约转换送到后台的"软信号"信息。后台光字牌是测控采集的保护动作后装置遥信节点状态的"硬信号"。由此可知，后台动作信息与调控主站一致，即，2218 RCS931 保护动作的硬接点信息没有送到后台和调控主站。

由于后台和主站都没有收到该信息，怀疑测控装置该路遥信采集存在问题。检查 RCS931 保护装置处遥信电源正常，用"点传"方式模拟保护动作，检查遥信采集和信息传送回路，后台"2218 RCS931 保护动作"光字牌正常动作，调控主站端该信息正常动作。据此怀疑保护装置板件存在问题。

用试验仪模拟 100ms 线路故障信息，加入 RCS931 保护装置交流量采样回路，保护正常动作，后台"2218 RCS931 保护动作"光字牌正常点亮。修改故障量持续时间，严格模拟本次故障发生时情况，加入 58ms 故障量，后台光字不点亮。怀疑测控装置遥信滤波时间有问题。

查看测控装置设置，该路遥信滤波时间为 60ms（出厂默认）。再次检查两套保护动作报告：2218 RCS931 保护启动后 16ms 出口 74ms 返回，保护动作持续 58ms，即遥信节点闭合 58ms；2218 PSL603 保护启动后 24ms 出口 86ms 返回，保护动作持续 62ms 即遥信节点闭合 62ms。

由此，2218 PSL603 保护动作信息能够由测控送到后台和远方主站，而 2218 RCS931 保护动作信息因被测控滤掉而未上送到后台和远方主站。

后续处理措施：

（1）将全站 NSD500 型测控装置遥信滤波时间统一调整为 20ms。

（2）检查公司其他变电站测控装置滤波时间，应统一调整为 20ms。

案例 10：某智能变电站频发 332 开关分、合闸信号

故障现象：调控主站收到某智能变电站频发 332 断路器变位信息，现场断路器始终处于合位，接地开关始终处于分位，初步判定为误发遥信。

分析处理过程：通过查阅主站端记录的接收报文，可以得知变电站远动装置上送的断路器及接地开关变位信息均为 2012 年历史信息，另外，从主站记录的告警信息中可以看到"低周联跳 GOOSEA 网断链"信息，判定 332 保测装置 A 网出现过网路中断现象，但主站未收到测控装置通信中断信息，所以推断 332 间隔保测装置 A 网中断时长约大于 20s 小于 1min。

由通信中断引发上送历史信息，可以推断远动与保测装置通信中 Entry ID 缓存机制存在问题。经分析站内抓取的 A 网通信中断再恢复后 MMS 报文，确认 A 网通信中断再恢复后远动装置在链路建立后，未记录保测装置通信中断前 Entry ID 数值，导致保测装置历史信息上送。

现场升级远动程序后，再次重复上述实验，发现仍有历史信息上送问题。在截取远动与保测装置间报文后，经进一步检查发现，本站远动与保测装置通信采用双网双实例方式，而新版本远动不支持这一模式下记录 Entry ID 功能。另外，根据 2014 年 5 月颁布的国网企标 Q/GDW 1396—2012 IEC 61850《工程继电保护应用模型》要求，将远动与保测装置间 MMS 通信调整为双网单实例模式。再次重复上述中断试验，远动未再向主站上送历史信息。

案例 11：某 500kV 变电站上送主站"跳合跳"信息不正确

故障现象：某 500kV 变电站 220kV 线路 2221 线发生单相故障，保护选线跳闸后重合闸动作，单相重合后三相跳闸。在保护动作过程中，2221 开关出现三相不一致的情况，但在调控主站的告警信息中未能监视到 2221 开关"跳合跳"的过程。

分析处理过程：现场配合检查 scd 及后台告警信息后确认：现场 220kV 及 500kV 断路器位置采用：三相合位串联及三相分位串联的方式接入智能终端对应的断路器总合及断路器总分位置；因此，当出现三相不一致的情况时，2221 断路器会判断双位置出错（按照监控专业文件的要求，当出现三相不一致的情况时，后台能体现不定态的情况）。

但调控主站对断路器位置采用单点信息，即，"单跳三合"也就是分相断路器位置有任意一相在分位，就认为总断路器在分位，分相断路器三相在合位才认为总断路器在合位。并且主站前置能接收双点遥信，但不能识别和处理不定态，造成无法实现 2221 单重过程中的断路器变位问题。

为满足调控主站要求，采用智能终端内部的断路器逻辑接点（智能终端的断路器逻辑接点是根据智能终端采集的采集到的分相位置逻辑计算合成的断路器位置接点）。变电站内涉及的智能终端包括北京四方 CSD‐601A 和南瑞继保 PCS‐222B‐I，这两种智能终端均能满足上述要求。

南瑞继保 PCS‐222B‐I 如图 7‐29 所示。

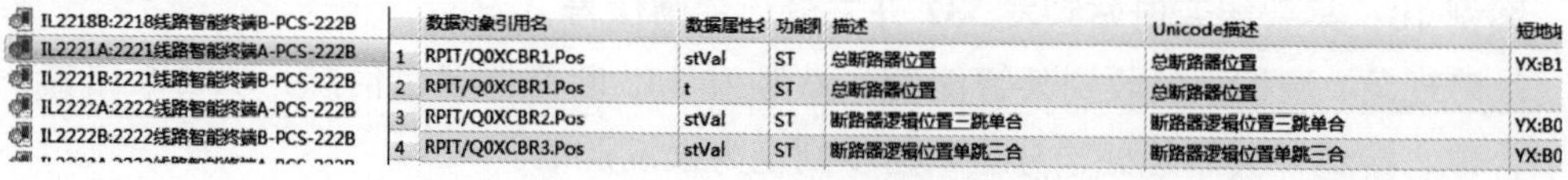

	数据对象引用名	数据属性名	功能阶	描述	Unicode描述	短地
IL2218B:2218线路智能终端B-PCS-222B						
IL2221A:2221线路智能终端A-PCS-222B	1	RPIT/Q0XCBR1.Pos	stVal	ST	总断路器位置	总断路器位置	YX:B1
IL2221B:2221线路智能终端B-PCS-222B	2	RPIT/Q0XCBR1.Pos	t	ST	总断路器位置	总断路器位置	
IL2222A:2222线路智能终端A-PCS-222B	3	RPIT/Q0XCBR2.Pos	stVal	ST	断路器逻辑位置三跳单合	断路器逻辑位置三跳单合	YX:B0
IL2222B:2222线路智能终端B-PCS-222B	4	RPIT/Q0XCBR3.Pos	stVal	ST	断路器逻辑位置单跳三合	断路器逻辑位置单跳三合	YX:B0

图 7‐29　南瑞继保 PCS‐222B‐I

北京四方 CSD‐601A 如图 7‐30 所示。

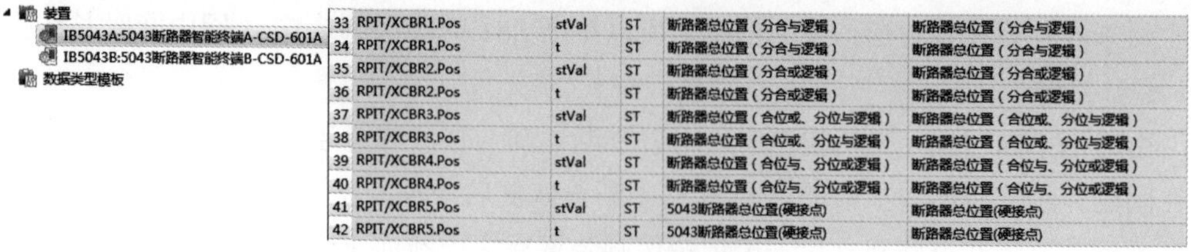

		数据对象引用名	数据属性名	功能阶	描述	
▲ 装置	33	RPIT/XCBR1.Pos	stVal	ST	断路器总位置（分合与逻辑）	断路器总位置（分合与逻辑）
IB5043A:5043断路器智能终端A-CSD-601A	34	RPIT/XCBR1.Pos	t	ST	断路器总位置（分合与逻辑）	断路器总位置（分合与逻辑）
IB5043B:5043断路器智能终端B-CSD-601A	35	RPIT/XCBR2.Pos	stVal	ST	断路器总位置（分合或逻辑）	断路器总位置（分合或逻辑）
数据类型模板	36	RPIT/XCBR2.Pos	t	ST	断路器总位置（分合或逻辑）	断路器总位置（分合或逻辑）
	37	RPIT/XCBR3.Pos	stVal	ST	断路器总位置（合位或、分位与逻辑）	断路器总位置（合位或、分位与逻辑）
	38	RPIT/XCBR3.Pos	t	ST	断路器总位置（合位或、分位与逻辑）	断路器总位置（合位或、分位与逻辑）
	39	RPIT/XCBR4.Pos	stVal	ST	断路器总位置（合位与、分位或逻辑）	断路器总位置（合位与、分位或逻辑）
	40	RPIT/XCBR4.Pos	t	ST	断路器总位置（合位与、分位或逻辑）	断路器总位置（合位与、分位或逻辑）
	41	RPIT/XCBR5.Pos	stVal	ST	5043断路器总位置(硬接点)	断路器总位置(硬接点)
	42	RPIT/XCBR5.Pos	t	ST	5043断路器总位置(硬接点)	断路器总位置(硬接点)

　　　图 7‐30　北京四方 CSD‐601A

根据智能终端模型，在将全站测控中增加智能终端的"单跳三合"的位置接点虚端子，重新下装测控的配置并修改转发点表。

现场借助 5043 断路器停电检修机会，实际加故障量模拟 5043 断路器 A 相故障永久故障，线路保护跳开 A 相断路器，重合闸动作合上 A 相断路器，合于永久故障再三跳的过程，远动能实现监视断路器"跳合跳"的过程。